U0168820

文化生活译丛 | Culture & Life

# A Taste of Paris

## The History of the Parisian Love Affair with Food

# 品尝巴黎

## 一部美食爱恋史

〔美〕大卫·唐尼 (David Downie) 著

黄新萍 陈 磊 译

生活·讀書·新知 三联书店

**图书在版编目（CIP）数据**

品尝巴黎：一部美食爱恋史 /（美）大卫 · 唐尼著；黄新萍，陈磊译．—北京：生活 · 读书 · 新知三联书店，2021.11
（文化生活译丛）
ISBN 978－7－108－07227－6

Ⅰ．①品… Ⅱ．①大… ②黄… ③陈… Ⅲ．①饮食－文化史－巴黎 Ⅳ．① TS971.205.65

中国版本图书馆 CIP 数据核字（2021）第 170581 号

责任编辑 李静韬
装帧设计 蔡立国
责任印制 卢 岳
出版发行 生活 · 讀書 · 新知 三联书店
（北京市东城区美术馆东街 22 号 100010）
网 址 www.sdxjpc.com
经 销 新华书店
印 刷 北京新华印刷有限公司
版 次 2021 年 11 月北京第 1 版
2021 年 11 月北京第 1 次印刷
开 本 880 毫米 × 1092 毫米 1/32 印张 13.5
字 数 235 千字 图 27 幅
印 数 0,001－6,000 册
定 价 59.00 元
（印装查询：01064002715；邮购查询：01084010542）

# 目　录

献给勇敢、热爱生命的巴黎人

他们知道，尽管历经谣言和恐慌，巴黎将永远是巴黎

思想完全取决于胃，但拥有最好的胃的人却不是最好的思想家。

——伏尔泰写给让·勒朗·达朗贝尔（Jean le Rond d'Alembert）[1]，1770年

〔1〕法国物理学家、数学家，在数学、力学、天文学、哲学、音乐等方面都有建树。——译注　全书的脚注均为译者注，后文不再标示。

Aperitif

开胃酒

# 穿越巴黎的美食漫游

“伙计，请让我尝尝巴黎的滋味！”

# 01
# 一次愉悦的密谋

想象一次穿越巴黎的美食漫游，那些鲜活的过去与充满活力的当下交织在一起，编织出伟大巴黎人是如何享受生活的图景——这座城市对食物、美酒、外出就餐和娱乐的热情贯穿了几个世纪。这些，就是这本书的内容。

很久以前，这种对美食和美酒的爱恋为巴黎赢得了“世界美食之都”的称号。1976 年，我还很年轻，第一次来到巴黎，就品尝到这个城市带给我的乐趣。十年之后，1986 年春，我成为一名全职美食家，在凯旋门附近的第 17 区一幢无电梯公寓的七层住下了。一卸下行李，我马上就开始在地图上标出巴黎的美食据点——市场、商店、餐厅以及咖啡馆（它们成了我的第二个家）。

作为一个热爱吃、喝以及探索城市的人，我的目标是让生活变成一次永无止境的寻宝之旅，潜入这座光之城（City of Light）的历史断层——从古代高卢和恺撒的艰难时期，到纷繁多元、拥有像超级明星一样的大厨的现在。

这本书要记录的就是这种愉悦的，有时候是调侃的、玩世不恭的个人化的寻宝心得。

40 多年前的那个 11 月，当第一阵寒冷袭来，我意识到巴黎令人赞叹之处：它的当下无不沉浸在过去之中。但我当时只有 18 岁，还无法理解这些物质的、历史的以及文化的元素的交汇——从而置巴黎高于其他伟大的美食之城的地位，例如罗马、马德里、伦敦、纽约以及上海——是如何发生的。

1976 年，我在巴黎的第一次正式午餐，当然是大吃一顿。我选了位于蒙马特高地的一家老式小酒馆，远离圣心大教堂的喧闹。我一直觉得圣心大教堂像一个表面粗糙不平的白色婚礼蛋糕，上面顶着一个长着鳞片的章鱼头穹顶。小酒馆有一股烟草味儿，还有葡萄酒味儿、放置久了的啤酒味儿、烤奶酪味儿，夹杂着一股馨甜的爽身粉和香水味儿——巴黎人似乎对肥皂和水过敏。吧台上有一个不常见的金属置物架，上面陈列着很多硬心煮蛋。我兴致勃勃地观察着四周。一个头发灰白的男人剥掉鸡蛋的壳，一阵狼吞虎咽后，又灌了一杯白葡萄酒下肚，然后不时地拿某人的花销开玩笑——也许他说的是我？

我独自坐在小酒馆外的露台上，研究一块像我的脚那么长的法棍三明治，它正躺在圆桌上的一个白色茶碟里。天空中飘着蒙蒙细雨。我朝三明治里面瞥了一眼，看见火腿、奶酪和腌渍小黄瓜。越过三明治，在朦胧的视线中，是一片像罐头盒的山形墙屋顶和远处漆黑的教堂尖顶。我沉醉在这种氛围中，三明治似乎是次要的了。

印象最深的是辣眼睛的芥末，它很可能来自第戎，要用一把木勺从一个白瓷罐子里挖出来。女侍者向我示范怎样用勺子把酱抹在面包上，而不是火腿和奶酪上。这是我第一次吃饭时被纠正错误，以后还碰到了很多次这样的示范。

现在想想，那根法棍也许是用冻面团烤的，火腿、奶酪、芥末和腌菜都是从冰柜里，从布满灰尘的架子上拿下来的。我当时并不知道，就算知道了也不会介意。我，爱上巴黎了。

## 02
## 加州美食

20世纪中期，我刚成年，当时在开化的加州北部，即使是在讲究吃喝的家庭里，有机、自由放养、公平贸易、食在当地或家庭酿造等概念也还没有成为潮流。食物来源非常有限，农夫市集和家庭作坊都消失了。对于诞生于20世纪五六十年代美国“婴儿潮”时期的孩子们来说，比如我，超市就是游乐场。我母亲是一个欧洲移民，她超级热爱超市。

巴黎就不同了。巴黎人无论外表怎么样或住在哪里，他们购物、用餐都带着一股子欣喜劲儿。不像我，他们在那样丰足的环境下还是很苗条。哪怕是只花一个子儿，那一定也是用在值得大嚼特嚼的吃食上。在小酒馆和咖啡馆之间，在餐厅和啤酒馆之间，在巧克力店和葡萄酒店之间，还塞着一些在我们那里消失了的食品杂货铺。肉铺点缀着成堆的农场动物和野货，它们是真实的，只不过已经死去，被挂在钩子上盯着过路人，皮毛、脑袋、羽毛、尖牙和角都闪着光泽。全羊的头与鸡在大型烤肉架上烤着。你得像巴黎人一样热爱食物，欣喜若狂地凝视着这些"贡品"。这种展示让我想起卢浮宫的静物画，它们是一幅幅带血的杰作。

我学会了用法语说"鱼贩"这个词，像被施了催眠术一样站在鱼贩的摊位前，看着活的螃蟹和龙虾扭斗作一团。家乡的渔人码头（Fisherman's Wharf）为游客上演着类似的娱乐项目。在这里，普通顾客都买活的海鲜，把它们投进带轱辘的小箱子里，拖着走的时候发出嘎吱嘎吱的声响；或者把海鲜扔进前现代的绳编袋子里。牡蛎的形状和大小不一，有的壳是完整的，有的只有一半。我不禁想，是不是每个牡蛎的味道都不同。烹饪起来该多费工夫啊！我这么想着，直到我看见食客大口嚼着生的牡蛎，就像旧金山弗莱什哈克动物园里面的海豹大口吞咽沙丁鱼一样。

蔬菜也同样令人称奇。扭曲、粗糙的西葫芦堆成一座座小山，不对称的橘色南瓜、青的苹果，以及外形富有暗示性的梨子在水果摊上任君挑选。我从来没有看到、闻到这么多的奶酪：脱模的蓝色或绿色罗克福（Roquefort）奶酪、水分很足的瓦西林（Vacherin）乳酪，还有形似巨大轮子的陈年硬奶酪孔泰（Comté），松软的布里（Brie）奶酪缓慢地渗出来，漫过柜台和人行道边的桌子。它们似乎渴望逃离，像龙虾和螃蟹一样。街角，好像本该出现在炭笔画中的男人们戴着贝雷帽，卖力地用民谣的调子叫卖油炒栗子。刚从烤架上拿下来的热乎乎的栗子放了满满一个锥形纸筒，我的手和嘴巴都烫着了。

即使嘴巴被烫伤、嘴里长疱，也不会停止流口水。被饥饿麻痹似乎真的可能。寒冷加剧了这种感受。牙齿打战，也无法消除日复一日的午餐和晚餐在上面留下的红酒渍。感恩节将至，但巴黎的街道上演着永不落幕的宴会，它们就像货品丰富的超市里的一个个通道和宴会桌。或许，巴黎的每一天都是感恩节。我是不是在哪里读过关于一座流动的飨宴的书？对生活的热情在街道上蔓延，让一切，甚至是昏黄的烟雾，都染上了一种特别的味道，一种美味的特质。

对巴黎的初体验是我十年后再次来到这座城市的一个

原因。这十年里，我的身材从青少年时期的肥胖减到中等，那会儿我快 30 岁了。读了萨特、加缪和其他人的作品，我也患上了无法治愈的疾病：浪漫的存在主义。这两个词看似互相对立，却是一个真正的统一体。除了巴黎，我还能在哪里生活兼写作呢？

## 03
## 美味，有时还营养

除了租金低廉，我那个没有窗户的阁楼还有一个当时没有预见到的好处，那就是没有厨房设施。吃饭这件事就成了一次探险。咖啡馆、小酒馆以及啤酒馆提供便宜的餐食，通常都很美味，有时候还很有营养。还没有哪个放荡不羁的文人有厨房呢，巴尔扎克、雨果、福楼拜、缪塞、莫泊桑就绝对没有，更不用说那些女作家，她们绝对不会想要做饭、买菜或打扫厨房。

有计划地规划外出成为必要之举。我开始忙着草拟一份美味清单，打算在小酌或狂饮中观察世界。在这些美食地，过去似乎唾手可得，一种美味的、引发人们遐想的历史等着你去探究和消费。可选的地方似乎有无限多。

例如，存在主义者在圣日耳曼区的聚集地，我略过了游客常去的双叟咖啡馆（Aux Deux Magots）、花神咖啡馆（Café Flore）和利普酒馆（Brasserie Lipp），而是一周去几次小圣伯努瓦（Le Petit Saint Benoît）。它从那时起到现在一直都没什么变化，还在营业，是左岸的一个地标。没变化，指的是自餐厅创建于美好年代[1]以来，菜单、面包和粘牙的葡萄酒一直是原来的样子。笔直的通道两旁是铺着桌布的木质双人餐桌，餐桌之间挨得很近。有一个挂着的黑板，一个设有很多小隔板的橱柜里放着普通的餐巾纸。服务生飞快地用抹布擦掉桌子上的食物碎屑，潦草地记下你点的脆生菜沙拉、绿胡椒牛排和一杯红酒或白葡萄酒，然后高声喊叫起来。餐厅里弥漫着各种食物的味道：大蒜和煎洋葱、煮熟的鱼和牛肉火锅（*pot au feu*）、烤猪肉和香烟。煮熟的土豆和鲱鱼浸泡在植物油里，不是海明威在《一座流动的飨宴》（*A Moveable Feast*）中写的那种可以用面包擦着吃的橄榄油，不过似乎也没什么问题。也许20世纪20年代和现在不同，我对自己这样解释。不管怎样，谁在乎海明威是不是更愿意记住橄榄油呢。

右岸也有很多浪漫的去处。烟雾笼罩的玛黑区依然不是时髦之地。在一条特别阴暗、破旧的街道上，藏着一家

---

〔1〕指法国历史上的一段时期，即从法兰西第三共和国建立（1871年）到第一次世界大战爆发（1914年），在和平的环境中，工业、科技、文化都有长足的进步，故被称为“美好年代”（Belle Époque）。

当代的奇迹宫（Court of Miracles），它就是小伽夫洛什（Le P'tit Gavroche）餐厅。在这家阴暗、古旧的小酒馆里，砖质地面踩上去黏黏糊糊的，相比而言，我对那里的食物倒没多少印象。但茶色的内部空间和它富有文学性的名字造就了它。在雨果的《悲惨世界》中，小伽夫洛什唤起了街头流浪儿的英勇气概。他是个衣衫褴褛的乞丐，热爱任何能塞进嘴巴里的吃食，包括小酒馆的那道白汁小牛肉——加了几撮面粉的酱汁更黏稠了。我爱这道菜，肉块以及一切。

伽夫洛什和雨果都住在这附近。雨果住在孚日广场（Place des Vosges）的一栋豪华别墅里，伽夫洛什则藏身于巴士底广场（Place de la Bastille）的一个巨大的千疮百孔的纸制大象里，那部有名的小说对此有所描述。很多年来，雨果最爱的巴黎就在玛黑区，很快，这里也成为我的最爱、我的新家——一个配有电炉和室内水管的小小公寓。敲敲打打和翻新改造也没能阻止我的美食探索。

在我那份不断拉长的餐厅清单上，不久前才熠熠生辉并充实了我华而不实的想象力的，是位于市政厅码头（Quai de l'Hotel de Ville）的特鲁米洛（Troumilou）。它在市政厅往东 100 码（1 码 =0.9144 米）的地方，可以称为“苍蝇馆子”美食街。白领和蓝领都爱往这儿来，屈尊坐在这里的深红色塑料长凳上。特鲁米洛现在已经没什么辨识度了，但在20世纪80年代中期，它那发黄的墙壁、一个能粘苍蝇的复写本，人人皆知啊。厨房供应黏糊糊的动物油脂。一拨接一拨的顾客用香烟和烟斗消磨时光，手指一扬，烟雾袅袅升腾，掠过墙面。食物似乎挺有味儿，尽管所有的食物——芹菜根沙拉、焖兔肉、诺曼底苹果挞和家酿的葡萄酒——都带着一股烟味。这种情况在今天的很多巴黎馆子并不鲜见，烟瘾成了这些餐厅招聘厨师的前提条件。如果在洋葱汤里发现一只苍蝇、一根头发，或看见一群甲虫匆匆爬过壁板，法国人的表演才能——一种未被承认的本土特产——就会立即发作。

位于右岸的内陆，往里去，有一家夏蒂埃肉汤店(Bouillon Chartier)。很久以前，这里曾是世界博览会的展览地，直线排开的黄铜灯也为餐厅增色不少。夏蒂埃是各行各业人常去的大食堂，接待对象包括工薪阶层、背包客以及来自蒙马特区和格朗大道的站街女。我一直猜想，在我成为夏蒂埃的常客之前的一百多年前，左拉和他作品中的娼妓女英雄娜娜的现实原型，或者遭遇性压抑的象征主义画家古斯塔夫·莫罗（Gustave Moreau）和他那些面目不清的同伴，一定都曾光顾这里。这番猜想无疑给用餐增添了不少滋味，我会不自觉地大嚼烤过头的土豆和鸡肉，至于食物的口感和转瞬即逝的味道，就没那么紧要了。

到了拉丁区的餐厅，气氛骤然不同，主要是这里弥

穆夫塔尔街上的小酒馆，19 世纪

漫着各种烟熏火燎的烟草味儿。我一边咳嗽，一边被呛出眼泪。我有时候跟着一群大学生涌进王子殿下街（Rue Monsieur le Prince）的波利多（Polidor）餐厅那间不通风的餐室。伍迪·艾伦在其怀旧风格的电影《午夜巴黎》（*Midnight in Paris*）中将这家餐厅美化了。

浪漫时代的摄影先驱菲利克斯·纳达尔（Félix Nadar）就住在这条街上，门牌号是四十五。波利多餐厅所在的位置曾经是另一家餐厅，纳达尔就是在这家餐厅吃牡蛎，吃了连续几个月。艾伦知道这些掌故吗？

我不记得三四十年前，像波利多这样的学生党聚集的

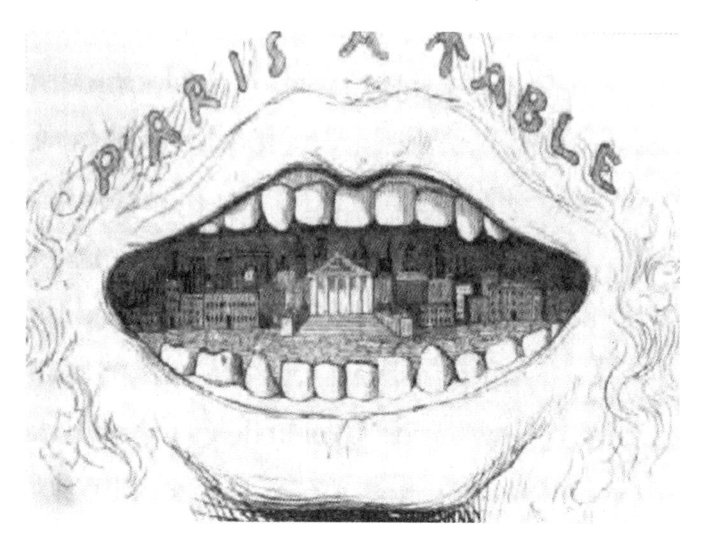


作为美食殿堂的巴黎，尤金·布里夫（Eugène Briffault），《巴黎餐桌》（*Paris à Table*），1846 年

餐厅菜单上有牡蛎。接着是 2007 年允许在室内吸烟之前的那段日子，在巴黎吃饭，很容易就忽略盘子里的食物。吃什么、喝什么，并不等同于用餐体验。吊人胃口的词儿“*foodie*”（美食家）以及令人作呕的“*foodista*”（吃货，其实与前面那个词儿一个意思）都还没出现呢。烹饪高级菜肴的米其林星级餐厅的外面也很少见到令人讨厌的酒鬼。我呢，既没有门路，也没有欲望进这样的餐厅。

这座城市的每个区都认为自己领地上的几家餐厅无与伦比，尽管它们的名望有待考证。“巴黎特色”意味着手写的、油印的菜单上标注着餐厅的创建年份，通常都在 19 世纪，那是巴黎餐厅的黄金年代，拥有令人垂涎的谱系。

尽管我并不打算惠顾，但还是圈出了这些从几个世纪的历史中走来的高档餐厅。晚餐时分，我有时就站在这座城市的美食朝圣点前，想象自己要吃什么，可能会遇到谁。塔耶旺（Le Taillevent）是一家以法国第一位明星厨师和烹饪图书作家命名的餐厅，它是如此高冷，如果你没有正确着装，甚至都不能靠近它。我在巴黎居住超过十年之后，才去那儿吃了顿饭。

另一家位于码头的著名豪华餐厅伏尔泰（Le Voltaire）让我禁不住臆想，超级浪漫主义的引诱者，诗人、剧作家和小说家阿尔弗雷德·德·缪塞（Alfred de Musset）曾在这家餐厅的某个黑暗角落里，握着乔治·桑那双著名的小手。这个情意绵绵的地方曾经并且现在依然在伏尔泰的故居里。伏尔泰是个讲究吃喝的人，他在完成《老实人》和其他几部伟大作品之后，死于旧制度的暮年时期[1]。我这样的臆想是合理的。假如缪塞和乔治·桑没有选择伏尔泰餐厅，那么，由此顺流而上几个街区的拉彼鲁兹（Lapérouse）则很有可能成为他们的选择，这是一家更加古老、美丽的餐厅。乔治·桑在追逐享乐方面可算得上毫不迟疑，她住

〔1〕 指 1789 年法国大革命前。

在伏尔泰餐厅和拉彼鲁兹之间的一处雅致公寓里。在我还是单身汉的日子里，只有一次踏足过一家米其林餐厅，还没等我打量四周，就被请出去了。在这样的地方吃一顿饭，就足以花光我一个月的房租。巴尔扎克笔下的悲剧英雄吕西安·德·吕邦泼雷（Lucien de Rubempré）也是因为在巴黎维里（Véry）餐厅的第一顿饭而山穷水尽的。

## 04
## 一份为了美食诱惑的食谱

小伽夫洛什餐厅已经不再营业。我在过去 20 多年来了解的一些餐厅不仅寿命长，且多年来风格不变，这两点特质就像巴黎本身给人的感觉一样：顽强，从不缺乏奇迹。从我在巴黎进行美食探索之初，几十年来，这些餐厅和大量类似的翻新过的常青餐厅如今依然欣欣向荣，对此，我一点都不感到奇怪。用餐体验并没有因为数字时代而有所减损，而且，我一直认为，让巴黎美食充满诱惑的一个因素就是：氛围，氛围。在这座光之城，求偶、恋爱、浪漫、性，都与食物紧密地联系着。

基于我对历史和过去的热爱，80 年代末我曾与巴黎时髦、自信、十足现代派的《高勒和米罗》（*Gault & Millau*）

指南签了合约，为其编辑、翻译、改编文章，为面向美国市场的欧洲旅行指南供稿。通过这些工作，我很快发现拿破仑时代的厨师安东尼·卡勒姆（Antonin Carême）、与他同时代的最早的美食家格里莫·德·拉·雷尼耶（Grimod de la Reynière）和布里亚－萨瓦兰（Brillat-Savarin）的烹饪书和革命性的著作。他们激发了我对法式烹饪的好奇心。还好，《高勒和米罗》指南也推崇“产地”（*terroir*）观念，虽然这对我来说是一个新奇的概念，但我很乐于接受它，尤其是当我发现这个词在 19 世纪早期就有了。终于，我开始写餐厅评论、旅行文章，并在全球范围内出版。20 世纪 90 年代，我又写了自己的指南书和烹饪书，然后是历史类读物、犯罪小说以及散文集。作为一系列时髦光鲜杂志的记者或撰稿人，我被指派完成的任务通常都可以报销所有的费用。我搜索着各种打着米其林星标的美食殿堂，品尝它们的低温慢煮（*sous vide*）、肉冻（*chaudfroid*）、分子厨艺等各种令人目眩的复杂美食。我经常觉得眩晕、不安，还挺难受的。

食物和美酒已经变成一种生计和一种生活方式。我的腰带又扎了新的洞眼儿，然后我又买来新的、更长的腰带，衣橱也添置了新的衣物。时光飞逝，转眼就是十多年，我意识到我已经变成巴黎的无期徒刑犯，我越来越痴迷于挖掘这座城市的各种问题：谁、哪里、什么时候、为什么以

巴黎，可以吃的万神殿（Paris, edible Panthéon），尤金·布里夫，《巴黎餐桌》，1846 年

及怎样发生的，尤其是关于烹饪的往事。

巴黎人对美食和美酒的爱是从哪里开始的？是怎样开始的？是来源于基因，还是一个像法国悖论（French Parodox）[1]那样的神话？是不是高卢人和他们的罗马征服

〔1〕法国人的饮食中有很多高胆固醇的食物，但他们患心血管疾病的概率却比英语国家的人要低得多。

者热爱吃喝，并且将这种传统留给了他们的后代？这一切始于中世纪、文艺复兴时期，还是凡尔赛的波旁王朝统治时期（例如路易十四时代）？在巴黎，19 世纪宛如昨日，所以，我猜现代饮食习惯是从 19 世纪开始形成的。

过去是那么引人入胜，但最终我明白，有必要问一些难的问题：作为餐厅和高级烹饪诞生地的巴黎，是否还称得上最伟大的美食之城？如果是，为什么？有些美食评论家说，连傲慢的美国人都开始砸钱、拼态度，也开始跻身烹饪大国的行列，那么，法国烹饪还有戏吗？

为了找出这些问题的答案，至少是一部分，并按照编年顺序观察，我决定从头开始，从最关键的地方着手，也就是两千年前巴黎诞生的地方——旧城西岱岛（Ile de la Cité）和拉丁区。我将以书的形式分享我的发现。这就是《品尝巴黎》。

For Starters

前　餐

# 巴黎的古迹

## 公元前 53—公元 500 年

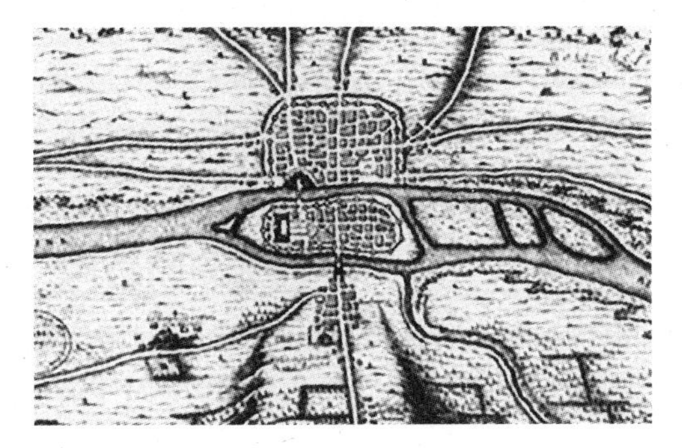

古代卢泰西亚－巴黎西的中世纪图景，13 世纪地图

## 05
## 隐含的文化

据说西岱岛的形状应该是一艘船的样子，停泊在塞纳河的中段——它是巴黎历史长河中一座漂浮着的至圣所。在它最辉煌的时期，这座岛屿赋予“城市”这个词以现代意义——当然还有很多其他的词。这座小岛在19世纪中期经历了野蛮的重建，又遭受现代旅游业的摧残，但它依然提供了一个绝佳的背景板——不夺人眼球，而是让人呷一口咖啡或茶，或者让人为某种生机勃勃的东西徘徊、逗留。我在巴黎的早年岁月就常常被这种情绪浸染，那个时候，我的美食权衡会优先考虑氛围，其次才是食物。有时候，面对平淡的饭食，我却能乐在其中，因为我所处的咖啡馆或餐厅曾经是王公贵族、牧师或我喜欢的一个虚构警官梅格雷探长（Jules Amedée François Maigret）常常光顾的地方。

不客气的评论家认为西岱岛是美食荒漠——连一个出售讲究的美食、美酒的店铺都没有，除了那些卖鸣禽和小棕榈树的地方，也没有户外市场，更没有一个拿得出手的餐厅。当然，他们说的这些都对。但是他们忽略了它经年不变、无法触摸的吸引力：它是巴黎饮食史诗的起点。稍稍观察，你或许能发现，这座布满遗迹的小岛是一个石质的奶油千层糕（*millefeuille*），一块融合了形形色色的隐喻、杂交的文明以及暧昧的传说的蛋糕。

在挖掘深埋于地下的宝贝之前，为了刺激食欲，我通常都会去巴黎圣母院（Notre Dame）看一看。巴黎圣母院是这座城市最重要的宗教圣地，迄今已有850年的历史，是朱庇特神庙（Temple of Jupiter）的杰出继承者——据说，朱庇特神庙的建筑残骸零星地散落在这座大教堂的地下某处。然后，我往下走，进入这个神圣的哥特式圣殿的考古地下室，着手探索古老巴黎的事业。

法国所有地方的距离都以一个黄铜圆圈为坐标进行计算，这个圆圈就嵌在正对着圣母院地下室的地面人行道上。从隐喻的角度来说，法国烹饪、饮食、娱乐在风格、技巧和潮流上的距离，也是以这里为原点进行计算的。

构成西岱岛千层糕的是一层层交替的石灰岩、砂石和砖块，衰败的基础墙，破旧的铺路石，裂开的砖块，圆柱形的地基，近古时期或者黑暗时代的街道和古井，一段19世纪的阴沟，以及厚厚的尘土。教堂地下室与人们对美食和美酒的热情有什么联系呢？答案非常简单：当你像看菜单一样阅读这些瓦砾碎石，你就能在想象世界中建构那个已经遗失的世界。在街道上，在今天这座城市的菜单上，在巴黎人的饮食喜好上，你都能很容易地辨认出罗马的遗迹和残余。

最值得说道的遗迹便是卢泰西亚－巴黎西（Lutetia-Parisiorum）的防御土墙。卢泰西亚－巴黎西是凯尔特－巴黎西（Celtic-Parisii）部落的“淤泥之城”或曰“沼泽地旁边的城市”，大约2100年前被尤利乌斯·恺撒和他的古罗马军团吞并，纳入古罗马帝国的版图。

在将近三个世纪的繁荣与安定之后，公元3世纪后期，罗马人从竞技场和圆形露天剧场采掘石头，修建了这面巨大的城墙，目的是阻止异邦人靠近。这道防御土墙是多道城墙的第一层，你可以把它看作一棵有很多年轮的树，或者，切开的洋葱。与他们的祖先一样，一些现代巴黎人具有一种围城式的精神特质，20世纪70年代围绕着这座辉煌的光之城建造的环路是距离现在最近的防御土墙，它将城市与蒙昧的郊区及其余的世界隔开，它体现的是某种社会经济的、种族的和饮食上的孤立主义。巴黎市中心对巴黎的正式称呼依然是*intra-muros*，内部的巴黎，意思是“围墙之内”。

怀疑论者、饮食民族主义者以及不可救药的乐观主义者或许会对这样的想法不屑一顾。但法国美食并不是你最初想象的那样，而更像是外层防御土墙、巴黎周边的那条环路。它是用原创性建造的大楼，这种原创性就来自对过去历史的创造性回收、重新剪裁和再利用，它也是一座民族认同感的堡垒，用以抵御异邦人的全球化（现在普遍有共识的说法）、异邦人的美食以及其他。这种态度并不新鲜：300多年前，路易十四就开始打造法式烹饪的民族主义。

法国的美食、语言和文化是一个大杂烩。你可以试着将这个观点告诉法国厨师——尤其是那些积极游说联合国教科文组织把法式烹饪和饮食列入世界非物质文化遗产的厨师——然后看看会发生什么。如果你指出：烹饪领域的保护主义与关于这个民族和它的美食的历史经验相背离，那么，一个低温慢煮机就能驳倒你〔1〕。

与普通人一样，民族主义者也喜欢吃牡蛎，但他们可能不太喜欢听到这样的说法，即巴黎这座城市本身就像一个牡蛎壳，这个一层套一层的外壳是各种外来风格（如地中海、北欧风格）融合而成的结果。文化上也是如此，并由此产生了如此复杂的美味和佳酿，让今天的巴黎人和游客都倾心不已。或者，他们更愿意赶时髦地将这些看作过

〔1〕 低温慢煮技术源自法国，最早出现于18世纪，在20世纪70年代才又大行其道。

去荣耀的毫无价值的遗留物。法式烹饪这根历史接力棒，从凯尔特人和罗马人手里，换到了当代高级烹饪和分子厨艺的实践者手中。没有防御土墙或防护带能保护它，同时我们也该好好想一想：它需要被保护吗？

教堂地下室炫目的历史遗迹，尤其是覆于其上的灰尘，绝对会激起参观者强烈的感触。而我却渴望新鲜的空气、阳光和水。该去哪里呢？作为习惯的生物，我在加固的教堂后部掉头，然后进入修女街（Rue Chanoinesse）——这是西岱岛上唯一留存的一条古街，有点儿像带着牙齿的下颌骨的形状。狭窄的修女街露出历史的疤痕，让人回到饕客查理大帝的时代。它的外围是古罗马时期的防御土墙，像一个布丁模具一样包裹、束缚着这个小岛。

假如我经过时门是敞开着的，我会冒着被看门人发现的风险，偷偷溜进某座古老建筑面的庭院里。有的院子里藏着布满苔藓的中世纪古井、有一半是木头的建筑物，以及窄深的楼梯上的木雕扶手。有的地方铺着从教堂搜刮来的墓碑石，还能看到一个小教堂和约莫毁于一个多世纪前的塔的遗迹。一些建筑物的基座和地下室的历史可追溯至巴黎最久远的年代。老巴黎餐厅（Au Vieux Paris d'Arcole）是这条街上一处著名的地标性建筑物，也是巴黎最长寿的餐厅之一。

无论你对美食的看法和口味如何，老巴黎餐厅都是不错的选择。对于那些连“美食”这个词都不会拼写的人，这里也是最佳打卡地；同时，它也是活生生的历史的珍贵切片。可以确定的是，当地人基本不在这里用餐，同样，巴黎其他国际性的美食殿堂、热门餐厅和“小酒馆风”的餐馆也见不到什么当地人。在这些地方，没有人讲法语。

由于邻近大教堂，毫无疑问，餐厅所在地的产权归属于教堂，其历史可追溯至1512年。这个地方从1594年（或者是1723年）开始就已经是一个客栈或类似功能的地方了。记录不确切。无论是哪种记录，巴黎几乎没有比这里更久远的建筑物了。“古色古香”是它的金字招牌。窗户上的黑色铁艺栅栏证实，它在法国大革命之前曾是一家葡萄酒店铺和酒馆。餐厅建筑物正面攀爬着藤萝，室内，抬眼即见浪漫的伪中世纪装饰、古画、糙石墙、裸露在外的木头、柱头和满墙的深红色墙纸，二楼的沙龙空间布置得就像一间闺房——它以前的确曾作为卧房，所有这些就构成了老巴黎餐厅的空间样貌。在餐厅的拱形地下室里，客人可以选一瓶葡萄酒佐餐，有些酒的品质非常好。由此，他们尽可以想象古代高级神职人员的生活。在中世纪和文艺复兴时期的巴黎，没人比神职人员吃得更好。

客人们可以不必吃仿制的文艺复兴时期巴黎人的食物，餐厅提供来自中央高地的阿韦龙地区（Aveyron Region）的美味特产。巴黎一半以上的“难搞的”咖啡馆和餐厅老板都来自阿韦龙地区。如同烟瘾一样，暴脾气也是进入餐饮业的前提条件。撇开过多的酱汁，举起叉子开吃之前暂停一下，想一想：外观稍加变化，你盘子里的鹅肝酱、鸭子或牛肉很可能在恺撒或查理大帝的餐桌上出现过。不过我已经迫不及待开吃了。

## 06
## 这是肉

沿着这条迂回的路线走，还有一个原因。一个关于吃的罪恶故事萦绕在修女街——也或许是附近的另一条被重新命名的街道，它可能已经不复存在了，比如，深埋于街对面的市中心医院的地下。这则真实的故事成为恐怖故事《理发师陶德》（*Sweeney Todd*）的灵感源头。故事讲述了理发师和隔壁做肉饼的师傅做着一项可怕的交易。图书、电影和音乐剧让这则逸事常看常新。故事的来源并不确定，由此更增添了它的魅力。真实的食人事件并不是发生在伦敦，而是在巴黎，1387年，当时那条街道叫作马穆赛街（Rue des Marmousets）。

“一个杀人成性的面点师，”1639年，教会编年史家雅克·杜·布鲁尔（Jacques Du Breul）在回顾该事件时这样写道，“和他的理发师邻居狼狈为奸，趁着给顾客刮胡子时把人给杀了。面点师就用人肉做成馅儿饼。人们觉得这种馅儿饼更加美味，这是因为人吃的东西比动物吃的东西更精致，人肉的口感也就更细腻。”

有人不禁好奇：雅克·杜·布鲁尔是怎么知道这点的？

有人告诉我说，智人的味道很鲜美，就像马肉，不过我不能保证这是真的。马肉和鹿肉的味道相似，我吃过几次，不过不是我的菜。出于好奇心和职业需要，以及有时候在并不知情的情况下，我在很多地方吃过很多东西，从埋在格陵兰岛很久的腐烂的鲨鱼鳍，到罗马的发酵鱼酱；烤羊眼珠、牛犊头、奶牛乳头，以及小奶牛充满奶汁的肠子；肺、食道、小羊羔的脑子；牛肚、内脏和鲸油；猪油和猪血肠、猪骨和炖得很久的、满是骨髓的马骨头；豚鼠、鸡冠、鸵鸟、猫、狗、鳄鱼、蛇、鳗鱼；蜗牛里的鱼子酱、河鱼的卵，以及动物的蛋（种类太多，不一一尽数了）；青蛙腿儿和海胆、海参、牡蛎、鸟蛤、贻贝、章鱼、白汁鱿鱼。但在所有我吃过的食物中，没有人肉。至少我的认知范围里没有。没准儿我喜欢的巴黎馅儿饼或砂锅是从一个理发店进的肉？

在法国，食人是一项悠久而贵族式的传统。高卢的凯尔特人把食人当作是一种勇敢的行为，恺撒对此也是赞许的，有例为证，即阿莱西亚（Alésia）围攻战役中最后的食物。在这场战役中，勇猛的维钦托利（Vercingétorix）和他的高卢游击队拼死抵抗恺撒的围攻。呜呼哀哉！他们没能逃出罗马人的手心。在古代习俗中，食人这种野蛮行径相当普遍，一些堕落的罗马人喜欢用被杀掉的奴隶的肉来喂巨大的海鳗。正如伏尔泰写道："到处都有同样的罪行，吃你的敌人不过是一种特别的仪式。罪恶不在于烤人肉，而在于杀掉他们。"

绕过修女街的街角，进入白鸽街（Rue de la Colombe），你很快就会遇到一段鹅卵石铺就的路，它标记了罗马人防御城墙的路线。沿着码头西边往下游走，你会经过巴黎古监狱（Conciergerie），14 世纪[1]之后的一处要塞和监狱。这里原本是皇家宫殿，从古代晚期到 14 世纪下半叶查理五世统治时期，法兰西的国王和王后不时住在这里。如果你往窗户里瞧，就能看到巴黎仅剩的一家中世纪修道院餐厅和厨房——后者是一间半地下的警卫室，也是准备饭食的地方——石头壁炉令人颇有压迫感，四周皆有烟囱。

[1] 原文写的是 13 世纪，但经过查找资料，推断应该是 14 世纪后半期以后，这里才成为监狱。

# 07
# 核心样本

我们要去哪里？西岱岛下游尽头的太子广场（Place Dauphine）。最初几年，我想获得关于巴黎饮食史的核心样本、一个横切面，就会来到这里。这里曾经有菜园、果树，以及古代和中世纪皇家宫殿的葡萄园。查理大帝非常喜欢芦笋、西洋菜和芝麻菜；顺便说一下，还有菊苣。但不仅仅是这些。我来这里的真实原因是，这块漂亮的三角形广场周围都是最具吸引力、绝少跟风妥协的咖啡馆和餐厅。广场于400多年前由亨利四世下令修建。亨利四世有一个昵称："永远开怀的怪老头"。作为一个热心的吃货、令人敬畏的饮者以及无人能及的调情高手，亨利四世直到今天还是巴黎人最喜爱的国王之一。

在你找到歇脚处之前，可以停下来感受微风轻拂。神气的亨利四世骑马雕像面对着新桥（Pont Neuf）上的广场。它仿佛散发出一股夹杂着生蒜的酒味儿，或许还有炖鸡和山鹑的味道。巴黎人流传着这样一个说法：亨利的洗礼水上漂着一瓣儿大蒜。成年后的亨利能嚼下一整头的大蒜，他还用一公升左右的瑞朗松白葡萄酒——这种葡萄酒产自他的家乡纳瓦拉（Navarre）——冲洗身体。统治者亨利昭告天下："让每个家庭都吃得上一只鸡。"而当喋喋不休的神父指责他婚姻不忠的放荡行为时，他下令神父吃他喜欢的食物，山鹑，吃了整整一个月。终于，神父反抗道："但是陛下，还要吃山鹑啊？"这位国王反驳道："还要提王后吗？"说亨利四世是一位国民英雄，这是众多原因之一——至少与那些不懂得政治正确的含义的人相比他还算合格。

尽管太子广场曾在19世纪和20世纪70年代遭遇野蛮的现代化改造者的破坏，不过大部分砖石建筑物在某种程度上还是幸存了下来。不探索地下室，这趟游览就是不完整的。17世纪早期，地下室一般是厨房的所在地，现在它又被小心改造，以容纳必要的现代设施。

巴黎的司法宫（Palais de Justice）和主法庭正对着一块由树木围成的安静地界。观看司法官和律师之间的辩驳是一项极好的活动。跟着他们。他们是且一直都是可靠的胃部晴雨表。19世纪初法国出现了两位值得说道的美食作家，餐厅评论的开创者格里莫·德·拉·雷尼耶和美食哲学家布里亚－萨瓦兰都是法官。直至今日，正是律师职业让太子广场保持了活力和烟火气。

坐在小地窖酒吧（Le Bar du Caveau）或保罗餐厅（Restaurant Paul）的柱廊下，或是在元音（Les Voyelles）、苏克纳（Sequana）、亨利四世餐馆（La Taverne Henri Ⅳ）——小说家乔治·西默农（Georges Simenon）笔下的

梅格雷探长曾出入于此——的古老厚墙内，我喜欢看侍者在黑板上潦草地写下当日食单，琢磨着每一道菜与每一块铺路石之间的内在联系。这些大体相似的餐厅提供的食物有时候令人惊讶地新鲜、美味，让人满足。不过，和巴黎其他地方一样，这些餐厅有时候也让我想起19世纪美食作家查尔斯·蒙瑟莱（Charles Monselet）的俏皮话。一位餐馆老板将金币塞进他的口袋，之后抱怨没有关于餐厅的评论，蒙瑟莱惊呼："我认为你在贿赂我，让我不要写你。"

## 08
## 恺撒沙拉

时间倒回大约2069年前。在所有可能的选项中，有一样是恺撒和他的中尉提图斯·拉比努斯（Titus Labienus）没有吃的，那就是沙拉，至少是在大约公元前52年他们全副武装攻入卢泰西亚－巴黎西的时候。攻打卢泰西亚的一系列战役都被记录在了《征服高卢》（*The Conquest of Gaul*）这本书里，恺撒对这本书爱不释手。据说，恺撒在公元前53年还召集西岱岛上的高卢人部落开了一次会，接着，这些不明智的巴黎西人就选择了投靠维钦托利。不过，我们并不清楚，在卢泰西亚的战役之后，罗马军团是否待在原地吃了几顿饭，还是仅仅看着据点烧毁，然后撤营，后来又重返此地并实施了长久的统治。

让法国美食沙文主义者懊恼的是，到目前为止的文字记录和古迹都没能证明一点，即卢泰西亚，巴黎西人的首都，与高卢的其他罗马人的殖民地城市相比有明显的出众之处。帝国时期的生活方式——意味着宗教仪式、艺术、手工艺、工业和建筑；城市规划、农业、狩猎、渔业、贸易和餐饮；吃、喝、喧闹的宴会、盛会——大同小异，在整个罗马人统治的高卢地区都是如此。卢泰西亚的地理位置具有战略意义，面积也相当可观，在森林中间，肥沃的农田散布在可通航的河流边。这些河流是青铜器时代的贸易路线和罗马领事往来的交通要道。但是对于罗马统治者而言，卢泰西亚既不特别大，也不是人口稠密之地，也就不那么必不可少了，至少与面积五倍于它的里昂、两倍于里昂的兰斯相比。

或许，巴黎的一个明显优势就是：它是牡蛎从北部城市滨海布洛涅（Boulogne-sur-Mer）运抵法国南部的一个中转站。研究者有一天或许能证明，在帕拉坦（Palatine）或圆形大剧场（Coliseum）发现的一个牡蛎壳，被西塞罗、马库斯·加维乌斯·阿比修斯（Marcus Gavius Apicius）、卢修斯·李锡尼斯·卢库勒斯（Lucicus Licinius Lucullus）或者尼禄皇帝嚼过的一个牡蛎，都来自布洛涅，并在卢泰西亚的一个不断换新的咸水池里存放过一段时间。咸水池可以看作水族箱的原型，由最伟大的罗马美食家、和蔼可亲的阿比修斯设计。许多城市都发现了这样的咸水池，它们的功能是存放来自遥远大海的牡蛎，应该还有螃蟹和龙虾。

古巴黎的低调扩张是有据可查的。它大体包括左岸的拉丁区，以及对面的右岸的西岱岛及其滩头堡，右岸的中心大致位于今天的沙特莱（Chatelet）一带。今天的先贤祠所在地曾经是高卢人的一座堡垒，罗马人在它旁边建了自己的公共集会场所。尽管人们不断地在档案、城市和郊区的地下室和土层里有新的发现，但记录注定是片面的。谁知道接下来在下水管里除了丢失的汽车钥匙还能发现什么？近来，人们研究了楠泰尔（Nanterre）郊区一段沿巴黎而来的高速公路，发现那里才是真实的卢泰西亚的所在地。巴黎的先民在扩张定居点的同时，建造了功能多样的堡垒群。楠泰尔和巴黎或许就是这股扩张潮的一部分，它们建成的时间比罗马人到达这里大约早 200 年。

对于饮食民族主义者来说，这或许是一个坏消息。像罗马人一样，高卢的凯尔特人也是外来者，一个铁器时代的好战的民族，从大草原而来。至少从公元前 4000 年以来，这个民族要么是被消灭，要么是被吞并，或是被归入居住在塞纳河两岸的新石器时代部族。凯尔特人唯利是图，喜欢割取敌人的首级作为战利品，有时候还食人。他们不曾装饰拉斯科（Lascaux）[1]，也没有建立过史前墓石牌坊、纪念碑，人们热衷的漫画书《高卢英雄传》（*Astérix*）[2]中也找不到关于凯尔特英雄的记录。你不觉得很奇怪吗，现代巴黎人从来没有提及他们在石器时代的艺术家祖先，并坚持以戏谑或不那么严肃的态度说起“我们的祖先高卢人”（*nos ancêtres les Gaulois*）——这可不是香烟的牌子。

卢泰西亚之战一定是一团糟。它发生在卢泰西亚之外的格勒泰尔平原的沼泽地，附近就是今天的荣军院（Les Invalides），那个有名的科西嘉人拿破仑就葬于此地。卢泰西亚被谁烧毁了，凯尔特人、罗马人抑或是两者都有？还是与他们都无关？这场纵火以及投降发生在公元前52年还是公元前51年？这些问题，严谨的历史学家又得接着讨论好几个世纪。征服者开始建造或者重建这座高卢人的城市，大概是在公元前30年——与城市被烧毁的间隔时间之长，足以让余烬冷却。他们选择了同样的地点，将其扩大至大约180英亩（约0.73平方公里），让1万个移民迁入，这些移民包括罗马人、凯尔特人以及其他“异邦人”。

---

〔1〕保存史前绘画和雕刻较为丰富精彩的石灰岩溶洞，位于法国多涅省，被称为史前的卢浮宫。

〔2〕以高卢传奇英雄为题材创作的法国知名连环漫画。

# 09 无花果和肥鹅肝

在帝国的鼎盛时期，从公元 1 世纪到 3 世纪，趾高气扬的罗马人认为他们已经永久地驯服了这些异邦人，都懒得在卢泰西亚周围建筑城墙了。用“冲动”来形容他们接下来的计划，是很恰当的。

经过一个世纪，或者更久的挖掘、建造，卢泰西亚的圆形露天剧场、竞技场、澡堂、主干道、河流港口和神殿逐渐成形。对于质朴的食客而言，更重要的是，添了屠宰场、垃圾场和公共厕所。已经发掘出两个罗马帝国时期的肉铺，一个位于哈普街（Rue de la Harpe），现在的麦当劳所在地；另一个位于王子殿下街，在波利多餐厅附近。正是在这些地下博物馆里，那些被废弃的、残骸般的过去时光让人们获得启发，正如塞纳河附近著名的马萨林图书馆里那些易碎的手稿和卷册。马萨林图书馆还藏有一大批从中世纪晚期到现代的烹饪文献，读着它们，总能勾起我的食欲。

一个不太寻常的事实依旧无解：尽管巴黎人对沙拉的热情有上千年的历史，尽管罗马人热衷于芝麻菜和美味的莴苣，但在两千年前的消化物或废弃物中并没有任何发现。

“告诉我，为什么我们的祖先用于结束一顿饭的莴苣，如今却被我们用来开启一顿大餐？”性情怪异的公元1世纪诗人马提亚尔（Martial）问道。除了卷心菜，还没有发现任何绿色蔬菜的痕迹，根状蔬菜也没有，甚至连很普遍的萝卜也没有。然后是土豆，尽管后来被做成人人都爱的炸薯条，但当时也并没有跨过大西洋；而萝卜也被公认为超级无味。

有证据表明，凯尔特人和最初的罗马殖民者的食物包括：蚕豆和小扁豆、豌豆、韭葱、芹菜、西葫芦，像玉米糊一样的燕麦粥、面包，鸡蛋、奶酪、猪肉或野猪肉、羊肉、牛肉、河鱼（如鲈鱼、梭鱼、海鲈鱼、鳗鱼和鲷鱼）。上述这些食物大部分因为以下调味品而被赋予新的口感，或者至少能被接受：含有大量盐分的鱼酱（*garum*）、大蒜酱、进口自罗马的葡萄酒、山羊或绵羊奶、凯尔特人的*cervoise*——也就是今天的啤酒。

如果这些还不够，坐好，罗马人晃悠了500年左右，创造了法国人所谓的高卢－罗马文化，“高卢”一词被放在了前面。他们是我所知的唯一一个用连字符来打败压迫者的被征服民族，而这些压迫者给了他们一种语言、文化和饮食习惯，更不用说还有一个大约占比95%的基因库。

到公元360年朱利安在克吕尼（Cluny）的浴室——城中最古老的建筑——加冕称帝时，一切都在好转。在纪念碑和宅第、浴室和剧院周边，一批小酒馆、煎炸店和面包坊纷纷涌现。菜单上是品种丰富的本地葡萄酒、个儿大又肥硕的牡蛎和来自海边的贝类，还有像无花果、桃子、樱桃和梨子这样的异域水果；从前的野味，尤其是野猪和野兔，不再是野生的，而是被圈养起来。

这是一个短暂的黄金时代，或者说被美化了的时代。讽刺的是，在3世纪80年代，日耳曼人第一次入侵之后，卢泰西亚退缩到西岱岛的范围；而在朱利安时代，则变为人们所说的度假地或休闲社区。它确实是一个很有活力、缺少法律约束的地方，娱乐场所遍地，音乐和狂欢不绝。年轻但思想严肃的朱利安是第一个把卢泰西亚叫作巴黎的人。显然，他是被这个地方——而不是这里的居民——迷倒了。

“我刚好在冬天的那几个月里待在我喜欢的卢泰西亚，凯尔特人将此地称作巴黎西人的首都，”在幸存的最古老的资料中，朱利安这样描述这座城市的日常生活，“这是一座躺在河中的小岛，四周完全被围墙包围，两面都有木桥通向小岛。这条河很少涨落，冬季和夏季的深度通常是一样的。河水清澈，味道甘美。”

从皇宫里他那个通风良好的房间，朱利安的视线可以越过塞纳河，落在一片片覆盖着葡萄藤的小山丘上。从3世纪一直到19世纪的1500多年间，巴黎周边都环绕着葡萄园。“品种多样的葡萄藤在此地生长，”朱利安写道，“冬天，一些人还在葡萄园里种上了无花果树。”

为什么一位皇帝会特别提到无花果？研究古代史的专家知道答案。无花果是罗马人幸福的必要之物，不仅仅因为它们是新鲜的美味，把无花果干碾碎，揉进面团里，可以给精致的面包增添风味。更重要的是，无花果干是农民养殖的猪和鹅的增肥食物，这才有了帝国时代的肥鹅肝(foie gras)。无花果的拉丁文写法是*figa*，以无花果喂肥的，称为*ficatum*，演变为意大利语的“*fegato*”和法语的“*foie*”，词意都是肝，而不是无花果。

为水禽的肝增肥，最早做这件事的并不是法国人，而是古埃及人和古希腊人，然后是古罗马人。在罗马，人们热衷于吃鹅和猪的肝脏，它们质地肥嫩。提比略(Tiberius) 执政期间，讲究饮食的有钱人阿比修斯精进了这一吃的艺术。由此产生的风潮席卷了整个罗马帝国，这也可以解释为什么无花果能够在遥远、寒冷的巴黎种植并被悉心照料。巴黎考古遗址发现得最多的禽类遗骸就是这种高贵的鹅，这是制作肥鹅肝的最好来源。

你知道，朱利安皇帝并不是土生土长的巴黎西人。他既不是美食家，也不热衷于享乐；他讨厌宴会和聚会，而遵循严苛的道德标准和身体戒律，这在过着奢侈生活的罗马统治者中实属异类。“粗俗的凯尔特人忍受了我的方式，”他写道，“但我的这些方式却天然地与一个繁荣、喧闹的城市格格不入。这座城市到处都是舞者和笛子吹奏者，以及比别的城市更多的滑稽剧演员，人们对治理国家的人没有半点敬意。那些谦卑者被认为没有男子气概，而有男子气概的人就是那些从拂晓就开始寻欢作乐、夜夜笙歌的人，不光在嘴上，还要在行为上显示出对法律的鄙视。”

对于如今的巴黎居民来说，这番话听起来既尴尬又熟悉。这位给享乐主义泼冷水的帝国统治者抱怨道，巴黎西人最狂热的享乐发生在“市场和剧院”。可以肯定的是，假如在朱利安时代也有咖啡馆和餐馆的话，顽劣的狂欢者将会每晚作乐，狼吞虎咽牡蛎和肥鹅肝，喝下一瓶又一瓶的葡萄酒，然后在街巷和人行道上把高卢人的事迹吹得天花乱坠——就像今天的巴黎人一样。

## 10
## 特里马乔的宴会

那么，不妨从历史的角度来看看巴黎今天的娱乐生活？来回溯到罗马时期吧。

至今为人津津乐道的是，多米提安（Domitian）皇帝曾经召集罗马参议院特别会议，讨论烹饪一条巨大的比目鱼的最佳办法。在罗马人的眼里，无论是美食家、政治家、军事家卢修斯·李锡尼斯·卢库勒斯的宴会，或肥胖的皇帝维特里乌斯（Vitellius）——此君曾狼吞虎咽祭坛上的食物——的暴饮暴食，还是主张寡头政治的阿比修斯的奢靡铺张，以及最臭名昭著的皇帝埃拉伽巴路斯（Elagabalus）——他用肥鹅肝喂他的狗——对食欲的不加节制，都见怪不怪了。难怪，4 世纪中期的凯尔特人在朱利安皇帝看来无异于“粗俗的”野蛮人。

尽管受到罗马的影响，但是许多巴黎西人还是喜欢在用餐的时候蹲在地上或者坐在干草垛上。他们用口袋里的小刀切开粗制的食物，切好的食物就放在脚边，然后狼吞虎咽吃起来；有时候也会精致一点，把食物放在木盘子里。罗马人一般把食物切片、剁碎，斜躺着就能用手指拿起食物享用。凯尔特人可不屑于这么干，他们瞧不上罗马人精致的餐具、桌布、餐桌、椅子和餐室里的长榻，更不用说阿比修斯编撰的第一部食谱，《关于烹饪》（*De re coquinaria*）中那些复杂的菜肴了。阿比修斯式的暴饮暴食被狡黠、幽默的佩特洛尼乌斯（Petronius）讽刺了一番。这样的事情看上去像是发生在巴黎的，却并不是。

“一道绝妙的开胃菜被端上来了。”《特里马乔的宴会》

(*Trimalchio's Feast*)的作者佩特洛尼乌斯写道。他在这部虚构类作品中塑造了一个有着夸张的美食喜好的暴发户形象，属于朱利安皇帝在卢泰西亚很可能遇到的类型。一只红棕色的驴身上挂着马鞍包，从中掏出墨绿色的橄榄给客人食用，接着被端上来的是一道用蜂蜜和罂粟籽调味的睡鼠。“烟熏香肠被穿在一个银质烤架上，”佩特洛尼乌斯继续写道，“垫在香肠下面的叙利亚李子被烤得像黑炭，深红色的石榴籽红得发紫。”

在音乐的伴奏下，肥胖而神气的特里马乔被抬进了宴会厅，在一个厚厚的软垫子上落座。正如一位现代暴发户或时髦人士，他在脖子下面塞了一条长餐巾。他的左手小指上戴着一个巨大的镀金戒指，无名指上也是一枚戒指，很明显是纯金的，戒指上装饰着一些小星星图案。“而且，唯恐我们无法感受到他的华丽气息，他赤裸着右胳膊，露出胳膊上的一个金手镯和一个饰有闪闪发亮的搭扣的象牙圈。”

当特里马乔用银牙签剔牙的时候，一个托盘被拿了过来。这个托盘上放着一个篮子，篮子上刻着鸡的形象，鸡的翅膀张开着，像是母鸡在下蛋。“奴隶们进来了，伴随着一阵音乐声，他们捅开了篮子里的稻草，下面埋着一些鸡蛋，奴隶们把这些鸡蛋分发给在座的宾客。”作者继续写道：“于是我们拿起调羹——每一个的分量都不少于半磅，戳破用面糊做成的蛋壳。我很想冒险试试将鸡蛋扔到地板上——里面似乎有已经成形的小鸡仔，但是坐在我旁边的一位老手告诉我说，‘这鸡蛋里面一定有好东西！’我用手指抠开了蛋壳，拽出一只肥圆的食米鸟（reed-bird），鸟身上裹着用胡椒粉调过味的蛋黄。”

顺便说一下，在古代，胡椒是异常昂贵的东西，而阿比修斯的几乎每个食谱中都有胡椒的身影。

宴会用酒是加了蜂蜜的穆尔森甜酒（mulsum），这种酒是制作肥鹅肝必不可少的原料，至少在普利尼（Pliny）的记载里是这样。他详细记录了阿比修斯如何让那些喂肥的猪醉倒在甜酒中。

两道菜之间，宾客们要用酒来洗手，水在特里马乔的餐桌上是上不了台面的。

不过，主菜和甜点才是给读者留下最深刻印象的。主菜被放在双层浅盘上，浅盘周围有一圈十二星座的装饰图案。管家得体地将每一份餐盘放在食客面前。

> 一个埃及奴隶端上一个盛着面包的银盘。就在此时，特里马乔用粗哑的嗓门唱了一首来自音乐滑稽剧《吃大蒜的人》（“The Garlic Eater”）里的流行歌曲。在他唱歌的当儿，四个奴隶神色庄重地迈着舞蹈般的步伐走上前来，一边应和着歌声，一边揭开了盘子上面的盖子。盖子下面，我们看到阉公鸡、母猪的前

胸以及一只野兔，野兔的尾巴上还贴着羽毛，象征着天马。

盘子的一角是半人半兽的玛息阿（Marsyas）[1]画像，他背着羊皮酒袋，“酒袋里装着胡椒味儿的鱼酱，晃动的鱼酱包裹着鱼，像是鱼在溪流中悠游一般”。最精彩的还在后头呢。“仆人们在我们的坐榻前悬挂一张张挂毯，上面是狩猎的画面：猎人手执长矛，背着打猎的一切用具。”从餐室外面传来一阵让人困惑的声响，接着，狗冲进来了，围着餐桌转圈儿；紧接着，一个托盘被抬进来，上面盛着一头巨大的野猪。野猪的獠牙上挂着许多小篮子，篮子里装着海枣。野猪周围点缀着小猪形状的油酥糕点。

一个有胡须的彪形大汉进来了，他用一把猎刀砍斫野猪的侧腹，接着从切口处飞出来几只画眉鸟。“拿着长棍的捕鸟人就在近旁。鸟儿扑棱着翅膀在餐室里飞的时候，捕鸟人迅速地逮住了它们。”作者写道。在音乐的伴奏下，每位宾客都得到了一只鸟以及一些海枣。

卢泰西亚是否也有过这样的饕餮盛宴？就算有过，也没有相关的记载。

就算粗鲁的巴黎西基因在当代巴黎人体内所剩无几，

---

〔1〕 古希腊神话中半人半兽的森林之神。

但有一点不能忽略：巴黎人对精致餐刀的热爱。新时代的特里马乔应该会喜欢昂贵的拉吉奥乐刀（Laguiole），他们甚至会在氛围友好的聚会上试试餐刀。在某家刻意卖弄的大餐厅用餐，包括一家名为阿比修斯的餐厅，你会看到许多罗马帝国的遗风。首先是穿金戴银的顾客、闪亮的室内装饰，然后是配得上佩特洛尼乌斯风格的戏剧化元素。几年前，在历史悠久的勒杜瓦扬（Ledoyen），一家米其林三星餐厅，我看到一位爱狗人士一小口一小口地喂他的宠物吃肥鹅肝，他的宠物的穿着风格让我想起皇帝埃拉伽巴路斯。

看似遥远年代的气息依旧徘徊在当代的世界里，表现之一，就是在质朴的简约烹饪与标新立异的复杂、精致（或曰科学）的“新”烹饪之间摇摆不定，这种挣扎就是所谓的“传统与现代的对立”。你也会看到，这也是尼采所言“永恒轮回”（eternal return）的余韵回响，在一般人看来，这种历史的重复每一次都看起来不同。

## 11
## 坐等野蛮人

在太子广场等着侍者端来饮品或美食的时候——在现

代卢泰西亚的每个地方，你都得等着——回顾一下历史，就会觉得很好笑：希腊人把罗马人称作野蛮人，而罗马人把其他任何地方的人都称作野蛮人，包括高卢的凯尔特人。凯尔特人又把法兰克人、德国人及其他更北或更东的地区来的人叫作野蛮人。许多法国人现在还在这个“野蛮人”名单上加了英国人和美国人，尽管他们有北约组织和伟大的欧洲兄弟这些身份的加持。

大戏总有散场的时候。“罗马的奢侈日盛，直到4世纪末。”大仲马写道。他写的《烹饪大辞典》（*Le Grand Dictionnaire de Cuisine*）是我最喜欢的一本美食书。“远处传来巨大的嘈杂声，北方、东方、南方不知名的国度，以及数不清的野蛮人的族群，在一阵巨大的喧嚣声中崛起，席卷大地。”

“一些人走路，一些人骑在马上，另一些人骑着骆驼，还有一些人驾着由驯鹿拉着的双轮敞篷车。”大仲马用《圣经》式的语调奋笔疾书，他对罗马陨落的细致描述比大多数学术性的历史讲述都更加吸引人。“河流冲刷着他们的盾牌。大海载着他们乘坐的木筏。被征服地方的百姓在他们的刀剑利刃下落荒而逃，正如牧羊人用木拐杖驱赶着羊群。他们征服了一个又一个民族，好似执行上帝的谕令：‘我要让世界各个民族混杂、融合，正如飓风翻卷、旋转着尘土。’”

“他们是一群陌生的、不知餍足的食客，而餐桌正是罗马人侵吞世界的场域。”

根据大仲马绘声绘色的讲述，哥特人阿拉里克（Alaric the Goth）告诉试图阻止他的僧侣说：“有一种东西推着我去推翻罗马。”阿拉里克来了，他的军队“三次包围‘永恒之城’，三次像潮水般退去”。

最终，阿拉里克同意放弃围攻罗马，条件是，罗马将其金银、稀世珍宝以及所有的奴隶悉数交出。“那罗马人还剩下什么呢？”有人问他。“他们的生命。”阿拉里克说。

大仲马写道，罗马人交出了五千磅的黄金、三千磅的银子、四千件丝绸衣服、三千张深红色的兽皮，以及最重要的三千磅的胡椒，其价值相当于同等重量的金子、银子和珠宝。“为了自救，”大仲马写道，“罗马人甚至将勇气女神雕像烧熔了。”

下一个入侵者和蹂躏者将是汪达尔人（Vandals）[1]。不过，当匈奴人阿提拉（Attila the Hun）的铁蹄一路疾驰，即将践踏高卢人的领地时，巴黎发生了戏剧化的一幕。阿提拉手下有几十万众的部下，营地占地达方圆三英里。“他瞧不上金子，或是希腊的银质花瓶，他从木盘子里吃带血的肉。”大仲马的笔调里充满了厌恶之情。别提生牛肉和鞑靼牛排了。很显然，对于罗马人和大仲马来说，未经烹饪

[1] 古代日耳曼人部落的一支，曾入侵罗马。

的肉是野蛮人的终极标尺。

五百座城市被烧毁，无数人被蹂躏和杀害，用无法想象的残酷方式，入侵者似乎被上帝的愤怒驱使着。“他们被野蛮的本性驱使，越过众人，直捣罗马的中心，将其毁灭在血泊之中。”

一个奇迹是，巴黎被赦免了。

历史事实是，阿提拉避开了巴黎，将兵力集结在了凯纳布姆（Cenabum）——今天的奥尔良[1]——也不想再杀回去了。但之所以发生奇迹，得益于勇敢无畏的天主教修女圣吉纳维芙（Saint Genovefa）的虔诚干预。圣吉纳维芙，也写作 Sainte-Geneviève，在 6 世纪至 17 世纪，她以圣母玛利亚之名成为巴黎的保护者和守护人。

464 年，又一拨野蛮人的进攻开始了，由法兰克国王希尔代里克（Childeric）率领。圣吉纳维芙很快又投入营救，为被围困的巴黎人提供食物。巴黎又一次保全下来了，却又落入希尔代里克的儿子克洛维（Clovis）的刀剑之下。克洛维在 486 年击败了罗马最后一任总督西格里乌斯（Syagrius），开启了法兰克王国的墨洛温王朝（Merovingian）。根据夸张的说法，野蛮的墨洛温法兰克人转变为文明的法国人，依靠的当然是拉丁文、美食以及圣餐酒——换句话说，这三项都

〔1〕 法国中部城市，中央大区的首府，在巴黎以南大约 120 公里。

来自罗马。圣吉纳维芙在511年（也有512年的说法）去世之前，还创造了一项奇迹，即于508年让克洛维皈依罗马天主教，后者也因此而史上留名。

大仲马写道，当血腥的尘埃落定时，活下来的仅有一群手握《四福音书》和十字架的老家伙。皇帝和罗马大祭司的权力被转移到教皇个人身上；世界的中心转移到了梵蒂冈；修道院、庇护所、教堂承接了罗马文明，肃清了狂热的因子。欧洲进入了一个黑暗时代（Dark Ages）。

“特里马乔、卢库勒斯、多米提安和埃拉伽巴路斯的宴会景象唤醒了野蛮人的食欲，”大仲马接着要为他的历史调查收尾了。在结语中，他引述了与他同时代的英勇厨师卡勒姆在19世纪早期说过的一句话：“如果这个世界没有烹饪，没有文学，没有充满智慧的知识，没有灵感，没有一种社会理想的观念，宴会就不再存在。”

大仲马和卡勒姆是一个时代的产物，在那个时代，人们对所谓黑暗时代所知甚少，主要原因是许多资料都遗失了。他们并不完全了解，罗马的烹饪和制酒是如何在人们的心里、脑海里和胃里继续留存的，是如何被记录在羊皮纸上、莎草纸上，以及记载着著名或臭名昭著者（包括马库斯·加维乌斯·阿比修斯）言行的碑石上。阿比修斯收集的食谱以手稿的形式幸存下来。这些手稿是大约4世纪晚期或5世纪早期阿比修斯及匿名作者的食谱的汇编，它被修士反复抄写在卷轴上。留存下来的最早的手稿全本可追溯到 9 世纪或 10 世纪早期。文艺复兴时期，手稿被重新发现，最终于 1498 年在米兰印制出版。

颇具讽刺意味的是，和很多典型的罗马人一样，阿比修斯的希腊语也很好——他的一部分回忆录是用古希腊文写成的，得到了很多仅通晓拉丁语的士兵和天主教徒的喜爱。希腊文明是罗马文化的母体，这一点或许可以在此得到很好的佐证。这也正是罗马的优势：它是第一个多元文化、多元种族的全球化熔炉，纳入其麾下的民族、语言、建筑技巧以及美食无不被其吸收、为其所用，并变得更强大。是不是听起来很熟悉？

## 12
## 残羹剩饭

对于我来说，最兴奋的莫过于思考这样一个问题：食物以及饮食习惯是如何历经入侵，大屠杀，洪水和火灾，瘟疫，宗教或政治、经济体系的变化等岁月的洗礼后幸存下来，并继续存活于今日的巴黎的——它们或是被改良了，或是变得无法辨认出原来的形态。为什么这一点很重要，我并不确定。要知道，在其他伟大文明中，印度人和中国人几千年来都吃着大体相似的东西。

在我看来，幸存下来的，或者说遗留下来的食物和饮食习惯，读起来就像是古书上那些难以理解的19世纪的宴会食谱。不过，姑且容我说一说这么几个重要的信息，因为它们是今日典型巴黎人的特点所在。

首先，巴黎人或许不再使用木盘子了，但餐桌上还是有大量的生牛肉或者带血的牛肉，其他肉类也一样：不完全熟的羔羊肉和绵羊肉、带血的雏鸽和微煎的鱼。这些做法可都是那些乡下佬和野蛮人喜爱的方式，你也可以说，这是维钦托利式或阿提拉式的做法。

古罗马人对生的牡蛎（留一半壳）、青蛙、蜗牛和肥鹅肝的热衷不仅继续留存于巴黎，还被进一步发扬光大了。过去对牡蛎不人道的做法在今天几乎都延续下来了，毫无改变：野生或者人工养殖的牡蛎被运到巴黎，当它们还在扭动的时候，人们就浇上大量的醋，伴着红葱头或柠檬汁（我们都知道，柑橘在中世纪时是新鲜玩意儿）将它们吞下肚。古罗马人有时也吃熟的牡蛎，但巴黎人几乎不这么做。伏尔泰是一个特例。他曾吹嘘自己吃过的牡蛎就像参孙杀死的非利士人[1]那么多，而他或许也是第一个反对残忍的

---

〔1〕参孙，《圣经·士师记》中的犹太人，天生神力，以徒手杀死雄狮和以色列的外敌非利士人而著名。

生食行为的启蒙人士。

青蛙腿是法式的，对吗？当然是！但它们也深受罗马百夫长和古代美食家的喜爱。这道菜的制作过程可不是一般人能接受的，这其中包括生剥青蛙皮，罗马人吃下去的也不光是腿。至于蜗牛，阿比修斯的食谱回忆录里有一整章是关于蜗牛的，尽管有点儿短。罗马人烹饪腹足类动物有无数种方式（现在依然如此），而凯尔特人的后裔则将配料范围缩小至经典的三种食材，用在青蛙腿的烹饪上，它们就是：大蒜、黄油以及欧芹。亲爱的老家伙阿比修斯总能想到更绝的，他居然给蜗牛增肥，这样它们就无法再缩回壳里去了。这个奇怪的事实让我很自然地想到肥鹅肝。关于这道美味佳肴，能说的太多了，也无疑会给我树敌不少。

## 13
## 脂肪、肝病，以及酒味

据说，为鹅肝增肥的古代技术掌握在地中海的一批犹太人手中，他们是不能吃猪肉的，由此也渐渐发展出用禽类的脂肪烹饪。还有什么比鹅肝的脂肪更能符合犹太教的食规呢？像很多技艺和艺术形式一样，它也是在文艺复兴时期的德国和意大利被重新发现的，而最引人注目的是意大利的犹太区。最终，它被传入法国。16 世纪，法国国王弗朗索瓦一世和他的法－意混血继承者大量引进像达·芬奇这样的意大利艺术家、工程师、建筑师、工匠或厨师——这一举措将巴黎变成了“新罗马”。肥鹅肝也许就是在他们的马鞍包里被带到了法国。罗马教皇的御用厨师巴特洛米奥·斯加皮（Bartolomeo Scappi）在他写于 1570 年的食谱书《烹饪艺术集》（*Opera[dell'arte del cucinare]*）中提到肥鹅肝与犹太人之间的联系。我遍寻多年，也没有找到证明 16 世纪之前肥鹅肝与法国之间有联系的可靠资料。

谁知道呢？饱受争议的美第奇家族在 16 世纪和 17 世纪为法国输入了两位王后和至少四位国王。他们带去了银叉，或许还有一些意大利－犹太人的 *fegato grasso*（肝脏脂肪）。上行下效，他们的高卢主人被迫接纳了这种食物。这个过程需要几百年。即使是最大限度地接受了罗马帝国风格的“太阳王”，也不喜欢这种新奇食物，他更愿意用戴满珠宝的手指握着烤肉。

无论它是如何跨越阿尔卑斯山的，肥鹅肝很快被认定为一种法国特色菜肴，并流传至今。当然喽！美食评论家居诺斯基（Curnonsky）在近一个世纪之前写道：“肥鹅肝将是法国美食获得并保持世界荣耀的烹饪奇迹。”或许这也是为何它会在特定的开业庆典上成为汉堡包的点缀。今天，肥鹅肝无疑在法国最受追捧。而意大利仅在一些仿造法式的创意菜肴——在我看来，既不新鲜，也称不上创新——中得见一些 *fegato grasso* 的影子。

2000 年后的最初几年，我因为过度沉迷美食而患上了脂肪肝，意味着我有一个变大、增肥了的肝脏。法国医生告诉我说，从技术层面来讲，我就是一个行走的会说话的肥鹅肝。这也许是我对这道充满争议的美食特别有兴趣的原因。我有时候在太子广场的保罗餐厅吃这道菜，家常做法，撒上粗盐，佐以大黄酸辣酱。我感觉自己狼吞虎咽的样子就像在阿莱西亚被围困的维钦托利，或者是《理发师陶德》里西岱岛上的那位面点师。

邪恶的阿比修斯用加了蜂蜜的穆尔森酒，让他那些有着肥厚肝脏的猪窒息。相比较而言，这种制酒方法粗疏、原始，不过，如果制作得当，它与今天的某些葡萄酒在气质上惊人地相似，例如，苏玳甜白葡萄酒（Sauternes），或豪特利夫干红（Rives-Hautes），以及法国南部的加强型葡萄酒，而这些酒也正是肥鹅肝这道菜的绝佳搭配。

说起巴黎和葡萄酒，由于气候和土壤的原因，卢泰西亚的酒基本上都比较粗糙，偏酸，酒精度也比较低（现在也还是这样）。蒙马特高地至今还有一小撮品位独特的人士在生产少量的葡萄酒，其中一些人是小酒馆老板。巴黎也有一些定制的需求，为此还在城市东部边缘的贝尔西区

(Bercy）保留了一些微型葡萄园。我记得贝尔西区是两个历史悠久的葡萄酒仓储点之一。另一个仓储点在朱西厄区(Jussieu)，20世纪60年代在现代化改造中被毁，取而代之的是一所设计得极其糟糕的大学校区。

在古代，巴黎的葡萄酒并不以外销闻名。历史上，法国其他地区更加适合葡萄的生长。即使如此，巴黎左岸的圣日耳曼德佩修道院（Abbey of Saint Germain des Prés）在朱西厄区和其他几个外围的区域以及拉丁区一直保留有大片的葡萄园，为修士、捐助人和僧侣提供大量的葡萄酒。他们拥有25000英亩的葡萄园，大部分的种植为的是供应圣餐酒。很难想象，不过，拉丁区那条富有生机的地标式街道圣安德烈艺术街（Rue Saint André des Arts）——它连接着朱西厄区与圣米歇尔广场（Place Saint Michel）和圣日耳曼德佩区——的建造就是为了给制酒的僧侣提供进入葡萄园的通道。毗邻卢森堡花园（Luxembourg Garden）的圣叙尔比斯（Saint Sulpice）教堂后面的那条缓坡，曾经是修道院最看重的市内葡萄种植园之一。

走出距离太子广场一个街区的警察局，乔治·西默农笔下的梅格雷探长（Inspector Maigret）时常去复古风格的亨利四世小酒馆喝上一杯。这儿的空气都浸染着酒的味道。探长喝的是非巴黎产的葡萄酒，用一个球形玻璃杯。我有时候也这么干。尽管还有更时髦的酒馆，有窖藏更好、更专业的去处，但是如果你就喜欢一盘高卢火腿配一瓶阿尔萨斯、博若莱或者是卢瓦尔河谷的酒，你没准儿更不愿意挪窝呢。

在中世纪或文艺复兴时期的某个难以标记的时刻，法国人开始有能力对他们的前任殖民者施以甜蜜的报复——教授他们制酒之道。如今，意大利的皮埃蒙特、托斯卡纳，以及其他南部和中部种植区都出产法国品牌的葡萄酒。巴黎在大约1600年的时间里一直生产廉价的低端酒，但出于众多原因，它却成为法国重要的葡萄酒之都。得益于王室和富人，巴黎成为勃艮第、香槟和波尔多产区葡萄酒的主要市场。也因为众多杰出的葡萄酒销售商，巴黎现在仍然跻身于世界最大的葡萄酒都市。

## 14
## 火腿、芥末和炸薯条

罗马人和凯尔特人，尤其是塞广尼人（Sequani），都是制作火腿的好手。火腿是从高卢出口到罗马的最大宗单一产品，至今也是法国人的一张文化名片。“塞广尼人处在莱茵河东畔，正对着索恩河，”基督教时代初期的斯特拉波

(Strabo)[1] 写道，“正是从他们那里，罗马人获得了最好的腌猪肉。”

古代，人们几乎不食用生的火腿，而是一般用盐腌渍、用烟熏或者风干。食用之前，在牛奶或水中将肉煮开，然后就可以大快朵颐了。煮是一种很受欢迎的烹饪方法，不仅限于火腿。许多经过加工的肉类或新鲜肉类都要被煮上两次，以清除它们身上的盐分、不好的气味或者不那么新鲜的味道——古代的厨师并不明白原理为何——从而消除一些让人胃痛或产生更糟糕症状的神秘物质，也就是我们今天所称的有害细菌。

我撒在我吃的第一块火腿奶酪法棍上的调味料，正是 *vinum mustum ardens*[2]，也就是“燃烧的葡萄汁”，别名 *moutarde* 或者芥末酱。没错，来自第戎和法国其他地方的 *moutarde*，都源自遥远的罗马。阿比修斯记录的许多菜谱都要求放芥末酱，并给出了各种各样复杂版本的涂抹方式。基础款的芥末酱仍然是将带有自然辣味的芥末籽碾碎，与盐、葡萄酒或醋进行混合。

这里是阿比修斯记录的 *vinum mustum ardens* 的配方：“碾碎的芥末籽、蜂蜜、坚果、芸香、孜然、醋。”实际上

---

〔1〕 斯特拉波（约公元前 64 年—公元 23 年），古罗马地理学家、历史学家。

〔2〕 拉丁语，意为辣味葡萄汁，当时的芥末用葡萄汁做原料，后改用醋。

非常美味。我很惊讶今天没人这么做了。

再回到古代的巴黎。芥末酱可能消失了一阵子，但不管怎样，在 10 世纪，圣日耳曼德佩修道院的僧侣重拾芥末酱，并改进了配方。与古代和中世纪的葡萄园，或是 20 世纪的波西米亚俱乐部以及文人游荡的街区不同，芥末酱从未落伍。尽管它在高级烹饪中并不具有特别的地位，但你可以说它是独一无二的。充满活力的芥末酱是炸薯条的绝佳法式调味料，要我说，甩出番茄酱或蛋黄酱好几里远。

# 15
# 他们有态度

除了食物和酒，流传至今并发扬光大的是巴黎人对食物的态度、习惯和嗜好，只是以改头换面的方式呈现，让人难以捕捉。比如沙拉，巴黎人通常以沙拉作为开胃小吃，正如古罗马诗人马提亚尔在 1 世纪记录的，这是帝国时代的传统。当然，也可能是他们在吃奶酪之前用沙拉来清洁味蕾，这是一项更加古老的罗马共和国时代的习俗，随着恺撒的去世而消失了，只在 19 世纪的时候又出现过。

说到奶酪，就在维苏威火山喷发并覆盖了庞贝古城的那一年，即公元 79 年，老普利尼（Pliny the Elder）提到法国的一种有孔洞的蓝纹奶酪，也就是现在的罗克福奶酪，第一批列入 AOC（原产地名称控制）的食品。法国人经常忘记，普利尼抱怨过这种奶酪有点药味儿——就像装在恶臭的模具中的盘尼西林。在凯尔特人或罗马人出现的几千年前，新石器时代的法国人——以及其他欧洲人——就会做奶酪了。法语 *fromage* 来自拉丁语 *forma*，也即圆形的轮子，意大利人称为 *formaggio*。戴高乐曾经把治理国家的难度比作几百种奶酪相互竞争的状态[1]，现在已经成为一句谚语。还有一句被常常引用的法式格言（尽管缺乏政治正确性）出自布里亚－萨瓦兰："没有奶酪的一餐就像是缺了一只眼睛的美女。"在 19 世纪早期的上层美食圈里，这是一个很大胆的宣言，因为那会儿奶酪被认为是贫民的食物。如今，将奶酪单独放在盘子上呈给食客，或者，像星级酒店那样将奶酪放在一个小餐车上推着，这是过去几百年才有的做法。在这之前，一大块或曰一大坨奶酪通常在附加点心和甜品环节中食用。

今天，尽管巴黎有各种让人无法拒绝的糕点、奶油冻和千层糕，但是一块刺激味蕾的、成熟的奶酪往往胜过甜点。在巴黎，无论是在家还是在上好的餐厅，一顿没有 *fromage* 的饭是不完整的，至少对于高卢的灵魂和味蕾而言。

---

〔1〕 戴高乐的原话是："你怎么治理一个有 400 种奶酪的国家！"

从罗克福奶酪开始，发明于 1925 年的 AOC 体系渐渐拓展到其他食物和所有的酒类。距今也不到百年。不过，探究起源和出处一直都是法国人尤其是巴黎人痴迷的事情，他们自己并不生产任何食物，甚至是蘑菇，却总是要在他们的餐桌摆上最好的食材和食物。

这种对于命名和起源地的兴趣是过去两三百年才有的吗？不，恐怕不是。这是另一项来自希腊－罗马世界的遗存。

对于一个希腊或罗马老饕来说，起源地的重要性怎么说都不夸张——至少我不知道怎么去讲一个夸张的故事。阿切斯特拉图（Archestratos）、孟塔努斯（Montanus）、阿萨努斯（Athaneus）、马提亚尔、卢库勒斯和阿比修斯对最好食物的评价和称颂，足以让最苛刻的或最做作的当代巴黎大厨、美食家相形见绌。

“苛刻”，怎么说？公元前 4 世纪的诗人、美食家阿切斯特拉图只喜欢罗德岛（Rhodes）的鲟鱼，以及位于普里埃内与米利都之间的池塘养殖的淡水鲻鱼。除此之外的鱼他都瞧不上，尤其是来自亚得里亚海的次一级的海水鲻鱼。据尤维纳利斯（Juvenal）说，孟塔努斯能够立即准确地告诉你他的牡蛎和各种海鲜是从哪里来的，具体到海岸上的哪块岩石或哪片海滩。阿萨努斯嚷嚷着要吃塞莱坦（Cerretan）——西班牙的一个部落——出产的熏肉。马提亚尔呼吁“让美食家来享受火腿吧！”，而他想要的是火腿产自莱茵河畔威斯特伐利亚（Westphalia）的门奈比（Menapian）。卢库勒斯则将甜樱桃和杏仁树——包括根部在内的整棵树——从蓬图斯（Pontus）拖回到罗马，然后把它们栽种在自己的果园里，悉心照料，只因这几棵果树的果实味道胜过本地意大利的树种。

但，一如既往，阿比修斯才是极品中的极品。关于他的美食旅行和自杀的逸事实在是太有名了，我都懒得再说了。这位有钱的饕客的最后一次耗资巨大的考察，是从坎帕尼亚（Campania）一路到利比亚寻找肉质有弹性的完美对虾，不过失败了，这是很令他心痛的一次经历。接着，在举办了一次奢侈的宴会之后，他与会计对了一下账单，绝望地意识到自己太“穷”了——家资仅百万数，这就意味着每次都耗资上百万的私人宴会没法再继续了。与其节约度日，不如死了算了！

让法国美食沙文主义者甚为遗憾的是，古代的那些知名美食家没有一个提到来自卢泰西亚或周边区域的任何美食。考虑到这个岛上城市与号称“世界之都”（你也可以把它称作“世界之胃”）的地中海城市罗马之间的遥远距离，倒也并不奇怪。

同理，就算巴黎曾经出现阿比修斯或者卢库勒斯这样的美食家，至今也没有找到或发现过相关史料。古希腊罗马式的堕落、贪食习气虽然行将熄灭，但在中世纪的某个时间点又在全欧洲死灰复燃——在公元800年，热爱葡萄酒和沙拉的查理大帝被加冕为神圣罗马皇帝。这位皇帝对美食、美酒和娱乐的热爱激起了王室和巴黎有钱人前所未有的热情。经过几个世纪，这种热情从富有的贵族一点点渗透至新贵的中产阶级，接着，在过去的大约一百年里，它继续渗透到曾经忍饥挨饿的草根阶层。今天，即使是最普通的工薪阶层也能享受到这个城市的美食馈赠。

Entrées，Premier Service

前菜（第一道）

# 中世纪文艺复兴

500—1600 年

查理大帝，沙拉爱好者。来自一块 15 世纪的褪色玻璃窗户，法国穆兰（Moulins）天主堂

# 16
# 黑暗还是光明？

从以罗马为中心的古老时代到文艺复兴的一千多年里，巴黎人和其他欧洲人在饮食方面的进化速度，堪比法国肥蜗牛的爬行。

除了必不可少的地理、气候因素以及可预见的社会阶层变化外，勃艮第和巴伐利亚的农民，以及布拉格、巴黎和帕多瓦的贵族，在很大程度上继承了近古时期罗马与野蛮人混合的饮食模式。在这个漫长的时期里，作为一个地理和政治实体，高卢消失了，法兰西形成了，但法式烹饪本身还不存在，仅有某些特有的饮食喜好。

煮、烤和煎炸是三种最典型的法国烹饪技巧。而现在，巴黎人喜欢的是半生不熟的食物——不全熟或者完全是生的，喜欢酸的或者酸甜口味——这种口味在中世纪时期受到意大利人、德国人和英国人的喜爱。有一种叫作*verjus*（酸葡萄汁）的东西，实在是太酸了，你绝对感觉不到“爽”，它酸到能让你的舌尖蜕一层皮。制作酸葡萄汁很简单：取未成熟的葡萄的汁水——*raisins verts*，与盐混合。瞧，这就是酸葡萄汁。如果没有葡萄，可以换任何一种很酸的果实：未成熟的醋栗、接骨木果、石榴、沙果、李子、梨等等。有时候还会加入生的酢浆草，从而确保它让你的喉咙火烧火燎。令人惊讶的是，“酸葡萄汁”这个词还成了黎塞留街（Rue de Richelieu）上一家时髦精致的法式美国餐厅的名字，即Verjus餐厅。很多法国平民餐馆的菜谱上也保留了酸葡萄汁；佩里戈尔地区（Périgord）的一位手工艺人还在制作、销售这种饮品。柠檬汁或醋是现代版的酸葡萄汁，但酸度与后者完全无法相提并论。

调味品很美妙，越美味的就越贵。能用得起调味品的人都会在酱汁中大量使用，从而提味增香。它们实在是太昂贵了，让人无法把它当配角——没有人会把它们浪费在坏了的肉上。今天很难想象，生姜曾经是法国最受追捧的调味品，紧随其后的是肉桂。最终，在中世纪晚期，越来越多、越来越便宜的南部的调味品、冰冷的北部的腌鳕鱼开始沿着欧洲贸易路线来到贵族和中产阶级的厨房里。有人声称，这一过程恰巧刺激了现代资本主义的产生。

然而，作为一个惯例，在巴黎和欧洲西部的这些地方，时间的沙漏似乎卡住了。贵族喜欢狩猎，喜欢有翅膀的鸟类，因为它们的爪子从未触到脏污的土地。农民的食物非常接地气。牛肉、羊肉和蔬菜的根茎放在大锅里煮熟，乳猪、家鸡和野鸡放在烤肉架上烤熟，兔子呢，就放在余烬上的陶罐里焖熟。任何在罐子里烹熟的东西都称为浓汤（*potage*），顺便说一下，浓汤可不仅是蔬菜或汤。渐渐地，菜园子和一种专门用来焖炖的简易炉子都被叫作 *potagers*。经过一系列变化，作为一个古董或曰中世纪的遗存，神圣的法国汤锅（*pot-au-feu*）一直热度不减，直到今天还在使用。

发展的相对停滞并不意味着中世纪的巴黎人和法国其他地区的人们没有享受美食——只要他们有机会享用。飨宴过后是饥馑，战争、瘟疫、庄稼歉收、干旱、洪水，一波接一波，偶有丰产，大部分收益也被贪婪的神职人员和封建领主瓜分干净。毫无疑问，无论是克吕尼修道院或圣日耳曼德佩修道院的院长，还是走马灯似的克洛维国王、查理大帝、查理五世，他们都是舒舒服服地坐在熊熊燃烧的壁炉边享受奢侈美食的那群人。大多数情况下，居住在城市的赤贫者过得比农民还惨。没有中间阶层一说。没有社会流动，也就没有了围绕烹饪的创新。这一点需要谨记，因为这个世界的中间阶层正在衰退。

这种发展的停滞也表现在巴黎这座城市的饮食上——保留了大部分公元 300 年至 800 年的古罗马习俗，仅在 9 世纪晚期、12 世纪晚期以及令人印象深刻的 14 世纪晚期有所发展。也正是在这几个时期，法国有了第一本本土烹饪书，在巴黎的军事堡垒里出现了明星厨师的鼻祖纪尧姆·蒂雷尔（Guillaume Tirel，也就是塔耶旺 [Taillevent]）。为什么会是堡垒？当时，玛黑区查理五世的新皇宫就建在塞纳河畔，沿河建有一段保护围墙。塔耶旺就是在围墙后的皇宫里创造了烹饪的奇迹。

对于这幅昏暗的图景，我们需要修正一下，注入一点光亮，毕竟它留下了一些简单的快乐，比如手撕面包，就是字面上的“撕”（breaking），因为晚餐面包通常都别在腰间，用餐时再掰断。companion 这个词——*cum panis* [1] ——就暗含这个意思。用餐的景象是生动的，快乐虽微小却真实。中世纪的巴黎是世界上最大且最受欢迎的城市之一，它拥有大量的客栈（*auberges*）、小酒馆、歌舞表演场所、咖啡馆、旅社、熟食店——这些地方在今天依然有很高的人气。大街上充斥着沿街叫卖声，他们兜售新鲜出炉的甜挞、香喷喷的肉派，还有水果、蔬菜以及其他食物。除了卧室或狩猎外，中世纪的娱乐活动非常有限，于是，共享食物和酒的快乐就变得越发必要了。

---

〔1〕 拉丁文，意为“与面包在一起”。英文的 companion 由此而来，引申为“同伴”“陪伴”等意。

## 17
# 扇贝和修道院院长

离开位于太子广场的歇脚处，走出西岱岛，岛边就是小桥（Petit Pont），朱利安皇帝描述过的木桥就在这个位置。然后沿着古罗马路，也就是现在的圣雅克街（Rue Saint Jacques），在克吕尼酒店往南的几个街区，你会进入一个“巴黎独有”的时光隧道。克吕尼酒店曾经是克吕尼修道院在巴黎的大本营。克吕尼是勃艮第南部的一个小镇。修道院的主体建筑部分很可能建成于2世纪，也就是罗马帝国的鼎盛时期，也可能在此之前一百年就建起来了，同一时期建成的还有如今已被埋藏在巴黎圣母院地下的朱庇特神庙。在过去的一个半世纪里，克吕尼酒店变身为国立中世纪博物馆，是我最喜欢的文化类博物馆之一。

和教堂地下室一样，克吕尼酒店内部的前罗马浴池是巴黎历史的见证物，也是巴黎式建筑风格的集大成者。这个迷人的旧建筑看起来就像是精心制作的王冠搭配着一口破牙。它以砖石材质的*frigidarium*（古代冷水浴池）为主体——就是在这里，被勇猛的凯尔特人和罗马百夫长簇拥着的朱利安宣布称帝。建筑外围是中世纪和文艺复兴时期的风格，也有19世纪的装饰元素。克吕尼修道院，这个来自勃艮第的修道院，正是罗马制酒业复兴和臻于完美的地方。在罗马建筑残骸的基础上，修道院院长将这里建成了他们在巴黎的朴素驻地，并从14世纪开始居住于此，直到旧制度结束。

这栋宅邸的装饰似乎告诉我们，克吕尼隐修会（Cluniac Order）是贝类动物的重度迷恋者，但事实很可能比想象的更加乏味平淡。无论是马车的门、塔还是墙壁上，都有大量的雕刻或铁艺贝壳，而它们仅仅是在19世纪40年代才加上去的，那时正值中世纪复兴风潮。这些贝壳象征着与克吕尼有关的圣詹姆斯（Saint James）的舟楫。9世纪晚期，贯通罗马南北的道路变成了从巴黎到西班牙孔波斯泰拉（Compostella）朝觐圣詹姆斯圣地的路线，而孔波斯泰拉就临近遍布着贝类生物的菲尼斯特拉（Finisterra）海滩。

这条路线上的许多驿站由此建立，并归克吕尼修道院所有和管理。这些驿站好比今天的高速公路和遍布法国的徒步小路上的快餐连锁店。朝圣者往往带着一块贝壳回家，证明他们历经数月之久的朝圣之旅，直到无良商贩加入这场贝壳游戏中。想来，贝类动物为朝圣之路的伙食做了不少贡献，那会儿的腌猪肉、卷心菜和燕麦粥当然更平价。酒是不可少的，每个修士或朝圣者的日均供应量是一克吕尼杯，相当于现在的一公升。今天，无论是不是在克吕尼，扇贝是巴黎人第二喜爱的烧烤贝类，仅次于牡蛎。这要归因于虔诚的圣詹姆斯吗？或许是因为在古代，扇贝和其他海水生物代表着神圣的生命力——想想维纳斯在充满浪花的半扇贝壳上飞升的形象，如此生机勃勃。或许真正的原因更简单：扇贝，尤其是来自法国沿海的扇贝多汁、有弹性、味美，让人欲罢不能。

除了扇贝，克吕尼修道院作为一个建筑大杂烩，对我来说很有吸引力，它集中了巴黎的各种亮点，还有我自己对食物的热爱。例如，这里有几个保存得最完好的中世纪晚期或文艺复兴时期的壁炉，其中一个在博物馆入口处，它还曾被用来烹饪。卖票的门厅就是 16 世纪时期修道院院长的厨房。那个时候，给欧洲饮食带来革命性变化的火鸡、巧克力、马铃薯、辣椒、豆子、番茄和其他日常蔬菜刚刚从新世界传入法国。是这些新兴食物开启了烹饪界的文艺复兴吗？可以说是，也可以说不是。

“中世纪”和“文艺复兴”的时间节点比较模糊，主要是因为各个国家、地区或城市的发展节奏不一样。例如，我一直都想搞清楚巴黎的中世纪是何时结束的，文艺复兴又是何时开始的，但还没有找到确切的答案。很多历史学家都认可这样一个史实：佛罗伦萨、比萨、帕多瓦和罗马比其他地方的发展快一个半世纪，它们的文艺复兴早在 13 世纪就开始萌芽了。

在法国，一种新的充满活力的建筑体系，可以说始于巴黎圣母院和12世纪其他伟大的天主教堂，也就是所谓的法国本土风格。与此同时，音乐、数学和宗教研究开始重现活力；13世纪，随着巴黎拉丁区的一批大学建成，人文领域最终呈现出繁荣的局面。视觉艺术在法国的进展较为缓慢，整个社会被封建主义牢牢地困住了发展的步伐，而烹饪也将要等到几个世纪以后才能有所发展。比较可信的说法是，法国烹饪的再生开始于1505年，马提诺大师（Maestro Martino）的食谱在这一年被翻译成法语，或者是17世纪，《法国厨师》（*Le Cuisinier françois*）的作者弗朗索瓦·皮埃尔·德·拉瓦莱内（François Pierre de la Varenne）出现了。而法国烹饪的深刻变化——正是这些变化让它完全不同于其他欧洲国家的宫廷菜——只有在启蒙运动中才会到来。

## 18
## 厨具，外卖

如果你和我一样喜欢烹饪原理和实操，你可能会对这样一个事实失望：克吕尼博物馆的展品中没有早期厨具和烹饪设备，巴黎其他任何地方也没有。这倒不是因为它们被看作不值得在中世纪文化博物馆展出，而是因为这样的设备和器具基本找不到了，或者说不可能移动。

作为记者，我曾沿着圣詹姆斯朝觐之路在法国境内的路线徒步，全程超过750英里（1200多公里），途中经过了勃艮第的克吕尼小镇和修道院；还以25英里的时速在这个国家的超级公路网上驱车大约50000英里（超过80000公里），在这两趟旅程中，我很幸运地看到了为数不多的历史悠久的厨房。其中，最引人注目、保存最完好，也颇有名气的，是在第戎的勃艮第公爵府内。皮埃尔克洛（Pierreclos）——马贡（Macôn）附近的一座城市——拥有一个真正的小厨房，里面有一个特别好的烧烤架。第三处位于科尔马坦的勃艮第城堡（Burgundian Château），这个厨房因为拉瓦莱内在这里写了他的美食书而备受关注，尽管它在19世纪时被重新修缮了。卢瓦尔河谷也散布着一些古城堡厨房。靠近巴黎的知名厨房来自子爵城堡（Chateau de Vaux le Vicomte）和尚蒂伊城堡（Chateau de Chantilly）——法国著名厨师弗朗索瓦·瓦德勒（François Vatel）曾是这里的管家。

即使是最宏伟、最精心设计、装备最完善的古代厨房，现代人也难免被其原始、粗糙的一面所震惊。真是不可思议——这样的厨房除了能做烤肉，还能做出其他可吃的东西，这一定花费了不少人力和健康成本。

烤架、炉子、大锅、烤肉叉，厚木板、桌面、砧板、木桶，巨大的烹饪用刀叉、短柄斧、锯子，它们脏污、破损、腐朽、生锈、被废弃，随着岁月的流逝而深埋于地底下或不复存在——至少在光之城巴黎不复存在。公平地说，我们这个时代的微波炉和浓缩咖啡机、搅拌机、低温慢煮设备又有多少会留存下去呢?

几年前我了解到的一个奇怪事实，到现在还让我唏嘘：修道院有专门的餐厅，军事要塞也有食堂，宫殿就更不用说了，但中世纪或文艺复兴时期的巴黎，家庭厨房是不存在的。餐桌是搭在锯木架上的，或任何舒服的、方便的支架上，所谓“舒服”，意味着暖和或凉爽、通风或保温，视季节而定。专门打造的像样的餐室只有到了17世纪和18世纪才出现。

更奇怪的是，大多数巴黎家庭和公寓直到18世纪或19世纪才有烹饪设施。有钱人或神职人员可以在外面吃饭，普通市民则从那些沿街叫卖的人或面包店、肉铺那里买来做好的饭食。如果一栋楼里有后厨，通常也是由形形色色的房客共享，而且这里只有最基本的功能：剁肉、去皮、剔骨在一个地方，将肉叉在烤架上，或用水煮，则在另一个地方——通常是在一个宽敞的烟囱下，还有一个用于涮洗的桶、一口水井，以及通往户外阴沟、后院的窄巷或排污的河流的通道。出于实际考虑，几乎所有前现代厨房都在地下室、底楼或院子里的附属楼里——因为害怕失火，并考虑到石头壁炉的体量和重量、脏乱差的环境、恶臭和噪声。隔离状态是不可避免的。在巴黎的某些历史时期的某些地区，市政清理人员的全部工作就借助于那些贪吃的猪。猪会吃掉几乎所有的东西。那时没有排污管道，也没啥可浪费的。要处理剩下的东西就简单了。

# 19
# 我的王国栽在一头猪身上！

*Tout est bon dans le cochon.* 这是一句古老的法国俗语，意思是每一口猪肉都好吃。猪肉以能想象的所有部位——蹄子、肠、血、臀部、肋骨和鼻子——为人类提供了最丰富、最受欢迎，也是最日常的肉类蛋白来源，直到1131年，年轻的路易王子意外死亡。事情是这样的：在今天的巴士底广场的东边，有一个圣安东尼修道院（Order of Saint Anthony），修道院里的一头小猪受了惊吓，惊慌之中蹿到了皇家坐骑的前面，致使路易王子坠落在地，造成致命的内伤。自打发生这件奇怪的事情以后，猪就被王室法令视作洪水猛兽，许多猪被当作可耻的重罪犯，被收监、折磨、定罪，甚至被处以极刑。

类似的待遇从未发生在一头独角兽身上，至少在克吕尼酒店里没有这样的事儿。比起妖魔化的猪，我对审美性的愉悦更感兴趣。因此，对克吕尼博物馆的美食探索应该

我的王国栽在一头猪身上！路易王子被巴黎的一头猪绊倒了，中世纪版画，未知艺术家

把它宽大的楼梯间也囊括进来——这里展示着著名的《淑女与独角兽》（*Lady and the Unicorn*）系列挂毯，堪称一首感官的赞歌。

## 20 感觉与感性

关于这个标题，有许多人值得说道，但在我心目中，在 19 世纪巴黎所有终极浪漫的鉴赏家、美食家和品酒行家里，最让人惊讶的应该是一个女人，乔治·桑。这是一个化名，本尊是一位抽烟的异装癖和双性恋者，真名叫阿曼蒂娜－露西－奥罗拉·杜平（Amantine-Lucile-Aurore Dupin）。当她不写风流小说或与她的情人们畅饮美酒时，酷爱烹饪的乔治·桑就会写食谱，她还是第一个用文字表达对挂毯《淑女与独角兽》——中世纪艺术过渡到文艺复兴艺术的标志性作品——的欣赏和推崇的人。在桑的时代，这些挂毯被卷起来放在阴沉的布萨克城堡（Château of Boussac）里，距离桑在巴黎以西克鲁兹区（Creuze Region）的家族房产很近。或许是意识到自己身上有某些不属于纤瘦、优雅淑女的特质，桑在她第一部成功的系列小说《让娜》（*Jeanne*）中描述了这组挂毯和它们所包含的主题——感性，从而将这些挂毯带进了公众视野。最终，挂毯被买入、收藏以及在克吕尼博物馆展示，直到今天。

“毫无疑问，城堡沙龙里最美的装饰品就是这些神秘的挂毯。”桑写道。她想象这一系列挂毯是为某个被关在豪华监狱里的“知名的不忠”女士所作，供她消遣。桑准确地猜测出这些作品设计、编织于15世纪晚期，也就是在同一时期，克吕尼修道院的僧侣将他们在巴黎的临时住所改造、扩建，变成了今天的格局。

这六幅挂毯的每一幅都为现代的感官主义者、美食家、饕客提供了养分，更不用说园艺学家和热衷于自然历史的爱好者了。它们细腻地描绘出灵与肉、智识与欲望之间的水乳交融状态，暗示出法国人，尤其是巴黎人对于性、感官和美食的态度，体现了非禁欲式的率真——这样的态度的历史少说也有五百年，如果把罗马帝国祖先也算在内的话，我认为，会更悠久。

这些挂毯也许是神秘的，但毫无疑问，它们全都表现了同一场庆祝仪式。在一幅献给"味觉"（Taste）的挂毯上，一个理想化的、苗条的亚麻色头发的美人被一头狮子护卫着，独角兽正害羞地从侍女捧着的一个精致的盘子里吃一颗糖果。女士的注意力转移到了一只即将降落到她左手上的彩色鹦鹉。在中世纪和文艺复兴时期的图像体系里，鸟意味着耽于声色或淫荡，画面边缘正在啃食东西的兔子则象征着旺盛的生殖力。女士的脚边是一只好色的猴子，一边大口吃着一块糖果（也或许是一颗成熟的黑莓），一边斜睨着女士身边忠实的狗——忠实应该是最适合它的意象。

博物馆之外，同样上演着感官的盛宴。风景如画的克吕尼花园夹在修道院的大楼与圣日耳曼大道之间，像一个三明治的夹心，漫步其间，你会发现一处小小的中世纪或文艺复兴风格的蔬菜和香草园，让人联想起挂毯上繁密的花朵背景。研究者用放大镜（一定也比我有耐心）确认了背景中有十三种树木和五十九种其他的植物。许多品种现在被广泛地种植在花园里精心打造的香草园或蔬菜园内。

有一些曾经是过去几个世纪里厨房和药房不可或缺的品种，比如卷心菜、洋葱、刺菜蓟、韭菜、欧洲防风草、琉璃苣以及用于沐浴的鼠尾草、迷迭香、牛膝草、芸香、薄荷、苦艾、金盏花、艾菊和柠檬（lemon bath）。听起来熟悉吗？也许今天的你并不想在食物里加这些东西，但它们可是连接阿比修斯与拉瓦莱内的香草桥梁。

## 21
## 关于鹅和美食主题公园

当朱利安皇帝在克吕尼修道院洗漱沐浴之时，帝国花园沿着今天的哈普街一路蔓延，直至塞纳河畔。20世纪，在破旧的哈普街上挖掘出了一个罗马时期的肉铺或者说是屠宰室。中世纪时，巴黎早期的一个犹太人区就是从这里发展起来的，这里还有一家著名的外卖店“烤鹅厨房”（goose-roaster），他们做的烤鹅滋味绝了。

这个地区的地标性建筑比较集中，但是哈普街和附近狭窄的巷子、塞纳河以及圣塞维林（Saint Séverin）教堂现在成了低端的美食主题公园，因对旅游陷阱管理不当，名声不太好。一些自成一派的商家在板子上写着大大的“法式美食”的字样；一些伪希腊酒馆鼓励顾客往地上使劲摔空盘子，据说这是几个世纪前巴黎时兴的做法。还有很多北非蒸粗麦粉、烤肉串，以及一个金色拱门形状的快餐口——它使克吕尼的花园充满汉堡包和炸薯条的味道。

怀旧通常是苦乐参半的，但也可以是一种病态的甜。在哈普街和圣塞维林街的拐角处有一家北非糕点铺，这里的南突尼斯糕点（Pâtisserie Sud Tunisien）几十年来一直向外散发着专属于它的甜蜜、黏腻的气味。举目所见都是黏糊糊、浸泡着蜂蜜、一层又一层的大块糕点，淑女与她的独角兽喜欢的东西可能就是这样的。我从 20 世纪 70 年代起就成为这儿的常客，总要狼吞虎咽地干掉蜜糖果仁千层酥、肉馅儿饼和圆形糖果。

对我来说，那个时候巴黎的少数族群餐厅和特色餐食店在多元化和感官愉悦方面，可以与美国那些有活力的种族餐厅相媲美。或许它们今天还是有这样的魅力，但可惜都不在巴黎高租金的中心地段。距离市中心较为偏远的中国区、越南区、土耳其区、马格里布区和非洲区就发展得蔚为壮观，食物也很地道，这也恰好反映了它们活力十足。像伦敦、纽约、阿姆斯特丹、柏林、芝加哥、洛杉矶、多伦多和许多其他西方城市的种族聚集区的食物似乎都是如此丰富多元。对于世界融合来说这是一件好事。

在圣塞维林主题公园附近迷路可不是令人开心的事儿。克吕尼花园往西两个街区的圣日耳曼大道上，你会遇到原创奢侈精品店——由口齿伶俐的哲学家、雕塑家、巧克力制作者帕特里克·罗杰（Patrick Roger）开的同名店铺，现在已经有好几家分店了。作为巧克力制作者，帕特里克·罗杰是世界一流的：他做的巧克力条和夹心巧克力在品质和纯度上无人能及。（我曾与许多巧克力爱好者和专业人士一起做盲品，罗杰的作品几乎总是第一或第二。）也有少部分人说他的哲学思维和雕塑更好。就在这条街，往相反的方向走六个街区，就到达了莫伯特广场（Place Maubert），巴黎最好的一家奶酪店劳伦·杜伯斯（Laurent Dubois）就位于此。广场每周还有三次户外市集，销售当地新鲜农产品。沿着圣日耳曼大道往东再走五分钟，就到了“勒内家”（Chez René）。这是一家里昂－勃艮第风格的百年老店，餐厅的侍者都穿着燕尾服，装饰也是前现代古典风。

再往东走几个街区就是巴黎第六大学朱西厄校区，这是 1965 年以来巴黎建成的最大的大学校园之一。这里在成为大学校址之前，曾是左岸酒品批发商的仓库。而在仓库建成之前，这里上上下下的缓坡曾是一片片葡萄园，隶属于圣日耳曼德佩修道院的僧侣；再往前推，这里曾是属于卢泰西亚罗马人的葡萄园和农场。正对着大学的两家古董级高档餐厅都是葡萄酒仓库时代的遗存：Le Buisson Ardent——提供不断更新的清淡的传统法国菜，还有 Moissonnier 餐厅——提供热情的里昂传统菜，例如 *tablier de sapeur*，即白葡萄酒煎牛肚。

## 22
## 默默寻找塔耶旺

从巴黎第六大学朱西厄校区或圣塞维林明暗分明的巷子出发，溜达半个小时，就能到达圣保罗街以及查理五世的皇宫所在地——位于右岸时髦的玛黑区，中世纪法国第一位星级厨师就在这里烹饪、写作美食书。

过德拉托内尔桥（Pont de la Tournelle）——桥下就是塞纳河——驻足桥上，你可以伸长脖子向上看看超经典的银塔餐厅（La Tour d'Argent）的玻璃墙外观。我第一次来这家餐厅是几十年前了，那时，这家作为美食业界的风向标的餐厅获得了米其林三星，名不虚传。第二次我在这里用餐时，它是两颗星。第三次是一颗星。

而这里的保留菜式压鸭（pressed duck），具有托尔克马达（Torquemada）的风格[1]，一如既往地好吃。其扭曲

---

〔1〕托尔克马达是西班牙第一位宗教裁判所大法官，被认为是“中世纪最残暴的教会屠夫”。作者意指压鸭的制作过程相当血腥。压鸭，也叫血鸭。将鸭子宰杀后，为防止最为精华的鸭血流失，要用特制银器将鸭血压出，餐厅一度在客人面前现场压榨，而后即刻烹调。这也是后文作者说的“扭曲的制作过程和服务”。

的制作过程和服务是一种绝妙的奥古斯特·埃斯科菲耶(Auguste Escoffier)风格的高超技巧表演，一种荒谬而可怖的娱乐形式。在餐厅看到的塞纳河风景和巴黎圣母院那些悬在空中的支撑物及其塔尖，倒是从未改变过。尽管它的米其林星星降级了，但它的酒窖曾经是现在也依然堪称最棒的。到底发生了什么？潮流变了，即便是米其林也变了——正如冰川融化的方式，越来越快了。现如今，创新占据高地。继承奥古斯特·埃斯科菲耶精神的后辈们都过时了，不时髦了（*demodé*），或许正应如此：食物和服务的风格与当代口味不符。人们会问：银塔餐厅让人兴奋吗？绝对不——所以我才喜欢它。兴奋并不是我喜欢的一种用餐状态。让那些狂热的美食家躁动不安去吧。

一旦你上了酱油壶形状的圣路易岛（Île Saint Louis），不妨停下来舔一舔来自巴黎唯一一个世界级的冰激凌店贝蒂永（Berthillon）出品的冰激凌球；或者去冰激凌店对面的一家出色的肉铺买一块牛排，这家店叫作 Gardil，它拥有正宗的高卢火腿和无可匹敌的风干牛肉。去完这两家超级棒的店铺之后，再去街角那家朴素的双桥面包店(Boulangerie des Deux Ponts)，这趟美食之旅就有了盼头。

如果对超慢的服务速度还有耐心的话，我可能会去岛上的另一家餐厅，这是一位超级厨师刚开的一家小酒馆，

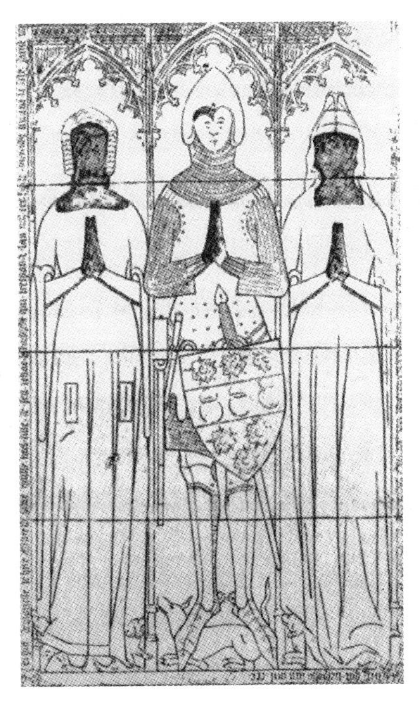

塔耶旺的墓碑，19世纪题刻

价格有点儿贵，提供可靠的传统阿尔萨斯食物。很多城外的人喜欢在这里打包，将食物带到他们那个黑黢黢的居所里——*Mon Vieil Ami*（我的老朋友啊）！餐厅附近是一处浮夸得可笑的时髦聚会场所 Le Sergent Recruteur，服务态度傲慢、恶劣，漂亮的食客从装饰着方正的墙面玻璃之下的餐盘里优雅地吃着一小份食物。

岛上还有一处必看景点，巴黎经营最久的典范之一——你也许会称其为媚俗的美食，名为“我们的祖先高卢人”（Nos ancêtres les Gaulois）的主题餐厅。那可是些勇猛无畏的高卢人。

维钦托利、朱利安皇帝、查理五世，或者他的厨师纪尧姆·蒂雷尔（也即塔耶旺）是怎么看待这家餐厅的？只有上帝才知道。从14世纪的账本和食谱来看，这家主题餐厅的食物并不是查理五世或他信任的管家所喜欢的。蒂雷尔似乎是因为其权力和他快速的刀技而赢得他的绰号“塔耶旺”。刀片呼啸，发出飕飕声，是为“切风”—— *taille-vent* [1]。当着主人的面切食物是晚餐仪式的一个必要过程。而塔耶旺的笔甚至比他的刀更加锐利，他因其文字上的成就而被今天的人记住，当然，这里说的是他的《食谱全集》（*Le Viandier*），一本写于大约1390年并记录在卷轴上或以手稿的形式留存的书。

如果说蒂雷尔实际上并非这本书（至少是整本书）的作者，不会令人惊讶，也不会妨碍他成为国民英雄：他的墓志铭被保存在巴黎西郊的圣日耳曼昂莱（Saint Germain en Laye）的遗址博物馆里，他的名字被刻写在巴黎传奇的顶级奢华的米其林星级美食殿堂——塔耶旺的门楣和菜谱上。

---

〔1〕 法语，Taille为“切削”之意，vent为“风”之意。

原创性在前现代时期没有特别的价值，塔耶旺很显然无意于创立新的潮流风向，也不想所有的事情都亲力亲为。不明来源的食谱和手稿被收集、重新编排、加工，并整合在一起，誊抄，然后冠以新的编辑者或作者的名字，通常是厨师或美食家，这在古代和中世纪是常见的操作。不过，也有一个著名的例外，一个中产阶级丈夫急切地想要给他十五岁的新娘提供一本家务指南，这就是14世纪知名度排第二的法国烹饪书，《巴黎家政书》（*Le Mesnagier de Paris*）。又是一本匿名作者的书，作者肯定不是纪尧姆·蒂雷尔——他此时已经在皇宫忙乎了。这两本书的作者都受到当时国王的鼓励，要让中世纪的厨房引起大众的关注。这两位国王是“智者”查理五世（King Charles V the Wise）和他的继承者“疯子”查理六世（Charles Ⅵ the Mad），他们分别是法国第一家国家图书馆的创立者和永久保存者。借着这些作者的妙笔，所有曾经靠口耳相传因而不复存在的东西，突然间又都出现了。餐桌文化的黑暗时代退去，进入光明时代。一些历史学家希望你相信的，大致如此。事实上，关于中世纪巴黎人的饮食习惯，还有其他更早期的手稿，它们揭示了大量的信息。

# 23
# 祖先的饥饿

700 年前的巴黎，除了国王和廷臣之外的每个人都在挨饿，挺令人难以置信的吧。发生在 14 世纪初期的大饥荒持续了七年，给欧洲大地留下了满目疮痍，人类历史的初期就萦绕不散的“祖先的饥饿”卷土重来了。不过研究显示，饥荒过后，除最穷的人之外，每个人都吃掉了难以想象的大量的肉，其中大部分都是猪肉——所有的猪都来自祖先驯养的品种，散养、有机，味道一定很鲜美。到了中世纪晚期，中产阶级家庭已经完全学会如何找乐子了。猪肉不常在菜单上——吃太多猪肉不健康。

这里有一份来自《巴黎家政书》的私人晚餐食谱，是一位年轻妻子为一桌子朋友准备的家常食物。

**菜单**

*Première assiette: Pastés de veel menu déhaché à gresse et mouelle de beuf, pastés de piopameaux, boudins, saucisses, pipefarce, et pastés norrois de quitus.*

（头盘：小牛肉细细切碎，用牛油炒熟，做成馅儿饼；配西葫芦、皮奥帕莫馅儿饼、血肠、香肠，撒胡椒粉，还有来自诺鲁瓦的馅儿饼。）

*Seconde assiette: Civé de lièvre et brouet d'anguille, fèves coulées, saleures, grosse char, beuf et mouton.*

（第二道：炖野兔肉，配鳗鱼汤、蚕豆泥、腌菜、烤牛肉和羊肉。）

*Tiers mets: Rost chappons, copnips, veel et perdrix, poisson d'eaue doulce et de mer, aucun taillis avec doreures.*

（第三道：烤公鸡、野鸟、小牛肉和山鹑、海鲜和淡水鱼，有的包上金箔。）

*Quart mets: Mallars de rivière à la dodine, tanches aux soupes et bourrées à la sausse chaude, pastés de chappons de haulte gresse à la souppe de la gresse et du persil.*

（第四道：河鸭蘸酱，浇汁丁鲷——上菜的时候盛在汤里，配鸡肉馅儿饼以及撒了欧芹碎的浓汤。）

*Quint mets: Un boulli lardé, ris engoulé, anguilles renversées, aucun rost de poisson de mer ou d'eaue doulce, roissolles, crespes et vidz sucre.*

（第五道：煮熟的瘦肉，配猪油或夹入熏猪肉，黏米饭，砂锅鳗鱼，烤鱼——海水鱼或淡水鱼，肉馅饺子、小薄煎饼以及蜜饯。）

*La sixième assiette et derrenière pour yssue: Flanciaux succrés et lait lardé, neffles, noix pellées, poires cijiites et la dragée. Ypocras et le mestier.*

（第六道，也是最后一道：果酱饼，配加了猪油的牛奶、枇杷、去皮核桃，炖梨，糖渍杏仁，另有希波克拉底甜酒。）

即使你对中世纪的法国很生疏，但通过这份食谱你也能知道个大概：上述一共 24 道菜，按顺序上了六次，这叫盘（assiettes）和菜肴（mets）。有很多的肉菜，从小牛肉馅儿饼到烤牛肉、羊肉，加上血肠和香肠——唯一的猪肉。炖野兔是一道野味，比较抢眼。鸭子、用不同方式做的鸡肉以及山鹑构成了禽类菜肴。鳗鱼和其他淡水鱼或海水鱼也分别点缀其间。还有美味的浓汤，汤里浸泡着面包碎；蜜饯、新鲜水果、坚果仁、糖果和甜酒给这顿晚餐画上句号。根据基督教日历提示的“丰盛之日”和“清简之日”，《巴黎家政书》都有相应的食谱。

# 24
# 传家宝厨师

长寿而无可替代的塔耶旺送走了睿智的父亲查理五世，迎来了可爱的但精神不稳定的儿子查理六世。两位统治者都是美食家。有一个奇怪的说法，查理六世超级喜欢西岱岛上的一位面点师做的肉馅儿饼。这位面点师在一个理发师的协助下发家。有一次，馅儿饼的秘方被发现了，暴怒的国王下令用轮子碾轧凶残的食人者面点师和割喉理发师，然后将他们活活烧死。顺便说一下，精神错乱式的虐杀并不是查理六世被称为“疯子”的原因。这个故事讲起来就太长了。

系好你最新款的腰带，沿着玛黑区那些有名的街道漫游，街道两侧分别是 17 世纪的圣保罗教堂和塞纳河。你会发现，塔耶旺的酸辣烟火气在古董店、艺术画廊和酒吧已经难觅踪影，而从 650 年前开始，敞开的阴沟和贩夫走卒的臭味也同样消遁无形。然而，塔耶旺和两位查理国王的气息依然在这里徘徊，浓缩在这片美丽街区的街道名称里。街区的大部分于 16 世纪重建，在此之前，这里是圣波勒皇宫（Hôtel Saint-Pol）的所在地。

巴黎最原始的街道图也透着一丝诗意，请看这些街道的名字：查理五世街（Rue Charles V）、樱桃园街（Rue

de la Cerisaie)、圣保罗狮子街（Rue des Lions-Saint-Paul）、美丽栅栏街（Rue Beautreillis）。第一条街以国王查理五世的名字命名，查理五世修建了巴士底城堡和1365年至1380年的城墙，将政府所在地从透风的、危险的西岱岛迁移到了圣波勒皇宫。最重要的是，他雇用了纪尧姆·蒂雷尔为他掌厨。第二条街，樱桃园街，暗示了这里曾是国王的樱桃园所在地。第三条街，则是国王的小型动物园——狮园的所在地。最后一条街则提醒人们这里曾是国王的葡萄园——Beautreillis的意思是“美丽的栅栏”。

哦，睿智、节俭的君主！查理五世并没有把他的游乐花园安在另一处特意建造的大型城堡里——他已经有六处城堡了，其中包括新卢浮宫以及六处狩猎屋。他的想法是在他的四栋古宅子周围种上花，筑起果园和葡萄园。这四栋古宅都是以很便宜的价格买来的二手屋子，重新翻修、扩建，改造得面貌一新。圣莫尼卡的当代美国大佬们也是这样的路数。皇家的孩子们分别住在两栋房子里，一栋临街，这条街道现在叫作小麝香街（Rue du Petit-Musc），另一栋在圣安东尼街（Rue Saint-Antoine）的后面，这条古罗马时代的街道将玛黑区一分为二，现在依然是这样的格局。王后的寝宫矗立在圣保罗街的后面，与中世纪教堂圣保罗园（Saint-Paul-des-Champs）——意即“田野里的圣保罗”——只有一墙之隔。国王的宫殿涵盖从圣保罗狮子街到塞纳河之间的区域，它与王后的寝宫由一个门廊连接。

我有多少次徘徊在这些街道上，想象着这些查理五世时期的古宅和花园留下了什么遗迹？这很难说，至少和巴黎14世纪时期小酒馆的数量一样多——根据一次普查，超过500家。我就住在几个街区之外，可以证实玛黑区的确有很多小酒馆，其中一些就位于国王的领地范围内。尽管它们不过是最普通的餐厅，也没有宴会厅，不过，查理是一个和善的家伙，他很可能在装潢过时的“比利牛斯山洞”（Cave des Pyrénées）和“樱桃时光”（Le Temps des Cerises）这两家餐厅用过餐，它们的收费倒也接地气。无疑，这两家餐厅都得算是老字号了。

再仔细一想，查理五世也许会更喜欢玛黑区唯一一家豪华餐厅“众神之食”（L'Ambroisie），这是一家米其林三星餐厅，常青的美食圣殿，位于时髦的孚日广场。总统希拉克和比尔·克林顿，之后是奥朗德和巴拉克·奥巴马，都曾来这里享用那些摆盘很有艺术氛围的精致餐食。这是巴黎最贵的餐厅之一。餐厅外就是世界知名的孚日广场，广场对面曾经是托内尔酒店（Hôtel des Tournelles）——查理五世在巴黎的狩猎屋——的庭院。

国王领地周围尽管有一些小的变动，但自16世纪中期以来，就没有什么大的变化。现在的宅子已有五百年的历史。一些房子的墙和地下室更古老。古地图显示，圣保罗狮子街正好在王后宅子的门廊的位置，现在被加宽了，拓直了。我偷偷溜进院子，沿着巷子里又高又窄的石阶往前走，借助谷歌地图（Google Earth），我发现了拱形的地窖、隐蔽的花园、微型的果园以及其他奇妙的飞地——这块财富之地已经退出历史舞台，如今任人观看，他们一定很恼怒吧。不过，我还从没见过一个留存下来的中世纪厨房。老实说，就算是我在这里过日子，估计也无法准确地知道每一个地下室、水井或者烟囱的建造日期。

国王菜园的所在地很有名：位于圣保罗街和它西边的圣保罗花园街（Rue des Jardins-Saint-Paul）之间。由于上文提到的杀戮，花园被关闭了。我已经将对塔耶旺主厨房的搜寻范围缩小到一座私人学校的操场，学校就在国王宅邸残余部分的后面。厨房也许就在房子两侧的下方。前面说过，烹饪设施通常放在单独的建筑物里。这些年被我缠着的悲观的考古学家和历史学家使我确信，圣波勒皇宫什么也没留下，包括它的厨房。为什么？除了克吕尼酒店厨房已经证实的原因外，还有一个事实：厨房是房子新主人最先改装的地方，然后是一众修士和现代人士对中世纪巴黎轮番、肆意的破坏。但是，希望总是与巴黎的春天一样永恒。西岱岛上皇宫里的中世纪烹饪用壁炉和烟囱，以及克吕尼酒店的厨房还幸存着，巨大，而且无法移动。

同样巨大而无法移动的，是塔耶旺这个形象，它是奠定法式烹饪身份的基石。最终，一位皇家厨师名留青史！最终，一本法国烹饪书战胜了阿比修斯！

尽管塔耶旺的《食谱全集》在很大程度上借鉴了古人和中世纪匿名的“其他人”的创意，这些食谱依然呈现了特定时间和特定地点的巴黎人的样子。“由此，”你会说，“开启了巴黎的美食，由此开启了巴黎人与食物的爱恋。”

事实上，我认为，它始于巴黎被叫作卢泰西亚的时候。

## 25
## 哭泣的家禽

谁知道在玛黑区我那个设施简陋的厨房里，我做了多少道塔耶旺的菜？塔耶旺的食谱只能追溯到 18 世纪。其他有几个世纪之久的食谱也同样如此。不过我这样说，并非对塔耶旺有任何敌意。恰恰相反。现代口味、食材的味道和制作过程以及当今烹饪的技巧，与 2600 年前相比已经演化得太多，不太可能完全复制那个时候的食谱。但或许稍作调整，还是可以做一些的。

### 塔耶旺的著名烤孔雀或烤天鹅

> 把它当作一只鹅那样宰杀，掐头去尾，备用。涂上猪油，再烤制直到它变得金黄，用精盐调味。一只烤过的孔雀或天鹅可以保留一个月甚至更久。如果表面发霉了，可以去掉这层发霉的肉，里面的肉质依然白嫩、安全、紧实。（作者的话：做这道菜之前别忘了拔光所有的毛。享用这道菜之前，用牙签把它的头和尾重新固定在身体上。）

与他的前任和许多后来者一样，塔耶旺不厌其烦地列出食材或分量，使用标准称量单位，标示烹饪的时长以及其他需要注意的细节。他的“食谱”就像阿比修斯的食谱一样，最初是写给自己用的，然后是圈里人以及专业人士。我认识很多美食专业人士，他们也是以同样的方式操作，尤其是与记者和美食书作者分享食谱的时候。

考虑到你吃这只烤鸟时也许想要配一些酱汁或调味料，也或许想在煮熟的猪肉或牛肉片上涂一层厚厚的酱料，这里有一个比较好用的建议，我翻译成了好理解的现代美式英语。

### 塔耶旺的著名的生姜肉桂沙司

在一个研钵里，放入生姜、肉桂、大量丁香、几粒乳香，可以选择性地加入长辣椒，研磨。把面包浸在醋里，挤压，过筛，加入盐调味，然后完全混合上述所有材料。

这份食谱最有创意的部分是什么？食物历史学家立即有了答案：让食材过筛。今天我们使用食物研磨机、奶酪布、搅拌器或者料理机。

在法国，*saucier*（沙司）这个词听起来特别像 *sorcier*——巫师。塔耶旺是一个调皮的巫师吗？似乎是。像炼金术师一样，他把一些简单的食材变得复杂而稀奇——这是理解法式烹饪和它神奇魔力的钥匙。作为巴黎第一位知名的沙司调味大师，塔耶旺把他的三种母酱汁称为 *dodines*：第一种是白沙司，第二种是绿沙司，第三种是红沙司。它们是日后法国酱汁发展无法逾越的基础。

### 塔耶旺的姜味白沙司

所有的水禽类菜肴都可以用这道沙司。在铁盘里烤禽类，至滴油的状态，然后往铁盘里倒入牛奶。取半盎司生姜（可以做两道菜的沙司用量），碾压过筛，并打入两个或三个鸡蛋黄，然后用牛奶煮开，你也可以加入一些糖。禽类烤制完毕，就可以把酱汁涂抹在上面了。

还记得酸葡萄汁儿吗？那种未成熟的葡萄或其他酸的未成熟水果的汁液，震撼味觉的饮品？塔耶旺很爱这种汁儿。我在勃艮第做鸭子菜以及其他禽类菜肴时经常用到酸葡萄汁儿，可以说，它就像刚从葡萄藤上摘下来的一样新鲜。

### 塔耶旺的开胃沙司，以酸葡萄汁儿为底料

对于水禽、鸡和其他家禽类菜肴，这道酱汁会非常适合。在烤制禽类的时候，淋上酸葡萄汁儿。铁盘滴下来的动物油脂和酸葡萄汁儿，收起来备用。取几个硬心煮蛋的蛋黄和六块微微烤过的鸡肝，一边淋上酸葡萄汁儿，一边碾压过筛。加入一些生姜、欧芹叶，然后将沙司煮开。在烤肉上撒一些烤面包碎，淋上沙司，收集滴下来的沙司，加入更多的烤面包碎。

# 26
# 愉悦众人

塔耶旺最令人惊叹的地方在于，他为一群人——整个如饥似渴的王室——做饭并设计菜单。事实上，还要加上到访的摄政王和贵族。除了面包、水果、蔬菜、调味品、沙司、甜点等等，大部分的食物都必须由厨师和他的同事烘焙、挑拣和准备。14 世纪 80 年代的每一天，王后和王室的孩子们都要吃掉 300 只鸡、36 只小鸡仔、150 对鸽子、36 只乳鹅、11 只山羊（就像今天的法国人一样，比起绵羊肉，他们更喜欢吃山羊肉），以及牛肉、小牛肉和猪肉各 3 爿。

仅国王的宫殿，英勇的塔耶旺和他的同事每天就要宰杀并处理 50 只雏鸡、50 只小鹅、400 只鸽子、600 只鸡、17 头羊、5 爿牛肉、10 爿牛犊肉和 2 整头肥小猪，加上熏肉和猪油——王室喜欢的烹饪用油。好消息是，厨师拥有绝佳的刀工。

现在说一说庆典中的食物。庆典大部分是宴会，包含精心布置的舞台场景、让镀金的敞篷双轮马车滚动的机械装置、雕塑，或者城墙上的塔——演员和音乐家，或活的动物就从这个地方涌出来，奔向晚宴大厅。一个流行、有趣的宴会戏法是，烹饪一整头公猪、羊或者小牛，然后用它们的皮毛裹住烹饪好的肉，做好造型，呈上餐桌。禽类和其他驯养的动物或野生动物，都可以用同样的方式来烹饪。你闻过生羊皮或生猪皮的味道吗？难怪他们要焚香，并喝下大量的酒。如果尝起来是一种动物的味道，看起来像另一种，怎么样？这正是古罗马和中世纪欧洲惯用的烹饪戏法。说一说面包和马戏：面包，当它放在饮食中时，就如同马戏；在娱乐中时，就是如今传递信息的媒介物。

至少，塔耶旺不需要操心洗嘉宾的盘子和餐具，或是浆洗餐巾和桌布——它们还不存在。只有王室成员用餐的时候才有盘子，金的、银的或白蜡的。整个中世纪，面包都被做成一种砧板的形状，被称作 *tranchoir*，食物就放在面包上面，每一位食客（或每一对食客）都有一块这样的面包。饭毕，这些油腻的、撒着斑斑点点食物碎屑的、被酒或汤汁浸得湿漉漉的面包板就由下等的仆役吃掉，或者给穷人，也或者扔给狗或猪吃。也没有叉子要洗！从盘子里取出精致的小食送到嘴巴里的叉子，还不存在，法国还没有。查理五世很显然有几把小巧而精美的叉子，是用来吃蜜饯水果的。这几把叉子很可能是威尼斯或热那亚来的大使赠送的礼物。这两个地方从 11 世纪开始就使用各种各样的叉子。那个时候，法国的叉子都很巨大，是用于烹饪的，而不是用来吃东西的。

谁来熨餐巾？不，谢谢，试试你的袖子或者餐桌上的织物，一张餐巾或桌布。骨头、面包皮、苹果核、果皮和其他食物残渣统统扔到地上——想想亨利八世、法斯塔夫和塔克修士，或者找一个周末在今天的塞纳河边遛弯儿，看看巴黎的年轻人是怎么处理他们的野餐盒和瓶子的。

从墓碑的形状和精致度来判断，塔耶旺是一个精力充沛的家伙，甚至是一个耀眼、超凡之辈。他当然是王室的重要一员，富裕到可以借钱给查理五世，后来也掌管了查理六世麾下的73名厨房工人。分类账簿可以证明这一点。现代的以塔耶旺命名的高级餐厅在这里找到了血统证明，它称得上是法国最富丽堂皇和最昂贵的餐厅。

我会不会忘记在塔耶旺用餐的时光？怎么可能呢？几十年后，就算所有内容都忘了，价签的震撼依然存在。

塔耶旺餐厅创立于1946年，因此比我年长。它是一处正式的古迹，但绝不是布满灰尘和光华尽失的古迹。它一直是，现在也仍然是君王、寡头政治家、蓝血贵族用餐的地方，那些想要朝觐高级美食圣殿的普通市民也会偶尔造访。这里没有分子厨艺。塔耶旺餐厅是舒服、食物美味、毫无威胁感的那种高级餐厅，它一直没怎么变，无论是装潢还是位于第八区的黄金地段的位置。餐具的审美与周围的环境相契合。这里没有躺椅沙发、塞满鸫的猪肉，或是像中世纪那样让食客分心的扔骨头的行为。最近，餐厅顺应21世纪的潮流进行了重新装修，但所有的东西都一如既往地精致、淡雅、难以界定时期——加了一点点《淑女与独角兽》挂毯中的元素，让人联想起圣詹姆斯和扇贝。精巧的木雕鹅让人想到鹅肝，或许也意指不流俗的美食家阿比修斯。木质嵌板融合了古希腊、古罗马帝国时期的装饰元素，空间得当、宽敞，餐桌上铺着漂亮的天鹅绒桌布，等待着大大小小严肃而谨慎的美食家。这里弥漫着一种舒缓的、高级的、充满贵族气派的金钱味道，与餐厅之外大多数我们身处其中的粗俗世界完全隔绝。

与之相称的事实是，餐厅所在地曾是摩尼公爵（Duke de Morny）的府邸。摩尼公爵是私生子，算是拿破仑三世的半个兄弟，一个有名的色鬼、残忍的政治家以及美食家。拿腔拿调的服务不是查理五世或凡尔赛宫的风格，而更像是第二帝国的，灵感或许来自埃斯科菲耶的回忆录，他是这座富丽堂皇宅邸的创立者，也是这家伟大餐厅——从笼罩在金色光芒的迷雾般的法国历史中向我们走来——的创建者。然而，这里的工作人员既不谄媚，也不屈尊降贵。餐厅酒窖里的大约两千瓶酒也很有传奇色彩。一瓶罗曼尼康帝酒庄（Domaine de la Romanée-Conti）产的陈年佳酿需要花费我等老百姓一年的收入——我想象不出还有比这里更适合喝这种酒的地方。

# 27
# 拉伯雷的咆哮

查理五世的菜园被复原了，塔耶旺曾在这里取用绿色蔬菜和香草，而今，这座菜园归圣保罗村的古玩交易商所有。在你误入下一个时装精品店之前，站在这里，停下来听一听。你能否听到拉伯雷笔下巨人高康大和庞大固埃[1]式的饥饿号叫？我能。这两个巨人可以狼吞虎咽吃下视野之内的所有东西：骨头、血和其他一切。在我脑海里浮现出这样一个画面：吓坏了的顾客从小小的咖啡馆和波西米亚小酒馆里逃出来，四散离去。在小酒馆楼上住着的正是创造了巨人形象的大胡子弗朗索瓦·拉伯雷，一个外向、聒噪的修士、医生和学者，他生活和写作的年代是16世纪的头几十年。

> “要开始朝圣了，他把自己喂得很好，然后喝了一大桶上好的白葡萄酒，”拉伯雷带着幸灾乐祸的语调写道，“朝圣者尽力将自己的身体拖拽出他的牙齿够得着的范围，他们就这样轮流自救。”

---

〔1〕 高康大和庞大固埃是文艺复兴时期法国作家拉伯雷的作品《巨人传》里的主人公。故事里，高康大一出生就大声叫嚷：“喝呀！喝呀！喝呀！”他的儿子庞大固埃也食量惊人，能吃掉一头牛。

不知餍足、有时候还吃人的高康大和他的儿子庞大固埃带有隐喻色彩，有更深层的意味。我总觉得，高康大父子应该会特别喜欢啃那些在灰皮诺（Pinot Grigio）——巴黎西北边的一家时髦餐厅——用餐的苗条、穿着时髦的波西米亚人和他们精巧的小食。这样一个性冷淡风的餐厅与这两个残忍的家伙和拉伯雷看起来太不协调了吧？当然不协调。他们会在乎这些吗？不，恰恰相反。

拉伯雷的喜剧英雄质朴、没有信仰、肆无忌惮、粗鲁、残忍、惊世骇俗、无法无天，塑造他们是为了讽刺16世纪的牧师和贵族——比较起来，后者有过之而无不及，而刻板的塔耶旺倒是少见。他们是今天法国人的最初形象。他们在美食方面的功绩依然是法国人男子气概的标尺。他们是英雄般的吃货，孕育了像法国悖论那样的现代神话。几个世纪以来，被误读的高康大和庞大固埃孕育了一大批跋扈的、大男子主义的狂饮之徒和讲究美食的粗汉，没有人理会拉伯雷想要传达的深层信息。什么信息？*Vivez joyeux*。这位哲学家希望读者留意《巨人传》第一页的话：开心地生活。什么意思呢？全心全意地活出生活的滋味。

高康大是不朽的，但拉伯雷却不是。这位作家死于500多年前，被葬在圣保罗香榭教堂（Saint Paul-des-Champs）之下，这里曾是查理五世的后院。教堂在法国大革命中被毁，只留下一面孤零零的墙。拉伯雷的崇拜者因而没有凭吊的地方。幸运的是，在今天的圣保罗村的某处，有一块匾牌标示出拉伯雷吃最后一顿晚餐的院子。我想象着，他的家是一座有年头的房子，镶着文艺复兴时期的带竖框的窗户，从窗户可以俯瞰圣保罗花园和菲利普·奥古斯都（Philip Augustus）的城墙。这面防御土墙是 12 世纪 90 年代建造的，但在拉伯雷的时代已经破败得摇摇欲坠。拉伯雷预测，“一头牛放的屁就能将其掀翻”。

“吃的时候食欲就来了。喝的时候就解渴了。”人们公认这个金句出自拉伯雷。而它所提到的食欲和饥渴，依然没有被满足或曰解除。一些人把拉伯雷看作有史以来最伟大的法国作家。为什么？因为《巨人传》里的冒险充斥着对疯狂吃喝的露骨描述，间以性暗示——这些句子在今天似乎是无法出版的。说到诸如肉质的成熟度、大虾的颜色这样的话题，以及一个少女白皙的肉体，拉伯雷杜撰出一个关于人体的口头语，“太阳永远照不到的地方”，这个表达今天还在用。这两个巨人在他们旅途中的吃食清单读起来像一首离奇的诗歌。小说里还出现了一个词：*poulle d'Inde*（印度母鸡），也就是火鸡——作者错误地以为这种鸡来自印度，故有此名。这是“火鸡”在文学作品中的首次亮相。读拉伯雷的作品，如果你吞咽口水，说明你是一个拉伯雷式的粗俗、幽默之辈；如果你感到恶心不适，那你可能就是一个柔弱的现代人。

有一件事是清楚的：到拉伯雷的时代，巴黎人吃上了各种各样的新奇食物。而他们也没有放弃他们的高卢传统，比如烤肉。在这本关于高康大的书中，有一个片段很有意思。拉伯雷笔下的这位粗俗的喜剧主人公到了文艺复兴时期的花花世界——佛罗伦萨，陪他们的是一位来自亚眠的乡村僧侣。僧侣对没有漂亮的村妇，也不供应肥嫩的鸡肉、羊肉和牛肉的法式小酒馆感到很不爽。“谁在乎这种劳什子的佛罗伦萨艺术和文化？”僧侣大声说道。他受够了布鲁内莱斯基（Brunelleschi）[1]的穹顶和洗礼池。

## 28
## 身在曹营心在汉的乐趣

考虑到拉伯雷如此受人崇敬的地位，我很惊讶巴黎居然没有冠以拉伯雷名称的像样餐厅，不像阿比修斯或塔耶旺，他们都有同名的餐厅，价格不菲，厨师也很有名气。但是拉伯雷确实有同名的大学、出版社和小行星，以及一家成立于1948年的大型美食协会——拉伯雷协会

〔1〕 意大利文艺复兴早期颇负盛名的建筑师与工程师，他的主要建筑作品都位于意大利佛罗伦萨，他设计、建造的穹顶体现了其标志性建筑风格。

(l'Académie Rabelais)。它的会员是怎样做独立而清醒的判断的，我不知道，但他们每年都评选出巴黎最好的 *bistrot à vin*（葡萄酒小酒馆），以及以吃喝为主题的最佳图书。协会推荐的一些喝酒的地方也是我喜欢的。

我曾经在酒吧柜台（*comptoir*）观察过工作中的协会成员，是那种完全符合协会要求的提供葡萄酒的小酒馆里。但我现在已经不是高康大级别的饮酒者，也就不用寻找同好者的陪伴了，而更愿意继续做一个刺探隐秘故事的人。

历史学家和学者也站在了那些死心塌地的读者一边，认为拉伯雷的喧闹风格标志着中世纪的结束，以及法国文学文艺复兴的开始。拉伯雷确实有了不起的成就，游历广泛，美食经历丰富，尤其是在意大利。他的一些赞助人也是改变他们时代进程的人。拉伯雷的王室保护人不是别人，正是国王弗朗索瓦一世和他的长姐玛格丽特，纳瓦拉（Navarre）的王后。玛格丽特在一次偶然的机会，第一次使用"restaurant"这个词来指代健康美食。尽管姐弟俩都是精力充沛的中世纪吃货，不过，他们都展示出精致的文艺复兴口味：国王喜欢小牛舌和用西班牙葡萄酒浸过的安康鱼肝，而玛格丽特偏好滋味清幽的柠檬鸡汤——无论是那会儿还是今天，这都是一道口感不错的菜。

讽刺的是，拉伯雷本人是一名基督教神职人员，而且正是巴黎的大区主教让·德·贝雷（Jean de Bellay）将拉伯雷送到声色犬马的罗马，并在拉伯雷成长为一名反教会权威的、有想法的、“教士饮食圈”里的美食家的道路上扮演了最重要的角色。也正是因为美食家这一身份，拉伯雷对于信奉无神论的热爱美食的普通法国人才如此重要。

作为一名危险的颠覆分子，拉伯雷在其作品里讽刺了教会制度，让人看得见它荒谬和扭曲的一面。他的写作被认定是渎神之举。其时，新教正在崛起，宗教战争一触即发，神圣罗马帝国皇帝、西班牙的查理五世正在征服和联合欧洲——为了上帝的伟大荣耀，也是为了他自己。

与此同时，伟大的法国人文主义者弗朗索瓦一世一边与帝国交战，一边清除法国国内的封建势力，让自己成为法兰西城堡唯一的国王，使法国走向了现代化和集权化的道路。弗朗索瓦是一个精力充沛的大块头，拉伯雷作品里的名字正是在影射他身上某些夸张的部分。大块头弗朗索瓦轻而易举地开启了艺术、文学、礼仪，或许还包括烹饪的文艺复兴，开始了将巴黎打造为“新罗马”的征程。

## 29
## 新罗马还是新佛罗伦萨？

从意大利半岛北上的不是一个恺撒，而是小老头列昂纳多·达·芬奇——他正在逃避鸡奸的指控。继达·芬奇之后，走出意大利的还有矫饰主义（Mannerist）艺术家的“领头羊”朱里奥·罗马诺（Giulio Romano）[1]、弗兰西斯科·普列马提乔（Francesco Primaticcio）[2]、罗素·费奥伦帝诺（Rosso Fiorentino）以及本韦努托·切利尼（Benvenuto Cellini），他们也带来了画画的工具、测量仪和银匠工具。

要怪就怪达·芬奇和他的《蒙娜丽莎》，也或许应该怪意大利青酱和拉塞瓦拉（La Cervara）——位于波多菲诺附近——的意大利传统美食。弗朗索瓦一世在第一次意大利战争的帕维亚战役（Battle of Pavia）中被查理五世打败之后，被囚禁于此。

事实上，第一个征服巴黎的很可能不是意大利文艺复兴时期的宫廷菜肴，而是为弗朗索瓦准备的急就章—— 一道淳朴的祖帕汤（*zuppa pavese*）。鸡蛋取自农场散养的鸡，将蛋放在肉汤里煮，同时加入煎面包片和搓碎的帕尔马干酪。这道汤菜是一个农妇用颤抖的双手为国王做出来的，它抚慰了从帕维亚战役中溃败的皇家尊严。在这场战役中，

---

〔1〕 矫饰主义，也称风格主义或样式主义，是指流行于16世纪的欧洲尤其是意大利的艺术流派，具体时期处在文艺复兴与巴洛克风格之间。风格夸张、精细、华丽，多表现戏剧化的场面，注重形式感。朱里奥·罗马诺师从拉斐尔，是矫饰主义风格的关键人物之一。

〔2〕 意大利画家、雕塑家、建筑师，他修长、优雅的人物造型影响了法国矫饰主义的发展。

国王成了阶下囚，等待着赎金获释。被意大利文化和美食征服之后，这位法国国王源源不断地将意大利文化和美食引入他位于河边的那座都城。许多年来，祖帕汤一直是王室菜谱的保留菜式，或许滋养了弗朗索瓦的儿子、继承人亨利二世（Henri Ⅱ），塑造了他的味蕾，诱使他娶了不可一世的美第奇的卡特琳娜（Caterina de'Medici）。谁知道呢？在法国，卡特琳娜被称为美第奇的凯瑟琳（Catherine de Médicis），既生养了一连串看似品位高雅的佛罗伦萨－法国国王，又向世人证明她有策划谋杀、屠杀和各种阴谋诡计的能耐。

帕维亚的那道汤的故事也许是子虚乌有的，后面的推测也许是荒谬的，但也有可能是真实的，比这更奇怪的事儿都发生过。可以确认的是，这个时期，法语词 *soupe* 成为常用词，*la soupe* 通常意味着在肉汤里加入面包。捣乱的词源学家指出，*soupe* 和 *zuppa* 都是令人生畏的古词，发端于早期哥特语系，甚或是更古远的印欧语系。我们都是遗传学和美食熬煮出来的一锅汤。

我读过的那些落满灰尘的历史书告诉我一些更奇怪的事儿，即，法国烹饪的新生（不是文艺复兴）开始于帕维亚战役之前的大约20年，那会儿，弗朗索瓦还只是一个不重要的角色。为什么是那个时候呢？

你好，哥伦布！

来自新世界的新食物潮水般地从西班牙大陆涌入法国。当豆子、火鸡和番茄出现在欧洲时，厨师们都在想方设法地搞清楚怎么吃它们。一个意大利烹饪军团翻越阿尔卑斯山脉，并将迅速征服巴黎人的味蕾。这就是故事的大致脉络。

截至1505年，整个法国境内的贵族厨房都开始用上了马提诺大师的食谱。马提诺是意大利伦巴第人（或者说是意大利－瑞士人），他收集的15世纪烹饪秘籍是用拉丁文出版的，里面还有文艺复兴时期的学者巴特洛米奥·萨奇（Bartolomeo Sacchi）——也称作普拉蒂那（Platina）——的评注。这可是惊为天人的玩意儿。厨房中的时间一直是秘而不宣的。但这是第一次给出烹饪时间——以主祷文（万福玛利亚）的用时来计算，以及念其他祈祷词的用时。计时不再用祈祷文和匆匆步速，而是用祈祷文和搅拌的动作了。马提诺提供了一个包含180道不同菜肴的宴会食谱。你觉得不可能？没有足够用以计时的主祷文，倒是真的。

马提诺的食谱和普拉蒂那令人印象深刻的关于健康、道德和家庭幸福的长篇大论，缔造了抓人眼球的畅销书《关于诚实的纵欲》（*De Honesta Voluptate*），内容则是关于“诚实”或彻彻底底的纵欲。马提诺大师很快被尊为文艺复兴时期最伟大的厨师和食谱作者，但或许现代法国人不这么认为。

不过，弗朗索瓦并没有现代法国人的偏见，在一次征讨意大利的战役中，他开心地带回来一些新奇的装备，例如，一套精致的陶制盘子。自皇帝朱利安时期以来的法国人就没有见过这种样式的盘子。1538 年，意大利玻璃罩来到法国，可以罩住饭菜，让食物保温。给人的感觉是，高卢时期的粗陋餐桌风格走向了结束，现代法国餐桌艺术的概念雏形就此形成。

继马提诺大师之后，意大利半岛的烹饪书、厨师和全新样式的餐具源源不断地流入法国，从 16 世纪一直持续到 17 世纪。

一如既往，法国与这些周边的亲缘国家的交流是双向的，来到法国的意大利人通常为法国烹饪和食材的出色感到惊喜。这是一段联姻，地点不是在基督教堂，而是在文艺复兴时期弗朗索瓦的热气腾腾的，或许也是反教权的法兰克-意大利厨房里，一个让人贪恋美食和美酒的地方。这段联姻由普拉蒂那进行了改良，由拉伯雷进一步发扬光大，虽称不上是美德，但至少不是什么不可饶恕的大罪。人们至今还从这段世俗的美食联姻中受益。如果你对我的话有所怀疑，可以去潘尼斯之家（Chez Panisse）[1] 了解更多详情。

---

〔1〕 创建于 20 世纪 70 年代的一家餐厅。

# 30
# 食道科学

散文家和不知疲倦的旅行家米歇尔·德·蒙田——当代的拉伯雷——在热爱美食和美酒的巴黎人心目中有着神圣的地位。蒙田也是一个英勇的食客和饮者，拥有一大堆关于“食道科学”的见解，或者说是关于味觉审美的见地——如果你喜欢精微甚于准确的话。他当然热爱宴饮，喜欢吃肉、鱼、各种沙司以及水果，尤其是柠檬。蒙田对柠檬很痴迷。作为一个睿智和举止得体的人，蒙田从来没有认为自己是一位“科学的美食家”。蒙田散文的真正鉴赏家是蒙田遇到的一位仆人，后来还雇用了他。这位匿名的绅士或许是第一位完完全全意义上的现代美食家、美食家的原型，阿比修斯、特伦斯和其他古代美食家的继承者，在他之后有格里莫·德·拉·雷尼耶和布里亚-萨瓦兰——他们在19世纪出版的作品在很多方面都与这位仆人的文字记录有相似的见地。

“我最近吃饭的时候遇到了一个意大利人，是已故红衣主教加拉法的侍者总管，”蒙田用亲切的笔调写道，“我叫他说一说他都负责什么。他开始论述‘食道的科学’这个话题，他说的时候带着平静的表情，语气却带着如此不容置疑的分量，就好像他在处理神学中的一些棘手的问题。”蒙田继续写道，透着一丝揶揄的意味：“他滔滔不绝地讲述了几种食欲的区分：一种是用餐之前，还有几种，他觉得是用完第二道菜和第三道菜之后。他说起如何满足第一种以及如何刺激后面两种食欲的办法。他讨论了如何点沙司，先是总体而言，接着他讲到食材的品质和它们之于一顿晚餐的意义。沙拉的不同取决于季节，哪些应该热着上，哪些应该凉着上，如何穿衣打扮才能养眼。之后，他谈到了整个服务的顺序，充满了权威感，面面俱到，谨慎细致。”

行文至此，这位侍者总管向蒙田引用了尤维纳利斯关于刀工和好品位的话：“据他观察，无论是切一只兔子，还是切一只鸡，没有任何分别。”

末了，蒙田给了这位不知名的意大利人最高的褒奖：“他的话语高屋建瓴、气势宏大，而这种话语是当我们谈论帝国的政府事务时才会用到的。”听起来熟悉吗？接着往下读。

如今，克吕尼中世纪博物馆对面的一个街角公园边上，有一处蒙田的纪念碑，上面是蒙田的青铜坐像。雕像的石灰岩基座上刻着蒙田那句著名的话：“自孩童时起，我的心就属于巴黎。只有与这座伟大的城市——法国的荣耀和世界最华贵的装饰——相关联时，我才是一个法国人。”对于这样的情绪，我感同身受。

# 31
# 空降骚动

巴黎的装饰属性是毋庸置疑的。到处都是华而不实的小玩意儿。坐在蒙田纪念碑斜对角的巴尔扎尔酒馆（Brasserie Balzar）的狭窄台阶上，我总是想起1998年餐厅被接管而引发的骚动和争议，以及接下来这个19世纪的地标被重新改造的命运。

法国餐饮集团弗洛公司（Flo）收购了巴尔扎尔酒馆，将其完全改装，重新装饰，调整空间，然后这里就多少变得普通了。是那种很新的、不自然的、让人不舒服的普通。弗洛集团还经营着博芬格酒馆（Brasserie Bofinger）和巴黎其他十二座有历史意义的建筑。室内装饰和主题变了，但菜式居然没变，口味也令人惊讶地还凑合，但它再也没有赢得过米其林星星或喝彩。

事情可能更糟糕，例如，某家不入流的小餐厅或快餐连锁店也有可能收购巴尔扎酒馆。奇怪的是，当弗洛集团收购其他十几家巴黎餐饮圣地，并将其改造为啤酒馆风格时，没人为此哭泣或口诛笔伐。或许，餐饮公司和星级厨师的新职责就是历史悠久餐厅的准保存者。毕竟，19世纪连锁餐厅就在巴黎诞生了。在获得独立身份之前，巴尔扎尔酒馆还曾隶属于别的东家，这个东家同时还拥有另一家餐厅，食物虽然平平，但一经盖世无双的美食家海明威的造访，便声名隆盛。我说的正是圣日耳曼德佩区那家长盛不衰的利普酒馆。

另一位当代版的蒙田、拉伯雷、美第奇的凯瑟琳，是一位学者和人文学家，名叫让·尼克特（Jean Nicot）。他是谁呢？每当天气暖和，家家户户阳台上的折叠玻璃嵌板都打开的时候，你就能感受到尼克特留下的文艺复兴遗产的袅袅余音。他曾是亨利二世派驻里斯本的大使。怀揣为人文事业做贡献的想法，他将新世界的烟草植物带到了巴黎，因而有了“尼古丁”（nicotine）以及种植在美好花园里的烟草植物（nicotiana）。尼克特给凯瑟琳王后献上了一束烟叶用以咀嚼，对抗头痛，也因而赢得了奖赏，而凯瑟琳王后也变成最早的一批尼古丁上瘾者和法国人效仿的榜样。她是无数骄傲的法国人，尤其是法国女人的先祖和守护人。

尼克特没有纪念碑，但有一条街是以他的名字命名的。散布在全国各地的成千上万的烟草业从业者和数百万的法国青少年和成年人都崇拜他。每天，他们都在他的祭坛上举行这样一个仪式：点燃数十亿根香烟。巴黎的每辆垃圾车都贴满了令人振奋的尼克特数据：仅在光之城，每年清扫的烟头就有 3.5 亿吨。或许光之城（City of Light）应该被重新命名叫作“打火机之城”（City of Lighters）？平均而言，只有三分之一的法国人是吸烟者，但在食品行业，这个比例接近一比一。

为什么屠夫、烘焙师、面点师以及餐厅的工作人员——从洗碗工到星级厨师——都是重度烟民？这是一个值得思考的问题。他们是不是从小就熟悉了烟草的味道或是莫里哀的话？“没有烟草的生活不值得过。”这位法国的莎士比亚说道。为什么厨室里隐秘的大男子主义统治着食品行业？这是另一个好问题。这两个问题是否可能有关联？

## 32
## 美第奇“神话”

“法国人在任何事情上花钱都不如在吃这件事上来得慷慨大方，他们称为*faire bonne chère*，”威尼斯驻巴黎大使吉罗拉莫·利坡马诺（Girolamo Lippomano）在1577年写道，“这就是为什么巴黎有如此之多的屠夫、肉贩、烤肉者和零售商、面点师、歌舞表演人员和小酒馆老板，这真是让人迷惑不解。”

利坡马诺以此为开端，对巴黎人的食物和饮食习惯进行了详尽的描述。人们吃下大量的肉、肉馅儿饼、面包以及一些蔬菜（例如豌豆）。这里有新鲜或腌制出售的鱼、堆积成山的黄油和一桶又一桶的牛奶，典型的丰饶之地。“人口众多，物资却一点都不匮乏：所有的东西都似乎从天上而来。”利坡马诺的赞叹之情喷涌而出。那会儿和现在一样，美食走水路从皮卡迪、诺曼底和大西洋沿塞纳河运抵巴黎，或者从奥弗涅、勃艮第和香槟运来。他以赞赏的口吻写道。在外就餐或者从烤肉店、面包店和小餐厅里打包食物，比在市场上买食材然后在家做饭来得更便宜。这位大使惊呼道，他被巴黎丰富的 *bonne chère* 所震惊。

你或许会问，他所说的 *faire bonne chère*，是指什么呢？这个短语的本义是指“吃得好”“玩乐”“外出就餐”“度过美好的餐桌时光”，所有这些意思都可以归结为一个意思。如果你了解法国，或者你认为你了解，你也许还是会很好奇，为什么它不直接写作 *bonne chair*，意为“好肉”。为什么？因为，语言学家说了，*chère*，用在 *ma chère* 或者 *ma chèrie* 这些短语里，指的是一位亲爱的女士的脸蛋，因此，*bonne chère* 的意思就是，一位女主人带着好脸色，也就是说，她正在迎接宾客。由这个简单的事实引申开去，*chère* 可以指代任何表示数量多、质量出众的事物，例如食物、愉快的消费等等。顺便说一下，Cheer 是 *chère* 的派生词。你可以去查查。法兰西学院的语言学家并没有纠正中世纪的拼写错误，而是掐去了一个音节，新创了一个词，*ma chèrie*[1]，女士那圆润明媚的脸颊来了一个大变脸。

表情或言语扭曲会令谁惊讶？在朱利安皇帝的时代，宴会已经是卢泰西亚最受欢迎的消遣。

当弗朗索瓦一世安排他的第二个儿子与美第奇的继承人卡特琳娜成婚时，他还没有意识到他将面临的局面。卡特琳娜年轻、精力充沛，鱼唇牛眼，双手却异常美丽，装点着闪闪发光的金子。卡特琳娜的母亲是一个精力充沛的法国女人，她的父亲洛伦佐二世，富有、有权势、高贵，当然和卡特琳娜的祖父——伟大的洛伦佐（Lorenzo il Magnifico）——相比，就逊色多了。出生于被封为贵族的中产阶级医生家庭，卡特琳娜并无王室血统，但她有一份罗马教廷的嫁妆以及前景可观的政治和家族纽带，从而弥补了血统上的劣势。1536 年，卡特琳娜才 14 岁，就被匆匆打发嫁给了法国的亨利二世——他并非长子，无望继承王位。亨利的长兄有一次打壁球感冒了，然后去世；接下来，弗朗索瓦一世又离开去天堂赴宴了，于是，亨利二世继承了王位。

1547 年，卡特琳娜成为王后。两年后，她在巴黎举行了盛大的加冕宴会——这笔开销记录在奇特的命运流转中

---

〔1〕 法语，“亲爱的”之意。

得以保存下来。

**凯瑟琳王后的皇家宴会，1549 年 6 月 19 日**

在座的宾客有 30 道菜，无贵族封号的是 8 道菜

一共喝掉 2995 瓶红酒和白葡萄酒

**宾客食谱**

用烤、煮和其他烹饪方式制作：30 只公鸡，33 只野鸡，21 只天鹅，9 只鹤，33 只琵鹭，33 只成年苍鹭，33 只白鹭，33 只幼年苍鹭，30 只小山羊，36 只火鸡，30 只阉公鸡，6 头猪，66 只小鸡，66 只松鸡，99 头鹿，雏鸟、鸽子、小鸡（用醋烹煮）各 99 只，33 只野兔幼崽，7 只公火鸡，66 只幼兔，33 只小鹅，13 只山鹑幼鸟，3 只大鸨幼鸟，18 只小公鸡，99 只烤鹌鹑，99 只鹌鹑（做馅儿饼用），20 只阉公鸡（做馅儿饼用）。

还有王后喜欢的 12 打洋蓟。

甜品：杏仁蛋白软糖、羊角形奶油蛋糕、手镯形皇家糕点、圆形薄饼、锯齿形小饼干……

账簿上还记载着用以装饰餐桌的 20 多种紫罗兰，以及亚麻布、奶酪、各种可口的糕点，包括酸葡萄汁风味的

烤制的挞，大量的香料和香草，许多都是塔耶旺所熟悉的——换句话说，宴会厨师喜欢中世纪惯常的菜式以及做法。

这场宴会明显缺席的是鱼。或许王后或国王不那么喜欢吃鱼，尤其是在夏天，或者在教规的日历里，6 月 19 日不是“清简”的一天。

显眼的有杏仁蛋白软糖、甜口的糕点和饼干——完全是文艺复兴时期意大利人的口味——尤其是洋蓟，自古以来，洋蓟都是意大利人的心头好。卡特琳娜简直为之疯狂，摄取了超出正常的量——它们发挥了神奇的作用，导致了她好多次危及生命的怀孕。至少在意大利，每个人都知道洋蓟曾经（现在也依然是）被归为最温和的壮阳药。卡特琳娜很可能需要它们来取悦国王，而国王在她不育的那些年里扬言要废除婚姻。也或许她只是很喜欢洋蓟略带苦味的微妙口感，像我一样。

特别值得注意的是月牙形的蛋糕。它们有可能是今天羊角面包的前身吗？可能不是，但羊角面包的真正起源尚未确认。可以确定的是，卡特琳娜应该没有定制这种蛋糕，而且当她在菜单上看到蛋糕的名字时应该很愤怒：月牙象征着猎手戴安娜，国王最中意的情妇黛安·德·普瓦捷（Diane de Poitiers），一位冷静坚毅的中年女人，年龄足够当国王的母亲了。

宴会上在座的宾客有多少位？这份资料并没有说明。从供应的数量来看，应该有20桌或40桌的客人，或者很容易将其除以20或40的数量。但也可能更多。真正让人好奇的是那些数字：33、66和99。阿卡那牌（arcana）的研究者认为，这些数字对于卡特琳娜来说很重要。她相信命理学。无论是在过去还是在今天的意大利文化中，含有3、6、9的数字都意味着好运，例如3代表三位一体，6代表两个三位一体，9代表三个三位一体，33代表耶稣基督被钉上十字架的年龄，99代表耶稣基督被钉上十字架的年龄的3倍，依此类推。

大量的各种各样的菜肴一拨接一拨地被端上餐桌，它们被分成很多小份，摆成自助餐的样式，这样宾客就能从就近的盘子里拿取食物。这种方式被称作法式上菜（*service à la francaise*），但它并无半点儿法国特色。可以看看卢浮宫里保罗·委罗内塞（Paolo Veronese）的画作《加纳的婚礼》（*The Wedding at Cana*）。这幅画创作于1563年，是卢浮宫收藏的尺寸最大的油画。自古以来，欧洲大部分的宴会都是以这种方式组织，现在也还保留着。*service à la francaise* 这个用法在现代以后才被法国人采纳。一道接一道菜地上，也就是所谓的俄式上菜（*service à la russe*）在19世纪初从俄国引入法国。考虑到法国烹饪的霸权地位和篡改历史的倾向，俄式上菜一直以来被认为是典型的法式做法。

# 33
# 宴会结束

积习难改，而且花样百出。宴会结束后，卡特琳娜那位风流成性的王室配偶又避开了她，马上投入另一个女人的怀抱。刚才提到，国王的长期情妇，也即事实上的联合摄政王，是黛安·德·普瓦捷。她虽年长，但风韵犹存。弗洛伊德学说的信奉者会怎么说？在他们看来，也许恋母情结是亨利对黛安·德·普瓦捷投怀送抱的原因。黛安是卡特琳娜最大的敌手，但也是同盟。她们有着共生关系。这位情妇并不想生孩子，并由此获得王位。她命令国王行使作为卡特琳娜的丈夫的职责。吃了洋蓟的卡特琳娜多少得以与亨利共度了不少床上时光，并孕育子嗣——这也是她的王后的职能所在。她几乎死在了分娩一对薄命的双胞胎上。这对双胞胎，一个在分娩中死亡，另一个紧随其后，也死了。

最终，卡特琳娜迎来了她的复仇时刻。在圣安东尼街上的一次长矛比武中，狂妄的亨利二世被刺穿了眼球。这件事发生在 1559 年 7 月的第十天，恰好是上面提到的皇家宴会后的第十年加 21 天。21 是 7 的 3 倍，而 7 是非常不吉利的。除此之外，宴会上还上了 21 只鹤。全都怪数字。除此之外，还有那些月牙形的蛋糕……

仅从现代美食的视角来看，这次致命的事故发生在盖梅内巷（Impasse Guémenée）的拐角处，附近就是这个街区最好的家庭作坊式的小餐馆，白猩猩（Le Gorille Blanc）——正好位于古老的比利牛斯山洞餐厅和博芬格酒馆的中间位置，这家烟火气浓厚的小餐馆至今还卖着巴黎城最好的腌酸菜（*choucroute*），告诉你，这跟德国的泡菜不是一回事儿。距离这起皇家事故发生地仅有几分钟路程的美食点还有：两家出类拔萃的乳酪商，一家鸡肉铺——出售这座城市最好的烤鸡，一家超级棒的艺术巧克力销售商伯努瓦（Benoît），还有好几家特别棒的葡萄酒商店以及一家冠以拉伯雷风格名字的老式家庭餐馆——野猪（Au Sanglier）。文艺复兴时期的国王或威尼斯的大使应该会很喜欢在圣安东尼街上吃吃喝喝。

回到亨利。他忍受了五天的痛苦折磨，然后死去。比赛时他身上飘动的绶带是谁的颜色？不是王后的，而是黛安·德·普瓦捷的。这个通奸的女巫因此被谴责，并被驱逐。她漫长而充满冒险的余生的大部分时间都在精致的阿内城堡（Chateau d'Anet）度过。

可以理解的是，早年的经历让卡特琳娜充满愤懑，而且她还有八个——让人沮丧的数字——孩子要养，她从此开始统治法国，偶尔寻求来自保守的天主教家族的帮助。作为一名娴熟的后座司机，她度过了三个软弱无能的儿子的统治时期，直至死于 1589 年，还依然充满了佛罗伦萨人的风采。

那么，神话何时不再是神话？答案是当它成真的时候。法国烹饪界的大佬们似乎无法接受这样一个观念：他们的国家在许多世纪以前就生活在意大利的余荫之下。当然，法国宫廷菜的意大利化和所谓的“美好的礼节”以及生活艺术，早在卡特琳娜的行李火车抵达巴黎之前 30 年就开始了。严格来说，这一切并非由美第奇家族开启。但是这个过程贯穿了卡特琳娜的一生，并在此期间加快了速度。接着，在 17 世纪，这个接力棒又交给了美第奇的一个侄子。谁知道呢，如果没有美第奇的影响，巴黎王室的晚餐景象或许还会是“骨头满地扔、脏袖子卷起和猪狗桌底钻”吧？

正如美食写作的开创者格里莫·德·拉·雷尼耶在 1803 年写的那样，美食“在意大利盛行已久，美第奇让沉睡 1400 多年的美食艺术觉醒了”。

美第奇统治的时间很长，或许太长了，一波又一波，花样翻新，如同宴会中的法式上菜。卡特琳娜的长子弗朗索瓦二世十几岁时继位，在位时间仅持续了 17 个月。查理九世继位，在位时间 14 年，她的母亲在幕后执掌政权，而他则玩弄情妇，未能生出合法男性继承人。查理九世开始精神错乱，对他的王后母亲也显得越来越蛮横自大。一些作家，其中包括富有想象力的大仲马，他们认为，妈妈卡特琳娜为了清除掌权的障碍，毒死了查理九世。

还记得威尼斯大使那些热情洋溢的话语吗？据推测，16世纪70年代正是这位佛罗伦萨－法国人查理九世统治时期，*bonne chère* 之风正盛。不光是来访的威尼斯人，旧制度和早期现代法国的美食家也确认了这一点。这并非国王的作为——他掌权的时候才十岁，而作为一个荷尔蒙分泌旺盛的年轻人，他的主要兴趣还在于热血运动和追求女性。食物越来越好，是因为他的妈妈主持了这些宴会，就像所有优秀的意大利主妇一样。

查理九世和卡特琳娜策划的最盛大的一次宴会，结果却演变成圣巴塞洛缪日大屠杀（Saint Bartholomew's Day Massacre）[1]——还真是让人倒胃口。嘉宾是查理九世风流成性的妹妹玛格丽特·德·瓦卢瓦（Margaret de Valois），也即玛戈王后，一个坚定的天主教徒，以及她未来的丈夫，纳瓦拉的亨利二世（Henri II of Navarre）——世袭的胡格诺派，也是未来法国国王亨利四世，这位仁兄曾经强行让被迫改宗的人吃山鹑，当他为了入主巴黎这座城市而改信天主教时，留下一句著名的戏言，“巴黎值得一游”。

〔1〕 1572年，法国天主教徒针对国内新教徒胡格诺派的大屠杀行动，由此引发了一场旷日持久的宗教战争。

查理九世和卡特琳娜的邪恶计划是诱使重要的新教徒来巴黎参加婚礼，从而悉数铲除——堪称另一种宴会盛况。计划进行得很顺利。婚礼举行的三天里，3000多个新教徒前来参加宴会。玛黑区是被血洗的重点区域。屠杀成了查理九世统治时期的污点。如果说此前他还没有完全精神错乱，那么在圣巴塞洛缪日之后，他是真的疯了。他的继任者亨利三世野心勃勃，将放血行为升级，宗教战争继续上演。

## 34
## 菲力牛排

很奇怪，巴黎成为欧洲的美食之都，这是一个漂浮在血液和胆汁之上的聚宝盆，不仅仅是因为血肠和内脏。对举止的修饰达到了巅峰。从所有的资料来看，无论是上层社会还是底层群众，“吃得好”与过去世纪的内容并无实质上的不同。最大的改变就是，味道刺激、酸腐的酸葡萄汁不再那么受欢迎，而意大利式的酸甜口味越来越受追捧。更重要的改变则是饭食的准备方式、上菜方式和食用方式。

尽管法国人试图修改历史，但事实证明，正是由于亨利三世，餐桌上的叉子（而不是上菜的叉子或烹饪用叉子）才最早在巴黎出现，总算让餐桌有了优雅的面貌。不过，实际上，只有这位举止古怪的国王和他的随从人员才可以用叉子。他们被认为女人气以及过分精致——*très mignonne*[1]。很多人宣称，这位年轻的国王是同性恋或双性恋，他也不喜欢离婚、战争以及包含狩猎在内的许多运动，这些让他成为他祖父弗朗索瓦一世的反面。是否因为这些，佛罗伦萨的生活方式才大行其道？尽管未必，但并非不可能。对于今天的革新人士来说，这似乎算不得什么事儿，但在16世纪，它确实是一桩大事。无论是在保守一派，还是在革新一派，自说自话者和修正主义者都很活跃，过去是这样，今天也是如此。

鉴于亨利三世对奢侈与和平的热爱，资料显示的这个事实就很奇怪了：正是亨利三世（而不是查理九世）和他的铁面母亲卡特琳娜策划了对新教徒的大屠杀。毫无疑问的是，亨利的杀手当着他的面刺杀了来自吉斯家族的竞争对手。还有一点非常确定的是，亨利是一个敏感的家伙，喜欢华服、艺术和建筑，并且有一种现代医生可能称为恐惧症的表现：厌恶黏糊糊的东西以及脏手指。他和他那些时髦、奴颜婢膝的仆从非常厌恶法国粗俗的风尚和餐桌举止，总是生怕弄脏了他们有褶饰边的衣领。尽管推行了一些改变措施，但即使是最优秀的那批巴黎人，例如蒙田，

---

〔1〕 意为很可爱。

也还是吃得乱七八糟——他们用刀和手指用餐，没有餐巾、没有叉子，甚至没有勺子，除非是喝汤。

亨利和他长发、神色庄严的奴仆绝对不会这样，妈妈卡特琳娜也不会。个性化的精致叉子和银勺席卷了法国，餐巾也是如此。如果叉子对恺撒和朱利安有益，那么它们也能对卡特琳娜和亨利有益。除了当着国王和王后的面，法国人私下并不会打开他们精致的叉子和餐巾盒子。这是另外一回事了。

亨利三世是瓦卢瓦王朝的最后一位国王，他的统治相当残暴。甚至他喜欢的那些精致、娘气的花花公子也会决斗，很多人都在捍卫荣誉的时候无辜地死去。在制造了一系列杀戮之后，轮到亨利三世自食其果了，他在1590年被杀，继承王位的是他粗俗的波旁侄子，纳瓦拉的亨利二世，他被加冕为法兰西国王亨利四世。新国王迅速废除了与瓦卢瓦的玛格丽特有名无实的联姻，并跃跃欲试下一步计划。他先是围困了巴黎，时间之久，导致占全城四分之一人口的五万巴黎人饿死。围困以失败告终，接下来是著名的亨利改宗——转投罗马天主教。也就不难理解他自诩为 *le bon Henri*（好国王亨利）的行为，他还承诺要让每个法国农民的锅里都有一只鸡。今天的菜单上还有铁锅炖鸡（*poule au pot*）这道菜——有许多山鹑，有时候会加入面包外皮，再放入生蒜——量太大，真能把人熏死，再加入冰冷的朱朗松葡萄酒或者其他酒。和许多其他法国国王一样，亨利四世热爱打猎、追逐女性和制造战争，美食只是皇家生活这块蛋糕上的糖霜而已。讽刺的是，他最终再婚，迎娶了一位不同寻常的饕客。

这出混乱的王位交接证明了，就算是大势所趋，也不可能是线性发展的模式，无论是烹饪、餐桌举止，还是政治。在热爱大蒜的“好国王亨利”的统治之下，法国人的饮食习惯无疑走了下坡路，直到1600年，另一位美第奇女性被召到巴黎，她的使命是生出合格的天主教子嗣，同时也接管厨房和宴会主人的权力。这就是卡特琳娜的侄女玛丽·德·美第奇，与卡特琳娜一样精力充沛、精明强干，精通使用叉子、勺子和餐巾，是一位有着佛罗伦萨口音的宴会女主人。——从此就有了许许多多的宴会女主人。

Entrées，Second Service

前菜（第二道）

# 巴黎的美第奇

17 世纪早期

高康大，19 世纪海报，古斯塔夫·多雷（Gustave Doré）

## 35
# 波旁街

玛丽·德·美第奇被安排结婚的时候，年纪尚轻，清瘦，颇有吸引力。她的脸像一个拉长的可口杏仁——这正是肖像画意欲突出的地方。经历了如此之多的宴会、六次生育，以及她丈夫亨利四世在1610年被刺杀，她开始暴饮暴食——我猜测，玛丽像一个气球一样膨胀起来，变成了一个贪吃的王太后。她那粗壮的腰身多次出现在鲁本斯的油画中，数量之多，足够给大帆船舰队当帆布用了。

鲁本斯的这一系列知名的不朽画作现在悬挂在卢浮宫——它们确实需要很大的空间。它们是为玛丽那舒适的新宅邸卢森堡宫（Luxembourg Palace）而创作。卢森堡宫采取了佛罗伦萨－巴黎风格的建筑式样，其所在的卢森堡花园被誉为巴黎最美的公园，现在是法国参议院的办公地。如果卢森堡宫让你联想起佛罗伦萨的皮蒂宫（Palazzo Pitti），那是有缘由的：那里是玛丽成长的地方，也是她想复制的家园。

鲁本斯画笔下巴洛克式的盛宴既怪诞又美丽。它们都是美化、颂扬玛丽之作，内容是关于她来到法国以及在法国的生活，包括诞下继承人路易王太子——后来加冕为路易十三。各种各样的水果、鲜花，松软的云朵，一艘历经暴风雨的船骸——鲁本斯知道怎样利用古典神话中的主题和背景元素来讨好王后。这些画作还巧妙地暗示了基督教的一些主题——例如圣母玛利亚和抹大拉的玛利亚。站在这些极尽奢华、颜色缤纷的画作前，我不禁目瞪口呆，忍不住好奇地猜想：玛丽不仅仅是好吃之徒，而且是一个十足的自恋者。作为上帝馈赠给法国的礼物，她确保了亨利四世开创的波旁王朝的延续。

历史给人以似曾相识的感觉。玛丽继续扮演了卡特琳娜·德·美第奇的角色，在他儿子路易十三尚未成年之际代为掌权，幕后指挥着这辆皇家马车，直到叛逆少年聪明地将她逐出巴黎，自己接管统治权。允许她重回巴黎，是他犯的战略错误。说到虚荣和残暴之举，路易十三可绝不懈怠，他继承了他父亲对于狩猎和屠杀的热情，并对精致的食物或餐桌礼仪漠不关心。他最突出的食物喜好就是拒绝食用马铃薯。你问我怎么知道的，告诉你，这个被人诟病的史实就写在他自己的书里。在路易十三时代，马铃薯刚刚引入法国，并出现在王室晚餐的餐桌上。

路易十三也继承了亨利三世对同性之爱的癖好。留着蜷曲的八字胡、男子气概十足的路易十三并不喜欢精致、娇小的男生，而是喜欢成年男性。如果可以选择的话，路易十三宁愿王室菜谱重返中世纪的重口味风格，当然，他厌恶中世纪的封建主义制度，下决心清除封建残余，因此急需建立一些国家性的机构——发起人不能是哪个党派，也不能是叛逆的贵族，而是法国国王。与此同时，妈妈玛丽大口吞食着她的杏仁饼，挥动着佛罗伦萨的叉子，撒播精致文化的种子。她引入了一大群意大利人，其中混杂了地痞流氓，他们来法国烹饪、娱乐，统治、掠夺和恐吓百姓，以及渴望封建特权的顽固贵族。只有教堂逃开了她的怒火。事实上，教堂以教皇、高级教士、主教、红衣主教的名义助长了她对他人的义愤。

路易十三继承了许多从他父亲时代开始的工程，这些工程由亨利三世开创，亨利四世接续，最终以路易十三风格流传于后世。孚日广场那些漂亮的砖石阁楼就是他爸爸最热衷的项目。鉴于这位国王低下的品位和他对精致食物的不屑，有人可能会带着讽刺的口气说，路易十三广场——孚日广场被喷泉点缀的中央绿地，是一个美食沙漠地带，一个美食爱好者的灾区，周围满是时尚精品店、三流的餐厅和冰激凌店、炫目的面包坊和自成一体的艺术画廊。这倒也符合路易十三的品位。

但是等等，伟大的屹立不倒的米其林三星级殿堂“众神之食”餐厅就位于孚日广场。也许哪天我们会知道巴拉克·奥巴马是否喜欢他在这家餐厅吃的饭。据报道，奥巴马曾希望去一家小酒馆收费水准的餐厅——他很喜欢埃菲尔铁塔附近的“三月的泉水”（La Fontaine de Mars）餐厅，但这项提议被大腹便便、热爱奢华、对礼仪很在意的总统奥朗德否决了，他是不太可能放过在米其林三星餐厅付账的体验的。

## 36
## 沙漠和甜点

一块沙漠（desert），你刚才是这么说的吧？还是一块甜点（dessert）？如果你就是喜欢家常点心，而不想要午餐或晚餐那样的饭菜，那么孚日广场北边柱廊下面的卡雷特（Carette）一定能让你视野大开。广场西边的“还是我的勃艮第”（Ditto Ma Bourgogne）是绝佳的吃早餐或喝开胃酒的地方，只要咖啡或者酒好喝，那么景色和氛围就不是问题了。

我在想，装腔作势、大众旅游和历史遗迹这三种东西令人生厌的结合是否总会产生平庸。罗马就因为充斥历史遗迹和游客而被人诟病。不过，等等，张开你的鼻孔。夹在“众神之食”与“还是我的勃艮第”之间的黛玛兄弟（Dammann Frères）茶店就提供世界上最好的茶。距离孚日广场百步之遥的母骡的脚步街（Rue du Pas de la Mule），就有一家非常有艺术气息的巧克力店约瑟芬·范妮尔（Joséphine Vannier）。我怎么能忘记，广场以北四分之一英里的蒂雷纳街（Rue de Turenne）还有巴黎最棒的巧克力店之一雅克·杰宁（Jacques Genin），店铺如同珠宝店那般闪耀。这倒是相称的：巧克力是路易十三的妻子奥地利的安娜（Anne of Austria）从西班牙带来法国的，这可以说是她对美食最伟大的贡献，尽管最初是失败的，因为路易十三和法国宫廷并不喜欢这种食物。只有到了几十年之后，多亏了路易十六那位对巧克力上瘾的西班牙王后玛利亚·特蕾莎（Maria Theresa），巧克力才真正流行起来。

刚才是有人说美食沙漠吗？孚日广场往东几个街区就是每周两次的理查德·勒努瓦大道（Boulevard Richard Lenoir）市集，在市集上可以找到品质优良的农家鸡、新鲜野生鱼、有机蔬菜、奶酪和黎巴嫩街头食物。想吃腌酸菜和贝类，距离广场 5 分钟的路程就有老店博芬格酒馆以及白猩猩小餐馆——它们是玛黑区我的最爱。玛黑区的几条更远的后街上，也能找到优秀的糕点、杰出的咖啡、无与伦比的烟熏三文鱼、世界级的炸豆丸子以及不错的甚至是非常棒的餐厅——只要你愿意不厌其烦地寻找，并略过那些连鞋子的皮革和牛肉里脊都分不清的大众网站。

圣殿市场附近的奈内斯之家（Chez Nenesse）是一家复古餐厅，食物非常好吃，大约1970年开业，至今仍在营业。可以肆意挥霍的人，则可以选择巴黎最棒的，也是历史最悠久的餐厅奥弗涅大使馆（L'Ambassade d'Auvergne），以及定价较高、精致优雅、多年风格不变的完美餐厅“亲切的路易”（L'Ami Louis），后面几家都坐落在玛黑区西北边缘。毕竟，波波族的天堂并非美食地狱。凋萎之中也有勃发的生命，其中一些还散发着馨香。

## 37
## 驿站赛跑

说了这么多路易十三对美食无感的话，讽刺的是，巴黎品质最可靠、最传统的一家米其林一星餐厅就是以这位不受爱戴的残暴国王的名字命名的，它就是“路易十三驿站”（Le Relais Louis XIII）。作为连接拉丁区和圣日耳曼区的桥梁，左岸地区有很多别致、迷人、时髦的餐厅，“路易十三驿站”的竞争对手不少，不过，它应该算得上是左岸地区最奢华的传统高级餐厅。我和朋友们在“路易十三驿站”

吃过的饭是17世纪烹饪风格——或者也许是19世纪烹饪风格里面最棒的，深深地烙下了银塔餐厅的印记。这是因为“路易十三驿站”的主厨曼努埃尔·马丁内兹（Manuel Martinez）在银塔餐厅担任主厨近十年。他的菜谱是季节性的，但特色菜都是长年供应的，如同餐厅的氛围和装潢，不轻易改变。

路易十三和奥地利的安娜的画像在上方看着你。裸露的木头柱子和粗糙的石墙暴露了木蛀虫和它作为历史遗迹的真实性：这栋楼是中世纪的奥古斯丁大修道院（Grands Augustins Convent）的一部分。这个地方是对巴黎餐厅朝生暮死潮流的一种矫正，它们如同美第奇盛大的卢森堡花园里的番红花一般，突然开放，然后被雨打风吹去。

历史的品位也是好的——只要你不是追求新奇和“刺激”。难以取悦的亨利三世据说曾在1579年顺道来过这里，创立了一个理念开明的俱乐部，圣灵骑士团（the Order of the Knights of the Holy Spirit）。他是否带了他的叉子和餐巾，并没有记录。这里历史上最具有决定性的时刻是在1610年5月14日，好国王亨利四世在去往武器库和孚日广场的路上遇刺，行凶者是一个天主教的狂热分子，他把刺杀看作基督徒的慈善之举。9岁的继承人路易很快就被抢出卢浮宫，被架着穿过新桥，然后在修道院的庇护下加冕。

加冕仪式的地点很可能正好就在你坐着小口喝汤的地方。如果我是你，就在鸭子身上印上“致银塔”。[1] 你还可以吃到用文艺复兴时期的方式烤制和调味的水禽类菜肴，或者选择多汁的蘑菇焖牛杂碎、王室风格的胡椒野兔，以及完美的经典波旁威士忌香草奶油千层糕。

就算像某些人认为的，路易十三是在楼上加冕的，那又怎样呢？谁在乎呢？一个吸引人但显然很倒胃口的奇怪装饰物，是一根生锈的贞操带，被放在通往中世纪地窖的楼梯上。它让人们想起这是修道院特有的乐趣。这栋楼的前任租户是一家喧嚣的适合大众阶层的咖啡馆。20 世纪 30 年代到 50 年代，毕加索就住在街对面。这家咖啡馆就是他寻找灵感和闲逛的地方。

找到了与玛丽·德·美第奇、路易十三以及波旁王朝有关联的美食遗迹——卢浮宫、皇家宫殿和凡尔赛宫、马萨林图书馆、卢森堡花园——也就可以将这家餐厅与更广的历史联系起来了。好了，又到了该吃饭的点儿了，让我们相聚在此——距玛丽·德·美第奇的牧师住宅半个街区。

---

〔1〕 前文提到，银塔餐厅的保留菜式是压鸭。这里可以看作作者的幽默回应。

# 38
# 钝刀更佳

很难想象红衣主教黎塞留是寡居的玛丽王后的情人——想想《三个火枪手》里邪恶的主谋者。你能想象他偷偷地沿着秘密走廊和楼梯溜出他所在的卢森堡宫，去往隔壁王后的巨大宅第吗？

粗壮的身躯和三层下巴未必就没有吸引力。上帝知道巴洛克时期的审美和我们现在的不同。很显然，玛丽对于她的丈夫和继任者还是有足够的吸引力的，这些继任者包括佛罗伦萨的冒险者和雇佣兵康奇诺·康西尼，也就是 Le Maréchal d'Ancre（安克雷元帅）。康奇诺娶的是王后的侍女。和玛丽一样，这两个人都是让巴黎天翻地覆的意大利人。康奇诺有一个 7000 人的私人军团，有他的支持，玛丽可以更加切实地管理国家。

有人说，年轻的黎塞留成为王后身边最亲近的顾问，甚至不只是顾问的身份，对康奇诺是一个助益。年轻时候的黎塞留吃得不错，发育良好。如果他受命为王后服务，他会拒绝通过社交扶梯爬上王室的床榻吗？这要紧吗？当然要紧！那个时候调情是很严肃的事情，就像今天的一些巴黎人一样。人们深信，调情和性事能刺激食欲。它们是不同形式的美食前戏。那个时候春药盛行，现在也是。不是大蒜或洋蓟，就是牡蛎或鱼子酱和成瓶的香槟。

难以确定的是，黎塞留成熟的体格与令人胆寒的“红衣主教”之间是如何联系起来的。他蜕去了矮而胖的形象，变身为一个瘦弱、病态、干枯的政治家，仅有的欲望就是权力和政治，而不是飨宴和放荡。不过他的确在阴谋、暗杀、权术以及对糟糕的餐桌礼仪的憎恶上与美第奇取得了共识。作为一个外交家，他花了大量的时间在餐桌上，与竞争对手讨价还价，为了王后的利益，之后，是她儿子的利益。他用一种独裁主义的做派统治着路易十三的王国。他活得够长，见证了或许也导致了路易十四的奇迹降生——路易十四是红衣主教精心发明的神权专制主义的继承者。

黎塞留并非美食家，也称不上喜欢美食。许多致敬黎塞留的经典菜式——包括 *pâté en croûte Richelieu*（小牛肉和猪肉馅黄油面包）、*filet de boeuf Richelieu*（胡萝卜、洋葱、黄油、马德拉沙司）、*sauce Richelieu*（蘑菇、松露、黄油）——都是以放荡不羁的美食家、红衣主教在 18 世纪的后代 Maréchal-Duc de Richelieu 的名字命名的。

不过，圆尖钝尾的餐刀——也就是今天黄油刀的前身——的出现要归功于这位红衣主教。怎么说？

先说个跟这有关系的事儿。卢森堡宫附近有一家我特别喜欢的老式小餐馆，图农咖啡馆（Café Tournon）。有一次我惊奇地注意到，一位得体的用餐者正在用一把锋利的拉吉奥勒小刀对付他的牛排，接着就准备用刀尖来剔牙。刀子停在半空中，他犹豫了，因为刀子弄脏了。幸运的是，牙签的到来终结了这个尴尬的奇观。

在黎塞留的时代，用刀尖剔牙这种事很普遍，尤其是那些动辄发生口角的爷们儿，他们不光继承了亨利三世瞧不上叉子和餐巾的行为，还在餐桌上用刀尖剔牙——或者刺向同一桌用餐的人。黎塞留憎恶粗俗的行为和小家子气的暴力，尤其是如果这些行为弄脏了他的餐桌布。因此，他让他的管家找到一位工匠，制作出世界上第一批毫无攻击性的，也可以说是毫无用处的刀。问题解决了——在黎塞留的餐桌上。在其他地方，锋利、尖锐的刀片和油腻的手指盛行了一个多世纪，尽管路易十四在1669年发布了在公众场合和皇室禁止此等行为的禁令。不堪说出的一个真相是，“太阳王”喜欢用手指吃东西——就像一位罗马皇帝。事实证明，对刀的控制和今天的枪支管控一样“有效”。

## 39
## 皇家野兔

闭上眼睛，想象以下两种场景混合在一起的样子：一个是被过去几十年时光打磨得有点儿破旧，却令人很舒服的巴尔扎尔酒馆，另一个是你梦想中的1958年前后的巴黎咖啡馆。睁开眼睛，仔细看看眼前的图农咖啡馆。这是一个充满各种宴会元素的喧嚣之所——硌得背疼的木头椅子，彩色碎瓷砖地板，镀锌的酒吧间，贴着壁画和镜子的墙面，精神气十足的侍者，一位有野心但还算不上自负的厨师以及一个真正的夫妻老板团队，用拉伯雷的话来说，就是 *le patron* 和 *la patronne*（老板和老板娘）。壁画与正在变老的婴儿潮一代属于同龄，绘制于20世纪50年代晚期，画面是无邪的杜安尼尔·卢梭（Douanier Rousseau）风格，展示了卢森堡花园里接吻和玩耍的和煦场景。

喝酒很凶的奥地利作家约瑟夫·罗特（Joseph Roth）就住在图农咖啡馆楼上。你能在他那些令人印象深刻的书里面找到这家咖啡馆的影子。“二战”以后，这里曾经是詹姆斯·鲍德温（James Baldwin）与切斯特·海姆斯（Chester Himes）、理查德·赖特（Richard Wright）泡在一起的地方。据说，艾灵顿公爵到巴黎的第一站就是这里，接着他在临近的圣日耳曼德佩区的爵士音乐会引起了轰动。图农咖啡馆一直是我很喜欢的酒吧。它周围的餐厅，无论是菜品、酒水、甜点还是巧克力，总体都很出色。巴黎顶级的三家糕点商和巧克力商杰拉德·穆罗特（Gérard Mulot）、帕特里克·罗杰、皮埃尔·艾尔梅

（Pierre Hermé）都在餐厅周围 5 分钟路程的范围。若干年前，拉伯雷协会曾授予图农咖啡馆以巴黎最佳酒吧的荣誉，法国最著名的美食评论家弗朗索瓦·西蒙对它也是赞不绝口。幸运的是，各种宣传报道终于渐渐平息，时尚退去，日常回归。

图农咖啡馆提供一系列 19 世纪和 20 世纪的经典菜式，包括芹菜根沙拉和简单得出奇的水煮鸡蛋配家常新鲜蛋黄酱。除此之外，它的秋季主打菜是无与伦比的古代－中世纪－文艺复兴－现代混合的大菜：焖野兔（*lièvre à la royale*）。这是一道耗时很长、口味偏辣、像布丁一样的野兔大餐，你也许在“路易十三驿站”品尝过这道菜的另一个优秀的版本了。阿比修斯也以同样的方式做过野兔肉，放了大量的黑胡椒。《巴黎家政书》推荐的做法类似，用炖、煨的方式。焖野兔并非路易十三喜欢的菜，而是他儿子“太阳王”心爱的。“太阳王”出生于 1638 年，青少年时代就已经是一个大吃主。当然了，这道菜名称中的 *à la royale*〔1〕是直到两任君主都过世了才加上去的。

每当卢森堡宫不召开参议院会议时，图农咖啡馆就特别安静。而当政治家和他们的顾问、说客、记者及其他饥渴的攀附权贵者出现后，图农咖啡馆门廊的烟雾就浓了，

---

〔1〕 有“国王喜欢的”“献给国王”之意。

进出咖啡馆的人们的步伐也快了。当附近出版社的编辑和作者出现时，这里的舞台表演时常能发挥出它刚来巴黎时的水准。

考虑到卢森堡宫向咖啡馆输送了一批最饥渴、最肆意挥霍的领国家津贴的吃主，厨师帕特里克·戛纳做了正确的选择：用参议员阿里斯托德·库托提供的野兔做成19世纪的“经典”佳肴。库托的菜谱有五页之多，直到把这只野兔变成一道可以用勺子舀着吃的布丁菜肴。可怜的帕特里克·戛纳和其他人奔忙不已，照着说明，花上好几天的时间来处理这些皇家野兔。

库托，爱发先生（Elmer Fudd）[1]的一个可能的原型，不仅仅是一个美食家，他几乎不出巴黎，除非带着他信赖的猎枪。“公兔才是我想要的，有红色皮毛的那种，最好的是在山里的，带着法国血统的（从头部和四肢的轻微紧张的姿态来判断）。”库托开始写道。“它应该有五六磅重，这样就比幼野兔老一些，但还在成长期，”这位议员停顿了一下，然后从基本的细节跳转到对本质的总结，“最重要的事儿，是猎杀野兔的时候要干净利落，这样就不会损失一滴血。”

血！焖野兔的秘方并不仅仅是可怜的公兔的血、它的肺和内脏，或者是——也许你也想到了——五花咸肉和鹅

---

〔1〕 卡通人物，一个总是拿着猎枪出场的光头形象。

油，也不会是醋、成堆的大蒜、一扎一扎的葱，或是黑松露、两年以上的浓郁红酒——最好是来自勃艮第或波尔多的红酒，还有个完全不是秘密的秘密——每个人都知道，是鹅肝。

## 40
## 鹅肝的信仰

我所不知道的，也很好奇的一点是，施坦威型号的玛丽·德·美第奇和她身躯庞大的孙子路易十四——成年后的他每天能摄入 7000 卡路里——是如何幸免成为行走的、说话的鹅肝的？他们吃鹅肝的时候有没有感觉是在吃同类？或许这就是为什么法国同音异义词 *foi*（信念）、*foie*（肝脏）、*fois*（次数）容易被搞混——它们的发音听起来完全一样。鹅肝在 16 世纪和 17 世纪王室或贵族的餐桌上是一道常见的菜肴吗？佛罗伦萨对巴黎的渗透是否也包括增肥的鹅？或者，巴黎的犹太人在美第奇王后统治期间就做出了这道菜？对这些问题，目前还没有公论。

查过维基百科或细心地读这本书的人会知道，埃及人最早用防腐手段处理过肥鹅肝。再说一次，人们认为，这道美味佳肴几个世纪前就秘密地进入法国了。这个说法并没有文献支持。由不同的政府部门资助的法兰西宣传部门认为，法国肥鹅肝制作的盛行源于16世纪，法国西南部开始种植来自新世界的玉米，而这里也正是肥鹅肝的主要生产地。突然间，对于骄傲的高卢农民来说，让鹅和鸭增肥变得易如反掌。这些禽类的肝脏、其他器官以及厚厚的脚掌都被填充，变得肿胀。这是一个被证实的科学事实，随便问一只在塞纳河上过夜的加拿大鹅就知道。储存在它们身体里的脂肪是让它们得以完成跨洲飞行的能量库。

听起来貌似有道理？新世界的玉米和旧世界的犹太移民社区——无论是在法国、意大利、德国，还是其他地方——在同一时间出现，也即15世纪末，这是一个多么有趣的巧合啊。西班牙宗教裁判所和迫使犹太人改宗的“阿尔罕布拉法令”（Alhambra Decree）是否促使了肥鹅肝的传播？“犹太人养的鹅的肝脏特别大，”巴特洛米奥·斯加皮在他写于1570年的《烹饪艺术集》中记录道，“重达两三磅”。

当然喽！被法国政府和联合国烹饪守护团体保护的神圣传统、被冠以法国精髓的“高贵之作”，实际上是更晚近时期高卢人从埃及人、地中海人、犹太人那里学来的一种特色食物？真丢人！所以，我们还是需要质疑一下的。什么叫作“更晚近时期”？这取决于你的参考体系。我在法国中世纪或文艺复兴时期的文学作品、烹饪书以及家用手册里都没有找到关于肥鹅肝或曰“增肥的禽类肝脏”的记录。但在拉瓦莱内写的那本著名的《法国厨师》一书中，的确出现了 *foye gras* 一词，多了一个 y。这本书首次出版于 1651 年，也就是在那位喜欢吃公兔子的拉伯雷式的“太阳王”统治时期。

这就说得通了。所以我们来推测一下。那个时代事物进展缓慢。你瞧，在 15 世纪 90 年代犹太人制作出 *foie gras* 之后，玉米很可能过了大约一个世纪才在法国变得普遍。距此再过半个世纪，*foie gras* 就变得很普遍，法国烹饪书中对它是什么或者如何找到它、制作它都没有进行任何解释。接着，你很轻易地就来到 17 世纪最初几十年或中期，大约是 1635 年，也即法兰西学院由红衣主教黎塞留创建的年份。该机构将语言和文化确立下来，以后也并没有对其进行什么改动。为什么要对肥鹅肝的神话进行升级？

**拉瓦莱内，《法国厨师》：“用灰烬烤制肥鹅肝”**

> *Il faut le barder & le bien assaisonner de sel, poivre, clou battu & un bouquet fort petit, puis l'envelopper avec quatre ou cinq fueilles de papier & le mettre cuire dans les cendres comme un coing. Estant cuit, prenez garde de perdre la sauce en le remuant; ostez les fueilles de dessus, & le servez avec celles de dessous si vous voulez, ou sur une assiette.*

这是我转译的这位大厨的一份食谱，犹太人食用的"用灰烬烤制肥鹅肝"。对于拥有专用烹饪壁炉的皇家厨师来说，这未免太简单了。拉瓦莱内指导他的读者赋予鹅肝以灵魂，想来应该是配以熏肉或猪油，再用盐、胡椒、丁香粉和最微量的香草束——少量碾碎的月桂叶、百里香、鼠尾草或者龙蒿草——加以调味。然后用烹饪纸将其包裹为四五份，放置在热的灰烬里，缓慢烘烤，像烤木梨一样，或者像一个铝箔包装的 BBQ 土豆，这个似乎更容易想象。烤制时间和成熟度由你自己拿捏，法国人喜欢 *mi-cuit*，也就是半熟。将肥鹅肝从灰烬里取走时，要注意防止汁水流失，打开最外层的包裹纸。吃的时候，可以留着最里面的那层包裹纸；你也可以都揭开，把里面的肥鹅肝放在盘子上。瞧，这就是著名的烤肥鹅肝。

拉瓦莱内的烹饪事业和"太阳王"以及凡尔赛宫联系得如此紧密，而实际上他的职业生涯开始于路易十三统治时期，他出生、工作和去世的地点都在勃艮第。是不是很奇怪？答案就在于他的身份，法国厨师。此后的《法国糕点师》（*The French Pastry Chef*）等几本书都在强调法国的公民身份。从拉瓦莱内开始，烹饪的民族主义开始了。路易十四统治时期，从烹饪到艺术、工艺、餐桌礼仪，再到道德规范的方方面面都开始被冠以"法国"的名号。

为什么会这样？首先是为了确保"太阳王"君权神授的

地位——不光是作为法兰西岛的君主，而是整个法兰西的君主，这就包括许多拒不归顺的以前的大省、王国和公爵领地，例如诺曼底、勃艮第和普罗旺斯。其次，为法国确立起相对于其竞争对手的欧洲邻国以一种天然的神授的优越地位。

其实，现在法国餐馆的菜单上的所有 *à la Duxelles* 菜式，也就是抹了像黄油一样的蘑菇洋葱沙司的菜品，都是拉瓦莱内设计出来的。当时他是沿河城市索恩河畔沙隆（Chalon sur Saône）领主尼古拉·查隆·杜布尔的家厨。这位有权有势的领主号称乌塞尔侯爵（Marquis d'Huxelles），其领地位于距离巴黎和凡尔赛宫颇为遥远的勃艮第南部。拉瓦莱内就在那间舒适的小厨房里做饭、写作。厨房所在的城堡小巧、精致，有护城河环绕，往里去就是童话般的科尔马坦村。《米其林指南》提到了科尔马坦的三星餐厅和知名景点，还是很值得一去的。

不难理解，拉瓦莱内的厨房在 19 世纪被重新改造了，不过一些主要的设施被保留了下来。裸露着巨大横梁的天花板高达 25 英尺，下面矗立着巨大的铸铁炉子。在张着大嘴的壁炉里，手摇的烤肉架慢慢转动，让剁碎的肉被烤至完美状态。烟囱下方，一个铸铁大锅悬吊在一个锯齿状的挂钩上。到处都是铜罐——有一整面墙都是，也有很多无釉土陶的烹饪容器。花园旁边的一扇明亮的大窗户，正对着方砖炉灶，宽口，顶部贴着瓷砖，既可烧煤，也可烧木柴，这是法国仅存的方砖炉灶。在这里，快乐的厨师可以创造奇迹。而在凡尔赛宫，他可能会被“太阳王”的光辉所掩盖，如同服务于国王的其他厨师、男仆和管家一样。今天也不会有人记得他的名字。

### 拉瓦莱内的幼野兔菜谱

兔脊肉：剥完皮，处理完内脏，将兔子切成马鞍形，也就是说，从肩部以下切开，接着撕掉紧贴着兔肉的筋膜层，然后将兔子的肝脏和杂碎由尾部塞进兔子体内。封住口子（用熏肉和香草），烤制。吃的时候配胡椒沙司。

制作胡椒沙司：醋、盐、洋葱或香葱、橘子或柠檬皮，以及胡椒（碎）。烹煮，随餐取用。

是不是听起来很简单？拉瓦莱内的书影响深远，主要是因为自塔耶旺以后法国还没有出版过烹饪方面的记录。它的菜谱里用到酸葡萄汁和许多辣椒。新奇的肥鹅肝与公鸡肉搭配，还没轮到野兔肉。在大约 100 年的时间里，《法国厨师》经历了 30 个法语版，出版了 20 个外语版本，从而奠定了法国厨师和法式烹饪的霸主地位——也有人说它是神话。路易十四年仅 13 岁时，没有住在他父亲位于凡尔赛的简朴狩猎屋里，而是在卢浮宫的杜伊勒里宫（Tuileries Palace），或是与他母亲玛丽和红衣主教马萨林住在黎塞留的主教宫（Palais-Cardinal）——黎塞留死后，这里更名为皇家宫殿（Palais-Royal），收归为王室财产。

1651年是一个值得记住的年份，不仅是因为拉瓦莱内的书出版了。这一年，年轻的路易经历了投石党叛乱，他被投石党成员的贵族赶下了龙床。此次经历导致他在几十年以后将皇宫从危险的巴黎搬迁到沉寂的凡尔赛。与此同时，这次事件或许也促成了这样一个开端，即法国料理作为一项国家软实力，一张巴黎人的、接着是以凡尔赛为基地的法国人的民族身份的名片。

投石党运动期间，饱受战争之苦的法国由另一位红衣主教儒勒·马萨林（Jules Mazarin）统治，长久以来，他一直被认为是“太阳王”生父的主要候选人。

## 41
## 请原谅我的法语：你是说马萨里诺吗？

从“路易十三驿站”出来，走过六个风景优美的街区，就能看见一个石板覆盖呈鳞片状的穹顶。它让我想起马萨林的钟形帽，一些精致的餐厅还用这种形状的玻璃罩罩在盘子上，让食物保温。在这座钟形穹顶下面，是这个国家的文化圣地：法兰西学院、法兰西研究所和马萨林图书馆，这个圣三一式的集合被装在同样和谐的马蹄形建筑群里，正对着的艺术桥可以直接跨过塞纳河，通往对岸的卢浮宫中央庭院（Cour Carrée）。

我之前提到过，我是马萨林图书馆的常客，部分原因是：这儿是珍稀烹饪书的大本营，包括无价的 15 世纪塔耶旺的《食谱全集》的手抄本，被视作珍稀读本中的珍稀读本。在宽敞、高耸的阅览室里，码头边潮涨潮落的声音几乎听不到。石质的半身像关切地看着，祖父钟表嘀嗒地走着，铅笔发出刮擦的声音，指尖搜寻着、轻点着。安静的读者和戴着白手套的图书管理员优雅地翻动着书页。我安静而恭敬地翻动着厚厚的书页，它是泛着烟草色调的《食谱全集》手稿，或是一本令人好奇的拉瓦莱内作品的意大利语版本，也或者是 18 世纪革命性的《为王室和中产阶级烹饪（1714 年新版）》（*Le nouveau cuisinier royal et bourgeois*）——这本书由弗朗索瓦·马夏罗（François Massialot）所作；还有分子厨艺的原型之作《餐桌上的美味佳肴》（*Les Dons de Comus, ou les Délices de la Table*），出版于 1739 年，作者是苏比塞元帅的管家弗朗索瓦·马林（François Marin）。特别关注一下马夏罗书名中的词儿：“新的”和“中产阶级”，读几章，你就能感觉到美食领域发生的真正变化。

当然，在网上搜索这些易碎的作品会更加实际一些，我也这么干了。但是看着倾斜弯折的字迹和塔耶旺每个食谱里又粗又厚的红色大写首字母，感受着逝去已久的人的手指写下的注释，闻着书本上久远的气息，想象着这些珍贵的原件被珍藏，逐渐卷曲、发黄、变脏，页面出现坑洞，这所有的一切又是另一回事了。

这些易碎的字迹描述了美味可口的佳肴，有烤填鹅、丰腴碎皮鸡和香辣皇家野兔，有山鹑和鹤，还有红焖小牛肉、野蘑菇蔬菜烤肉、松露、馅儿饼、鲟鱼和比目鱼，有汤和可口的挞饼和甜奶油、奶酪和沙司，有丰盛的食物柜、储藏室、厨房和洗涤室——从鸡蛋到苹果和坚果，它们都载着时间的尘埃浮现在我眼前，让我饥肠辘辘、口水连连、鼻子抽动、眼睛刺痛。我合上这些宝贵的书，向它们的保存者们点头致敬，也为那些来到巴黎却还没有找到这座城市无底洞般的伟大遗存的人而遗憾。

走几步路就是一些小酒馆、咖啡厅和高端餐厅，有一些值得马萨林、路易十四和他的继承者们去，也是今天那些精力充沛的法国大学生喜欢的去处。马萨林钟形盖顶下面的钟声敲响，午餐时间到了，可以跟着学子们去古老的拉贝豪斯，坐落在前铸币厂的崭新的盖伊·萨沃伊（Guy Savoy），“伏尔泰”（Le Voltaire）、“驱逐舰”（La Fregate）

以及“路易十三驿站”，或者，想要吃一顿好的禽类佳肴的话，可以去“对面的烤肉店”（La Rotisserie d’en Face）。前三家餐厅都有丰富的饮品。账单递来的时候你得有点儿勇气，信用卡在颤抖。如果你挑剔服务态度，喜欢年轻漂亮的服务员、挑战不确定性和潮流前线的菜品，那你就该直奔画廊餐厅（Ze Kitchen Galerie）——这是一个让人兴奋的地方，有资质的美食家都推荐过此处。

从马萨林图书馆出来，可以在塞纳河上的艺术桥上待一会儿。转过头去，再一次欣赏图书馆的穹顶。这座桥正是为了让“太阳王”和其他国王能从所住的富丽堂皇的卢浮宫看到对岸的建筑而建。马萨林和路易都希望距离彼此很近。你也许在想，这不是在巴黎，而是在永恒之城欣赏布拉曼特〔1〕和贝尼尼〔2〕的晚期巴洛克式的混合。这样想倒无可厚非。因为马萨林图书馆正是以罗马的巴贝里尼图书馆（Barbarini Library）为原型。这种审美或许是源于这样一个事实：儒勒·马萨林就是朱里欧·马萨里诺（Giulio Mazzarino），又一个来到法国宫廷碰运气的讨厌的意大利人。他真的是路易十四的父亲吗？

---

〔1〕意大利文艺复兴时期最杰出的建筑家，善于借用古罗马建筑样式来传达文艺复兴的新精神。

〔2〕意大利 17 世纪杰出的巴洛克艺术家，主要成就在于雕塑、建筑设计、画家等方面。

# 42
# 血浓于水

任何一位厨师都会告诉你，血不仅仅是浓于水，在做慢炖类菜品时，比如压鸭，或者焖野兔肉，要花更长的时间才能将血煮沸或收汁。血是这道皇家野兔菜肴的必备部分，在马萨里诺和路易十四的故事中也是必不可少的要素。

几个世纪以来，关于路易十三无法孕育子嗣的议论甚嚣尘上。在路易十三和奥地利的安娜几十年不育的婚姻生活之后，小“太阳王”的诞生无疑是一个“奇迹”。推定他们当父母的年龄都是 37 岁，他是一个有着“金鱼的性欲”的老头儿—— 一位专家如此形容；而她，按照当时的标准来看，则是一个老女人了。王室和其他辩解者用气象学、历法和王朝的压力（或许激发了夫妻二人的表现）来解释这个奇迹。阴谋论者，大部分都是左翼的“共和党人”，他们侦查出太阳王“真正的”父母，结果许多疑点落在了不喜欢女人的父亲这一边。

在诸多猜测的生父人选中就有狡诈的、穿红色长袍的红衣主教黎塞留。不过，1637 年，“太阳王”被孕育的那一年，黎塞留已然老朽。其他的人选包括一众贵族，其中一位是归化的德国人，另一位就是足智多谋的准红衣主教儒勒·马萨林（马萨里诺）。

作为像上帝一样存在的神授君王，也是教会和国家的臂膀，“太阳王”不同于任何一位旧式的法国君主。路易名义上的母亲安娜是哈布斯堡王朝的成员，因此拥有奥匈帝国和西班牙的血统。假设路易是一个德国人的私生子，或者，老天请原谅，有一位出身低微的意大利人父亲——也就是说，并没有法国皇家血统。玛丽的孙子，路易，不是法国人，不可以！

马萨里诺不仅仅是路易十四最亲近的顾问和大臣、黎塞留钦定的继承人，据说他对国王视如己出。从马萨林和奥地利的安娜之间的秘密通信来看，很显然两人是互相爱慕的。路易对马萨里诺也报以子女般的尊重。即便是最张扬的民族主义者也无法否认马萨林塑造了路易在各方面的品位，尤其是艺术和文化。况且，他们俩的外表也像父子。

又该用血来解释了！经过几个世纪的争论，一支来自法国和西班牙的历史学家、法医科学家、DNA专家和其他医学领域的人员组成的一流研究队伍，于几年前加入这场论战。一些物证被提供出来。一个物证是被认定为属于亨利四世的木乃伊头部，亨利四世是波旁王朝血统的源头；另一个物证是一方祖传的手帕，曾浸染路易十六的血。1793年，路易十六在断头台上被砍头后，一位追随者用这方手帕擦拭过他的血迹，然后手帕被意大利的一个贵族家族留存。

结论是什么？最初的报告称，两份采样在由男性决定的基因数据方面完全一致。这意味着什么呢？这表明路易十三必定是路易十四的父亲，也因此是波旁王朝剩下的几位国王的基因、生物学意义上的祖先。耶！民族的荣誉有救了！

然而，正如不同的厨师做同一道焖野兔肉会不一样，吹毛求疵的人迅速让这个结论变了质。争论持续发酵。黎塞留和马萨里诺仍然让保皇党人士懊恼，而在法国，这样的保皇党人士却不少。为什么没有从索邦神学院的地下室里挖掘出黎塞留的遗骸？为什么马萨里诺的许多亲戚的基因物证没有测试？这都是公开的疑问。或许没有人想到这些？也或许调查者害怕结果？

结果就是，并没有任何确切的基因方面的理由来解释为什么波旁王朝承袭了玛丽·德·美第奇如此之多的特质：健硕，堪称贪婪者的标本，他们都是生猛的吃主儿，都爱大口吃肉、大碗喝酒。国王、王后、王子和公主带着旧体制下对食物的爱恋，启发了一代又一代的法国男人和女人——他们竞相模仿前人，一有机会就大吃野兔肉（*lièvre*）。

胡椒味儿、带着葡萄酒香气、长时间焖炖的野兔肉，或被做成卷或以布丁的形式呈现，无论是否放了肥鹅肝在内，都已经成为诸如图农咖啡馆这样好一点的小酒馆和带星星的米其林餐厅的看家菜式。改头换面的电视传道者和高级烹饪的“教父”合乎时宜地重新发现了风土，以及它们的皇家源头。艾伦·杜卡斯（Alain Ducasse）、皮埃尔·加涅尔（Pierre Gagnaire）、艾瑞克·弗雷雄（Eric Fréchon）、保罗·博古斯（Paul Bocuse），谁知道还有多少星级厨师以这道菜为招牌，并标注高昂的价格？一些厨师坚持用香贝丹（Chambertin）葡萄酒作为腌肉或制作沙司的原料。这可是50美元一瓶的酒啊，而且还仅仅是其中的一种调味料。肥鹅肝的到来自带光芒。

或许，这道历史悠久、制作复杂、有挑战性的早期高档菜肴的魅力，部分来自参议员库托的预言性的话："大蒜和香葱必须切得细碎，这样才能达到近乎分子的状态。"他是说分子吗？在巴黎的阳光下，实在是没有任何新鲜事啊。

当代野兔餐热突然盛行，人们甚至开始举办一年一度的比赛，地点就在巴黎南部的索洛涅大区的中心地带，罗莫朗坦小镇。战线画好了，野兔无处可寻，猎犬无所事事，你要么属于这一边，要么属于另一边。历史学家在学术期刊上发表文章，与平民主义者和他们的小报论战；厨师猛地颠着勺、肉卷和分子厨艺；美食家和美食开始争论哪道菜是"最正宗的"、"最古老的"或"最好的"。没人真正确定这道混合菜是什么时候发明或被命名，以及由哪位厨师最先做出来的，也许是因为世事变化太大。人们认为，去骨的"布丁"兔肉最适合年老的、牙齿已经掉光的路易十四，他死于1715年，但我查到的与这道菜肴有关联的事件仅能追溯到1755年，因此，这或许是又一则杜撰的故事。

正如盎格鲁－撒克逊那群持朴素观点的人观察到的，回顾一下基督世纪之前四个世纪的美食家阿切斯特拉图的呼吁，是有裨益的。“做野兔有很多方法，很多配方，”这位智者写道，“但这才是最好的食谱。在饥饿的食客面前放上一片新鲜的烤肉，热腾腾的，只用普通的盐调味，注意不要太咸。不要因为肉在滴血而不吃肉。放心大胆地吃吧。其他所有方法都是多余的，尤其是厨师在肉上倒一些黏糊糊的沙司、刨花般的奶酪、酒糟和油渣，就好像他们要准备的是一条狗的早餐。”

法国厨师把对阿切斯特拉图的这段话的关注点放在了“肉在滴血”上，或许不只是这道菜——因为这道菜需要长时间的烤制——而是其他菜。

传统的观点认为，为了理解现代法国，务必揭开“太阳王”宫廷之谜。路易十四是法国人心中的神，甚至对于拥护共和政体的无神论者而言也是如此。这个结论不仅适用于政治、文化和行为习惯，也适用于美食、礼仪和餐桌艺术。传统智慧并不总是错的。

现在您已经知道“太阳王”的野兔以这种或那种形式存在了，也许在他出生之前用的是这道菜的化名。法兰西学院也在开会。一切事物其来有自，包括叉子和肥鹅肝。你可以从马萨林图书馆沿河往上游或下游走几个街区，并安全地登上 RER 通勤列车，前往凡尔赛看一看。

Entrées，Troisième Service

前菜（第三道）

# 皇家凡尔赛

1638—1715 年

王室宴会：路易十四在宫廷里与莫里哀进餐，让·莱昂·杰罗姆画，1893 年

# 43
# 远足凡尔赛

问问亨利四世就知道，巴黎值得一游。对有些人来说，巴黎值得跨越大西洋去看看。凡尔赛当然也值得一趟 40 分钟的路程。

当火车车轮滚滚向西，驶过从巴黎到凡尔赛之间的 12 英里时，透过景色变幻的窗户向外遥望，是一片奶与蜜、黄油与奶油、美好与丰饶之地。17 世纪是所有食物都有黄油、奶油和面粉的世纪——尤其是在备受王室青睐的各种沙司和甜点里。一头老奶牛产奶至死，然后被塞进罐子里，变成一道牛肉汤——路易十四的早餐，讽刺的是，这也是被宣告有罪的国王的最后一顿饭。牛肉汤也是沙司和炖煮类菜肴必不可少的原料，也是经典法式烹饪的底色——直到 20 世纪 70 年代新式烹饪的出现。别担心，你会在这一部分看到更多关于牛肉汤的故事：古典创新和新式创新。

今天的巴黎郊区可以说就是一个交织着破旧绿化带的柏油路网，但在旧制度的那些坏时光里，恰恰要出了城门，才能看到葡萄园、果园、田野和点缀着奶牛的牧场。本地，意味着当地。当时，整个法兰西岛都异常丰饶，令人垂涎。除此之外，它还延伸到博斯（Beauce）地区——王国的面包篮子和面粉磨坊。

雨水充足的偏远之地凡尔赛拥有茂密的森林和沼泽地——都被抽干了，可不是为了灭蚊，而是要建造国王的花园、喷泉和华丽宏伟的池塘和湖泊。到处都是拍打着翅膀的水禽、上下跳跃的野鹿和惊惶奔跑的野兔。正因如此，在路易十四出生之前，他的父亲路易十三，伟大的“白猎人”，在这里拥有一个小巧、镀金的狩猎屋。狩猎屋建造在高地，可以俯瞰无尽的森林。到目前为止，这个狩猎屋正是凡尔赛宫的中心。

路易十四是一个不知疲倦的狩猎者，但说到凡尔赛，它并非“太阳王”感兴趣的野外游乐场。这里距离巴黎不算远，恰到好处地与巴黎隔绝开来。12 英里看起来足够将喧闹的乌合之众与不满的贵族隔绝在外，从而让军队有时间集结、检阅、准备好武器。

被戴着假发的王室仆从监视的无聊贵族发现，凡尔赛变成了一个镀金的疯狂之所。这个地方的设计意图是阻挠、迷惑和操控那些潜在的找麻烦的廷臣。这是一个由 4000 个到 6000 个住户和其侍从组成的人为制造的封闭式社区，其中包括 500 个厨师、男仆和侍者，这里面就有 324 个人被指派为“国王的嘴”服务，也就是专门为国王做饭。

单就说凡尔赛的礼仪就能让正常人发疯——不断地更衣参加各种仪式，一个小时接一个小时的活动难免令人想起一场没完没了的天主教弥撒。或许也并不奇怪：毫无幽默感的路易、无情的主教雅克·波舒哀（Jacques Bossuet）共同编制了一个新形式的君权神授法典，“朕即国家”。妄想的国王像一只精神错乱的鹦鹉一样重复着这句话。波舒哀宣称，臣民应该像顺从上帝一样顺从国王。路易或他的决定不可置喙，只能祈祷。

哈利路亚！在他惨淡、脏污的回忆录里，圣西蒙公爵记录了凡尔赛的时间表。“有一个年历和一个钟表，”他写道，“就能在300里格开外确切地知道国王在做什么。”朝臣每天要看望国王路易长达六小时到八小时。觐见路易，并用奉承拍马的态度侍候左右。记住，法语的“侍候”结合了“等待”和“服务”的意思。

这些迷人“高贵”的绅士和淑女都做了什么？要给国王的假发捉虱子和撒粉，国王每天要换七次假发；还要给国王点蜡烛；观看每天早晨7点半国王的“升起”仪式、他大口喝下早餐牛肉汤以及晚上11点半的“落下”仪式。“升起”和“落下”是用来指代太阳的——如同在天体上——也是用于路易的。

每隔一天，都会有国王喜欢的人给国王打上泡沫，为他刮胡子。每天两次的国王散步时间、检查国王的排泄物，不可思议的还有每两个月一次的清理肠道，也有娱乐项目——扑克牌、弹子球、芭蕾、交际舞、戏剧、歌剧以及 *la chasse*，也就是狩猎。到场人数是完全精确的。每个人都知道协商交易、请求帮助和提交请愿书的时机是在国王通便之后。

最重要的，这里还有时尚和美食——没完没了地讨论衣服、食物和酒；谁喝醉了；谁狼吞虎咽得像头狼；什么是好的，坏的，不好也不坏的。你可能会想，最受欢迎的菜一定是精益求精、吹毛求疵的吧——这正是宫廷最擅长的事情；吹毛求疵和传播流言蜚语。美食和美酒的机构乘势发展，美食家和时尚达人在凡尔赛诞生了。食谱是社会的一面镜子，还是相反——抑或两者兼有？凡尔赛成为一个镜厅（Hall of Mirrors），映照着自恋、浮华和暴食的风气，也映照出国王无限倒退的影子。

在路易起床和就寝之间，他的餐食包括上午 10 点的第二顿早餐、1 点的午餐，以及晚上 10 点的夜宵，所有人都穿戴整齐，齐聚在国王的前厅。夜宵持续的时间精确到 45 分钟。

酩酊大醉也是稀松平常的事。“干杯！”并非一句礼貌的祝酒词，而是一个命令。宫廷的规矩是只能把空杯子放回仆从的托盘上。难怪一有机会，这些廷臣就争相跑出这个有大门的地方。只要路易安然地就寝，贵族们便立刻疾驰而去，在附近的城堡聚会，或者前往巴黎好好地纵情声色一番。渐渐地，这成了一种惯例，被路易十五摄政期间的皇家宫殿公开效仿，并延续至今。

圣西蒙公爵记录道，勃艮第公爵夫人在她的城堡里举办了一场宴会，宴请的人里有臭名昭著、行为不检点的德·巴里公爵夫人（Duchesse de Barry）。德·巴里（别把她和后来的让娜·贝屈，也就是杜巴丽夫人搞混了）和惹是生非的奥尔良公爵（Duc d'Orléans），未来的摄政王，都喝醉了。当公爵夫人的仆从架着她回凡尔赛时，她已经烂醉如泥，舌头都捋不直了。

许多贵族一起床就寻欢作乐，就像今天不务正业的小年轻一样。有两个身居高位的公爵夫人，其中一个是粗俗幽默的美食家，帕拉坦公主（Princess Palatine），路易的小姨子。她偷偷地抽烟，这可是男人的东西。国王的弟弟侯爵大人制止她，但女士们依然我行我素，最终在宫廷上被责骂。使性子的孩子被宠坏，长大后就变成邪恶的大人。这也是常理。凡尔赛堕落为自恋者的孵化场，后来，这种风气转移到巴黎，直到今天，自恋之风依然盛行。

宫廷菜肴是否像拥护皇室的人声称的那样美味？有时候也许是，不过大部分并非如此。国王自我吹捧的盛大晚宴在廷臣和平民看来就是“淹没在冷漠和油脂里的东西”——圣西蒙用诗意的文字形容道。19 世纪法国评论家、历史学家伊波利特·泰纳（Hippolyte Taine）写道，人们都知道，路易“吞食物的样子像一头狼，但嚼食的时候却像个僧侣”。对我来说，这表示，坏的牙齿让咀嚼变得很痛苦。“他的餐桌一派高贵，没有一丝中世纪宫廷的插科打诨的气息。”泰纳紧接着写道。

或许是没有插科打诨，那就试试施虐吧。虐待是度过冗长乏味的餐桌时光的最常用策略。帕纳切夫人（Madame Panache），一位著名的年长智障女士，冲撞了国王的晚宴。贵族非但没有把她送出去，反而侮辱、推搡、激怒她，面对她的狂怒哈哈大笑，在她的口袋里塞满油腻的熟肉和带汤汁儿的炖菜。汁水和沙司顺着她的华服流淌下来，众人无不以此为乐。

路易吃什么？怎么吃？他的盘子、刀、叉子和勺子都是纯金的。但他不会用它们，而是用他奥古斯都时代的手指[1]。路易最有名的仆从尼古拉斯·德·博纳丰（Nicolas de Bonnefons）在他的书里随意评论道，他的主子太胖了，都够不着放在餐桌中间的菜。归置来宾和菜肴因此变得像中世纪和文艺复兴时期一样重要：你在宴会上的重要性和特殊性是由你距离国王多近来衡量的。

1718 年，路易死后的第三年，帕拉坦公主不无惆怅地

---

〔1〕 奥古斯都时代，指古罗马时代。前文提到，古罗马人用手指吃饭。

回忆起路易喜欢的食物和习惯："他能喝掉四道汤、一整只野鸡、一只山鹑、一大盘沙拉、两片火腿、大蒜味儿的羊汤、一道甜品，然后还有水果和煮得很老的鸡蛋。"

帕拉坦公主倒不是没精打采的人，她和玛丽·德·美第奇一样有着令人惊叹的幽默感。她曾吹嘘说，要是有人舔她的身体，就会发现她像一头烤乳猪一样美味可口。

在路易的餐桌上，鸡蛋通常在坚果之后食用。鸡蛋开始成为炙手可热的食材，一本17世纪的烹饪书上列出了56道鸡蛋食谱。鸡蛋热持续了一个多世纪。在旧制度末期，格里莫·德·拉·雷尼耶能够列出543道受欢迎的鸡蛋食谱。众所周知的是，路易在吃完晚餐后会往自己的口袋里塞些甜点或蜜饯水果；人们经常能看到他在去卧室的路上吞咽一个硬心煮蛋。而在卧室里，两瓶红酒和三条面包正候着他，以防他夜间饿醒。

20世纪70年代，我曾注意到每一家巴黎咖啡馆置物架上都放着硬心煮蛋。说到这里，我不禁对路易与这个现象之间的隐秘联系浮想联翩。这个现象一直持续到21世纪初，然后，嗖的一下，随着中产阶层化[1]而突然消失了。那些在蒙马特区戴着蓝领徽章头发花白的常客，

〔1〕 又被称作贵族化或缙绅化，指一个旧区从原本聚集低收入人士，到重建后地价及租金上升，引来较高收入人士迁入，并取代原有低收入者。

在吃鸡蛋的时候会想起“太阳王”吗？应该不会吧。不过硬心煮蛋通常都会出现在沙拉里；而法国男女，无论是过去还是现在，无论是皇室拥护者还是革新分子，都吃蛋黄酱。如此之多吃鸡蛋的方式，我还没在其他国家见过。

路易对牡蛎也情有独钟。正是因为他对牡蛎的热情，罗马式的牡蛎吃法重新成为一种时尚。1690 年，他甚至创制了正式且有利可图的头衔：带壳牡蛎承办商与经销商（Purveyor & Seller of Oysters in the Shell）。有六位幸运者获得了这个头衔。牡蛎热潮就此开始，野生牡蛎很快就被开发完毕，从而迫使法国人想出天才般的主意：开发商业化的牡蛎床。这股热潮在 19 世纪达到顶峰，而吃牡蛎的文化也一直延续到今天。

路易爱吃的东西还有嫩绿的豌豆、无花果、草莓和从他菜园里摘下的梨。甜点并不是他的心头好，但他却超级热爱果酱。果酱在今天也很受欢迎，尤其是加到酸奶中或与黄油一起涂抹在一块切开的法棍面包上，即 *tartines*（面包片）。在路易十四的辉煌年代，巧克力一度兴起，但是路易对他的妻子玛利亚·特蕾莎从西班牙船运过来的新奇玩意儿 *chocolat*（巧克力）持一贯的怀疑态度。王室编了一首好听的歌谣，里面唱道，王后只爱国王和巧克力。但国王却对王后和巧克力并不感兴趣。“它能赶走饥饿，”路易一边大步走向他情妇的住所，一边不以为然地说，“但这玩意儿可没法填饱肚子。”

## 44
## 王室的顺序！

填饱肚子，以及按照正确的顺序填饱肚子，是很关键的。上菜顺序、菜式丰盛、摆盘匀称以及上菜的时间确切，这些都不可马虎。尽管辣椒和糖的分量减少了，但凡尔赛的食物比起塔耶旺为查理五世准备的食物并没有多大的不同。在中世纪和文艺复兴时期，上菜程序包括冷盘、汤、主菜、烤肉、沙拉、附加小菜、水果，有时候还有甜品，通常得避开奶酪，因为这是穷人的食物。每一个程序都包含好几道菜式，一道接着一道地端上呈给国王，然后按照几何样式摆放好——匀称简直令人发狂地完美，如同国王的公园、林荫大道、宫殿，乃至他的菜园。塔耶旺风格的切割烤肉或给菜肴点火也会成为上菜秀的一部分，如同今天巴黎的一些传统餐馆的做法。

“首先是将四份精致的汤放在餐桌的四个角落。”路易的仆人尼古拉斯·德·博纳丰写道。一个世纪以后，伟大的餐桌礼仪专家卡勒姆才出生。“每两道菜中间放四道菜，在有盖的汤碗旁边放上四个盐盒。餐桌上，在低矮的盘子里放四道主菜，而用餐者的盘子应该凹进去，这样他们就能用来盛汤，或者当他们想吃什么时无须用勺子从餐盘里舀出来，因为另一个人可能正好在用已经用过的勺子从这个餐盘里舀东西，看到这样的情景，他恐怕就不会再去吃了。”有道理。

狂热的谄媚者博纳丰对每个上菜程序的每道菜的位置都给予精确的描述，这预示着巴黎烹饪地貌的基本格局。他的书中不乏一些有用的言论，例如：“如果有需要，在餐桌中间放一些甜瓜、用碗或小盘子装的各种沙拉（以方便取食）、橘子和柠檬。还可以放一些淋上糖浆的水果，上面点缀杏仁蛋白软糖。”

每个浅盘或菜肴都留在餐桌上，人们用各自的勺子从中取食。这就是凡尔赛每天重复上演的著名的法式上菜法（*service à la française*），欧洲宫廷早期的标准操作。今天我们可能将其称作宴会式品尝菜单。每个用餐者要吃到三十道菜，每道菜只吃一点点。完整的菜谱非常长。或许只有非凡的国王本人才可能每道菜都吃一大份。剩下的菜可以再次销售，也由此成为从中世纪到 20 世纪早期的一桩欣欣向荣的生意。

酒以及倒酒的量，是许多人的烦恼，因为只能由信任的酒侍来倒酒。玻璃杯和瓶子永远不会放在餐桌上。没人会自己给自己倒酒，也不会给他人倒酒，因为害怕酒里有毒。

路易有时候单独坐，也经常与众人分开坐在长方形餐桌的一边。帕拉坦公主的话表明，国王吃得比任何人都多，吃相贪婪，而且吃得很快。经常，他是唯一一个在吃东西的人。路易很享受在吃饭这件事上出风头。他也很享受看着一堆喜欢的食物。他不信任文雅的食客。

## 45
## 计算卡路里

那么，路易十四是怎么消耗掉每天的 7000 卡路里的？很简单：他并不消耗。他严重超重。不过他也一点儿都闲不着：在他的宫殿和草地上散步或骑马数英里，看望王后和王室的孩子们，服务于他正式和非正式的情妇，处理国家事务，在没有暖气的小教堂里祈祷、参加弥撒仪式，打猎，跳舞，练习剑术，打仗——做一切世袭君主、专制统治者以及某些当代国家元首所做的事情，每天 24 小时，每周 7 天，一年 365 天无休。

卡路里是必需的。路易的夜晚是短暂而精力充沛的：一到正式就寝的时间，他就起身，悄悄地溜去情妇的卧室。他会在叫早铃声响起之前回到自己的卧室。被人憎恶的奥斯曼帝国有后宫和奴隶。法国国王有被迫害的教徒、君权神授的伪善，而在“太阳王”时代，有大约两千万的事实上的奴隶。巴黎人向路易十四风格看齐，起得晚，吃得晚，睡得晚，有时还喜欢调情。尽管这种风气被大革命中断了，19 世纪时也有所改变，但到今天依然存在，并成为人们称作“都市精英”的一群人的生活惯例。只有流动的工人、粗俗的农民、劳作的穷人以及残余的蓝领工人才享受得到早起的鸟儿的权利。毫无疑问的是，路易和凡尔赛的其他所有人都通过颤抖来消耗卡路里——采暖是凡尔赛宫最糟糕的一项，或许除了厕所。根本就没有采暖设施。

路易有保皇主义者声称的那样勇敢吗？作为伟大的君王，路易是大自然的奇迹，他活到了 77 岁（差四天），而那时，平均寿命只有这个数字的三分之一。他是真正的半神般的大肚汉，如果历史记录可信的话：尸检结果表明，他的胃是常人的三倍大，他的肠子也是常人的三倍长，他的确是巨人。

路易十四时期，凡尔赛的主厨房距离国王的公寓有几个足球场的长度。因此，热盘子和钟形罩对于精致的餐食来说是必要的。

我们曾经认为，起泡酒是唐培里侬（Dom Perignon）于 1668 年发明的，但也许并非如此。起泡酒大约出现在中世纪，第一瓶真正的类似香槟的起泡酒似乎是在诺曼底或英格兰这样的非葡萄酒生产地制造出来的。但这种令人神清气爽、诱人纵欲的酒的确是在“太阳王”统治时期发展得蔚为大观的，它是王朝纵情声色、堕落沉沦的绝佳伴侣。

## 46
## 热身小跑

你幸运地穿了一双坚固耐用的鞋，正享受地阔步前行，就像路易十四当年那样。他写过一本关于他的花园的小册子，非常棒。他也乐于炫耀这些。你最好带上网兜或背包，以防万一。以防什么？你会知道的……

美食探索者在凡尔赛有很多地方可以看。先想象一下国王或王后在舒服的房间里享用的私人早餐、午餐和晚餐，或是在宴会厅和闪耀的镜厅里举办的那些欢乐的国宴。

“想象”是关键词。当你和人群走在擦亮的地板上，摩肩接踵地穿梭于爱丽丝仙境式的奇观中时，你的想象是有必要的，因为宫殿最原始的餐室和原附属建筑 Grand Commun[1] 的厨房都不复存在了。经过大革命的清洗和损毁，

---

〔1〕 这栋大楼在 1686 年到 1793 年为宫廷服务，此后曾被用作武器制造厂、学校和军队医院，2013 年起，成为处理凡尔赛宫相关事务的行政楼。

以及无所事事的继承者的周期性重修，在这个金光闪闪、没有灵魂的空阔之地，鲜有与烹饪有关的东西存活下来。路易十四统治时期的烹饪设施都没能留下来，除了菜园。

振作起来：有两处旧制度时代饮食的遗迹。一处是路易十五时期的餐厅，是国王在愉快的狩猎之后使用的；第二处就是众所周知的瓷器厅（La Salle à Manger des Porcelaines），路易十六和他的王后玛丽－安托瓦内特在这个精致的房间里陈列了塞夫勒（Sèvres）最新生产的瓷器。

我喜欢的凡尔赛里与食物有关的部分并不在宫殿里。先来看看围着许多高大窗户的漂亮橘园（Orangerie），这里有上百棵柑橘类果树——在路易十四时代，柠檬酸是对治坏血症的唯一方法。然后，束紧腰带，再走大约半英里，就可以到达小特里亚侬宫（Petit Trianon）和王后农庄（Le Hameau）——是一个小村庄（hamlet）。hamlet 听起来是不是像某种吃的东西，例如火腿蛋卷（ham omelet）？

在小特里亚侬宫宽敞的半地下室里，有一个张着大口子的壁炉。壁炉的旁边是一个罕见的火炉，有点儿像是方砖炉灶，但其实是 *rechauffer*，也即回暖炉——它的功能是将从遥远的 Grand Commun 或国王的厨房端来的熟的菜肴重新加热。大餐厅（The Grande Salle à Manger）完全夸大其词、名不副实：它其实就是王室的一个私人餐厅，由路易十五下令建造，然后由玛丽－安托瓦内特重修并使用。

你也许想到了，餐厅的内饰也不是原来的了。但是它的比例关系、自然采光和景观都很引人注目。高高悬挂的二流油画展示了狩猎、丰收和垂钓的丰盛成果，以此刺激食欲。要是你在里面，请把带羽毛的雉鸡和未剥皮的兔子递过来，外加一些海怪和仙女！

内行人士知道，餐厅中央镶木地板上的那些标记——大部分都被地毯遮盖了——圈出了活板门和送菜升降机的位置。通过它，弹出来装备齐全的“飞行餐桌”。蜡烛点燃，准备，开始。就是这样。没有烦人的仆人向王后报告了。你一定想知道，这儿曾有多少块餐巾被点着了。

同样的飞行弹出式餐桌本来也会出现在更私密的小餐厅（Petite Salle à Manger），但玛丽－安托瓦内特也许并不希望她亲爱的路易十六有过分私密的晚餐和调情举动，于是将这里变成一个弹子球室。

你一定会注意到《美丽的女园丁》（*La Belle Jardinière*）这幅画。它展示了扭捏作态、被缎带和珍珠包裹的蓬巴杜夫人，也即路易十五的情妇。她穿着镶蕾丝的园丁服，正准备挖一些土回去。别错过王后的小客厅（Boudoir de la Reine），吃早餐的完美之所。路易十五曾在此一边呷着咖啡——咖啡在“太阳王”统治时期被引入法国，一边欣赏着蓬巴杜夫人的水果篮子。据说，这位刚起步的植物学家设法在他的温室里种咖啡树，你能想见他卷起他的丝质袖子，收获果实，烤豆子，并用他那双皇家之手亲自冲泡。太神奇了！

## 47
## 咖啡小憩时间

如果你在小特里亚侬宫闻到了新鲜爪哇咖啡和巧克力的气味，别害怕，这并不是国王的幽灵在冲泡咖啡，而是安吉丽娜（Angelina）的味道。安吉丽娜是一家巴黎风格的热巧克力店，也销售当地制作的糕点。这里是它的凡尔赛宫分店，咖啡还是很不错的。对我来说，在王室的飞地喝一杯咖啡简直是完美。先是巧克力，接着是咖啡，在“太阳王”统治时期来到卢浮宫和凡尔赛宫，这多亏了他的王后玛利亚·特蕾莎——她对咖啡因上瘾，毕竟她有西班牙、奥地利血统，还得归功于另一个人——土耳其大使索勒曼·阿加（Soliman Aga）。1669 年，喝咖啡的索勒曼·阿加出使法国，带来了阿拉伯咖啡作为礼物。安吉丽娜唯独没有 17 世纪三大风尚之一的香槟。

咖啡首先出现的地方不是号称“咖啡因之城”的巴黎，而是凡尔赛，但这里从来就没有亲切可人的咖啡屋。你不觉得奇怪吗？实际上却是合理的。首先，从火鸡到土豆、巧克力和起泡酒，都是通过王室才来到法国的。王室是金钱和权力的所在，得到了王室的允准，进口生意才能欣欣向荣。其次，这个地方是贵族玩乐的地方，也是法国第一批咖啡因成瘾者的艺术家和知识分子居住、会面、闲谈和密谋的地方。当时，仅为中间阶层和普罗大众提供服务的大大小小的咖啡屋在巴黎，这就是为什么首个有记录的咖啡、烘焙零售商（一个亚美尼亚人），是在圣日耳曼集市（Foire Saint-Germain）开的咖啡摊点，此地距离圣日耳曼德佩修道院只有几个街区。这个亚美尼亚人肯定想不到，250 年后，就在修道院的地界上，让－保罗·萨特等人在咖啡因的驱动下酝酿出了存在主义。

亚美尼亚人的咖啡摊开始营业于 1672 年，正值“太阳王”执政的巅峰时期。第一家正式的普洛科普咖啡馆（Le Procope）于 1686 年开业，其创始人弗朗切斯科·普罗考比奥·康泰利先生是一位制作并贩售冰激凌和果汁冰糕的西西里人。17 年间，咖啡这种饮品经历了从路易十四初尝咖啡到有模有样的普洛科普的开张，它在凡尔赛和巴黎同时遭到了大量的吹捧和诋毁。帕拉坦公主曾有句著名的话：咖啡闻起来就像她最糟糕敌人的令人屏息的口臭。圣西蒙称它是猪粪。塞维涅夫人（Madame de Sévigné）对咖啡也不太热衷，不过她倒是提到了这种饮品的刺激功效。“拉辛会像咖啡一样过时的。”她幽默地推测道（这封著名的信从没被找到）。这证明她并不是预言家，现在拉辛依然被崇拜，而仅在巴黎，就有五千家咖啡馆。

或许正是路易十五时期的伏尔泰将咖啡送上了启蒙运动的神坛——狄德罗、卢梭或博马舍都是普洛科普的常客。无论如何，这家古老的机构——如今已经变成旅行团青睐的一家餐厅——在启蒙运动时代度过了它的盛年期。它有着精致的凡尔赛风格的内饰：熠熠生辉的枝形吊灯、木制工艺品、油画和镜子。这些都成为所有后来的大咖啡馆的样板，乃至巴黎第一批餐厅的模板。它现在和法国汉堡王（Burger King France）、Quick 快餐、安吉丽娜、利普（Lipp）、奥皮德科钦（Au Pied de Cochon）同属于一家集团。或许新团队会提升食物品质，并完整保留具有时代特点的内饰？

## 48
## 蓝嘴和绿拇指

回到凡尔赛，接着说蔬菜。2014 年，在王后农庄内，玛丽－安托瓦内特的漂亮菜园重焕新生，大厨艾伦·杜卡斯在这里种下有机蔬菜，供应他的那些美食圣殿，包括巴黎的雅典娜酒店（Plaza Atheneé）和矿石（Ore）餐厅，凡尔赛宫最新的美食景点。作为对高贵的法国风的致意，矿石餐厅位于翻新过的迪弗接待厅（Pavillon Dufour）里，于2016年秋大张旗鼓地开张了。

杜卡斯的灵感当然是来自旧制度。这个餐厅名在拉丁语里是“嘴巴”的意思。发言人表示，餐厅名意为“嘴巴的享受对法国人生活的艺术（*art de vivre*）是如此之重要”，要“唤起国王的嘴（*Bouche du Roi*）”。“国王的嘴”是专门负责准备国王餐食的部门。

着眼于21世纪的口味，杜卡斯将矿石餐厅设想为，“日间是一家优雅的当代法国咖啡馆，晚间是可以提供私人晚宴的高档餐厅”。餐厅的目标是展示“高贵的王室风范”。作为日间的咖啡馆，这儿当然是一个上档次的、舒服的地方——皮革扶手椅、黄铜镶边的餐桌、灰色木质壁板、大理石壁炉、大圆镜子以及变化多端的高科技枝形吊灯。透过餐厅的窗户能看到凡尔赛宫的其他附属楼。以法国人的标准来看，这里的咖啡很出色。

如果你的预算像我一样，比国王少，那你可以只点一个三明治，或一杯咖啡或茶、热巧克力，再来一些糕点，例如萨瓦兰蛋糕（savarin cakes）、千层糕、柠檬挞，以及被命名为“路易十四”的果仁糖夹心巧克力海绵蛋糕。一顿没有葡萄酒的午餐大概花费50美元，我妻子和我非常满意这次用餐的体验。但，这是王室餐吗？我不知道。如果把菜单上的每一道菜都让路易尝尝，他也许会认为所有这些菜加起来是一道还不错的头盘。考虑到他对法国－意大利的东西的热爱，国王陛下也许会欣赏杜卡斯的拿手菜：迷你贝壳意面，配火腿、孔泰干酪和黑松露。

王室待遇是为“太阳王”风格的私人晚宴准备的。侍者戴着假发，将旧制度时代的制服穿出了时髦的一面：宝蓝色的裤子、宽袖口的淡蓝色长袖衬衫，外面罩一件马甲。在这里举办晚宴，需要花费1.5万欧元开放宫殿，每人还要收取500—1000美元的餐费和酒水费。只有那些想要模仿专制暴君的高档团体、寡头和君主才会需要申请这样的服务。“免进”牌子被撤掉，古老的烹饪书上的灰尘被擦拭，食谱重新被打开、更新，沉睡已久的餐桌摆满了。上面摆着牡蛎、汤、淡水鱼和海鱼，尤其是路易最爱的比目鱼，龙虾、青蛙腿、淡水螯虾、珍珠鸡、牛杂碎、面食、砂锅、肥鹅肝炸肉饼、烤牛肉或牛肉片配肥鹅肝（一道精致的改头换面的罗西尼牛排也会出现在午餐里），或是烤家禽，还有来自王后的菜园的大量新鲜蔬菜，特别是路易喜欢的——花菜、菜蓟、四季豆和洋蓟。这顿饭会以可口的烤无花果、新鲜水果和其他丰盛的17世纪或18世纪的甜点圆满收尾。

去凡尔赛，矿石餐厅是一个值得去的地方，而巴掌大小的王后的菜园也非常有吸引力。不过，凡尔赛里最引人注目的旧制度时代的美食遗迹，还是国王的菜园（Potager du Roi）——路易十四宽敞的皇家菜园。国王对这个实用、完美对称的菜园很是骄傲。菜园有漂亮的围墙，是草莓、柠檬、洋蓟、芦笋、无花果和梨的天堂。作为这个皇家菜园的园丁和园艺师，让－巴蒂斯特·德·拉·昆蒂尼（Jean-Baptiste de la Quintinie）很受国王的器重，从普通的平民一路跃升为贵族。

站在安全舒适的观景台上，路易能看到他心爱的臣民正在下面辛勤地劳作，不禁垂涎三尺。你也能看到经验丰富的园丁像昆蒂尼一样侍弄菜园，而来自国家园艺学校的初出茅庐的园艺师们也驻扎在此，正做一些费力的基础工作。菜园的中央是一个给鸟用的饮水盆，还散布着一些被圈起来的小花园。自 1678 年由昆蒂尼创建以来，菜园除了略显破旧外，变化并不大。这个颇具乡土气息的场所占地 25 英亩，并不在凡尔赛宫内，而位于阴郁的巴洛克式凡尔赛大教堂的街对面以南。没有可以进入菜园的线路。你也许能够买到梨、柠檬、草莓、无花果、卷心菜、南瓜和豌豆，视季节而定。将这些时令蔬菜塞进你那个大大的 70 年代网兜里，然后背回你在巴黎的小屋子，大吃一顿吧。

凡尔赛并没有大声嚷嚷“革命”一词，但国王的菜园却恰恰是“革命”之举：它提高了农事的地位。昆蒂尼一定是一个真正的土生土长的法国天才。没有经过任何培训的他完善了树篱技巧，也即将树背对着墙种植，防风，也可以吸取墙壁反射的热能。他发明了散热片，又给无花果树和寒冷天气下的蔬菜盖上钟形罩，对抗大自然母亲——也取悦了国王，说白了，他可是降临地球的一位半神呢！昆蒂尼的装置能让这位半神在任何季节吃上“4月的豌豆，6月的无花果”。

酷暑时节，菜园每天能收获4000颗无花果，现在产量也不低。它们是不是干燥脱水后就投喂给那些鹅了，从而制作成给路易的肥鹅肝？或许吧。不过，我怀疑国王自己吃掉了大部分无花果（他是润肠通便的忠实信徒[1]）。同理，梨和豌豆也是同样的待遇。梨就有46种之多。和艾伦·杜卡斯一样，国王疯狂地迷恋豌豆。

部分因为昆蒂尼，法国经历了一场可食用郁金香热，而这股热潮在17世纪早期席卷了荷兰。“对豌豆的热衷有增无减。”路易十四时代无所不知的书信作家塞维涅夫人写道。塞维涅夫人也是巴黎最珍贵的记录者之一。“等不及要吃，刚刚吃过，吃的过程中的乐趣，这是王子们在过去四天里不停念叨的三个主题。”

侯爵夫人[2]、负责菜园的人以及杜卡斯等人不会告诉来访者的是，首先，那些豌豆是从热那亚带来给国王的。热

[1] 无花果有润肠通便、健胃消食的功效。
[2] 这里就是指塞维涅夫人。

那亚是一个海上共和国，路易十四曾以它傲慢为借口，用燃烧弹击败过热那亚，使它臣服。第二，天才昆蒂尼曾在1656年对植物园进行了一次朝拜之旅，并收获颇丰。他到了都灵、比萨、帕多瓦和博洛尼亚，向园艺师咨询、观摩他们的工作，这可是一次高层次的工农间谍任务。历史学家推测昆蒂尼也造访过罗马，参观了阿尔多布兰迪尼别墅（Villa Aldobrandini）、梵蒂冈花园（Vatican gardens）和蒂沃利的埃斯特别墅（Villa d'Este）。

你可能已经猜到了：昆蒂尼的“树篱”（espalier）就是*spalliera*的法语表达，这是古罗马发明的技术，文艺复兴时期在意大利全面推行。昆蒂尼将其带回了法国。有意思的是，英语自动校正系统并不会纠正espalier这个词，却会在这个词的意大利语下面标注红线。

同样不令人吃惊的是，拉丁语母国的两种美食、恺撒和卡特琳娜·德·美第奇喜欢的食物，也是伟大路易的心头好：昆蒂尼奉命在菜园为他那位贪吃的陛下种上6000棵芦笋和1000棵洋蓟。

洋蓟是1532年由北部从意大利传入法国的，曾出现在美第奇王后的餐桌上，不过，昆蒂尼却将它们变成了巨大的球形权杖，大概是因为其新的增强性欲的功效。

关于另一种来自意大利半岛的春药，芦笋，有一则逸事。恺撒曾下令迅速完成某事，会这样说，“少于煮好一根芦笋的时间”。那会儿，Jack Robinson [1] 还没出生呢。

这种刺激性的植物外形似阴茎，气味辛辣，在奥古斯都时代，罗马人将其献给维纳斯——爱之神，并认为它具有提升表现的特质。在法国，芦笋成为最重要的手指食物，被切成可以一口食的大小。这对如饥似渴、没有耐心的路易来说非常合适。要知道，用刀叉吃芦笋的行为，在地中海一带一直被认为是一种侮辱，因为这表明芦笋煮得过于松软了。还有什么比一根松软无力的王室芦笋更糟糕的呢？倒是没听说过“太阳王”的床上同伴有过这方面的抱怨。有一则关于芦笋的色情逸事。几十年之后，蓬巴杜夫人对路易十五的温室咖啡豆和手冲热巧克力的兴趣不如他的香槟和 *pointes d'amour*——芦笋多汁的“爱的尖尖”。“蓬巴杜夫人的芦笋”（*Asperges à la Pompadour*）这道富有性暗示意味的食谱，即将芦笋浸在乳脂状的白沙司里，居然在今天颇为流行。

作为罗马皇帝和古老的万神庙的继承人、马萨里诺的精神之子（或许也是基因之子），伟大的路易仰慕意大利人的举止、治理国家的经验和食物，却毫无被打败的高卢人的荒谬想法，反倒充满自信。他从未提及食人的

---

〔1〕 Jack Robinson 相传是一位英国绅士。英语里有一句俗语：Before you can say Jack Robinson，表示“立刻”“瞬间”之意。

野蛮人维钦托利，而更喜欢仿效奥古斯都，另一位半神的赢家。路易对罗马帝国的迷恋，最好的实物范例就是安东尼·夸塞沃（Antoine Coysevox）创作的那些真人大小、非常讨人喜欢的雕塑。夸塞沃被誉为法国的贝尼尼，你在游览凡尔赛的时候见到的许多大理石雕塑都出自他的手。

夸塞沃展示了一个轻巧的、充满男子气概的年轻路易十四，集合了赫拉克勒斯和奥古斯都的特征，而其实长着多层下巴的图密善、维特里乌斯或埃拉伽巴路斯会更加贴切。这是唯一一尊逃过大革命劫数的青铜雕像原件，现在矗立在玛黑区的卡纳瓦莱酒店（Hôtel Carnavalet）的庭院内。巧合的是，塞维涅夫人曾经就住在这栋楼里，现在这里是巴黎历史博物馆。据说，这尊雕像曾放在国王的床头。塞维涅夫人是否喜欢国王的豌豆、芦笋或洋蓟都不得而知。她曾一度疯狂痴迷巧克力——来自维纳斯的饮品，但是因为过量食用，很快就发誓放弃它。

## 49
## 卷心菜就是卷心菜，就是卷心菜

“太阳王”对某种水果和蔬菜终年到头的热情，对整个法国的菜蔬市场和厨房都产生了多方面的影响：他可以在冬天吃到 27 种梨，秋天 10 种，夏天 9 种。我们那些不环保的非季节性需求，诸如“去他的雪！我现在就要吃草莓”，与国王比起来就显得逊色多了。

路易对他丰盛的菜园的热情也有健康的一面，那些我们可以称为意见领袖或开创潮流的人纷纷避开成堆的肉，开始吃一点健康的富含纤维的新鲜生菜、水果和香草。小茴香、龙蒿、水芹菜、西洋菜、虎耳草和野苣使路易的沙拉更加丰富、生机勃勃了。这些昔日卑微的食材就像路易的那位园丁一样，摇身一变，成为大时代（Grand Siècle）[1]彰显罗马帝国新生的高级菜肴。与牡蛎和其他国王喜欢的食材一道，它们逐渐跻身“中产阶级美食”的行列，并由此改变了其原本低下的地位和粗俗的凯尔特农民的食谱。法国烹饪以缓慢的速度向前迈进了一步，走向启蒙的新时代。

法国饮食习惯没能快速进入启蒙时代，其中一个原因就是积习难改。中世纪 - 文艺复兴的饮食模式可比一块僵硬的庞培面包更难以撕开。例如，17 世纪适合上层社会餐桌的根茎类蔬菜只有韭葱和芜菁。一如既往，有翅膀的生物、鱼和野味被认为没怎么由土壤弄脏，因此继续主导着

〔1〕 指“太阳王”路易十四统治时期，泛指 17 世纪、18 世纪。

餐桌。辣椒、酸葡萄汁和难以消化的各种沙司可以掩盖煮得过头的食物的味道，因而也一直流行着。拉瓦莱内之后，路易十四和路易十五统治期间涌现了一批新烹饪书和烹饪手册，其中，许多都反对革新。法国美食历史学家认为，它们并没有达到目的。

在马萨林图书馆，也即法国国家图书馆，我如饥似渴、屏气凝神地看着大时代的烹饪书中的各种菜谱，有一种恶心和自我厌恶的感觉，但与此同时，无论食谱有多么奇怪，我都忍不住咽口水。

尼古拉斯·德·博纳丰，国王的这位时常轻率的贴身男仆，在写于1654年的《农庄乐事》（*Les Délices de la campagne*）中说，他恳求简单、诚实、尊重食材的自然属性，避免"不真实的味道"以及不必要的辣椒和调味料、肉末和蘑菇，尤其是健康汤（*potages de santé*）——为恢复病人的健康而做的汤。"一道健康的卷心菜汤就应该尝起来是卷心菜的味道。"博纳丰说。听起来就像改良版的新式烹饪。"韭葱汤就得有韭葱的味道，芜菁汤就得有芜菁的味道，依此类推。"可惜，他的食谱与这种口吻并不相符。

两年之后，也就是1656年，皮埃尔·德·鲁纳（Pierre de Lune）的《厨师》（*Le Cuisinier*）出版了。该书也有与博纳丰类似的提法。书里第一次提到了焖牛肉（Boeuf à la mode）的食谱，现在也依然是一道法式经典菜。其他很多食谱看起来就像是从塔耶旺或《巴黎家政书》那里借来的。德·鲁纳的甜辣鲑鱼应该是阿比修斯喜欢的，在今天崇尚甜辣口味的美国，可能也会很受欢迎。他告诉你应该如何准备鲑鱼排，“或其他任何你想吃的”，将它蘸上面粉，用黄油煎，然后加入红酒、糖、桂皮、盐、胡椒、丁香和酸橙汁。至于“任何你想吃的”，你可以用罐头鲑鱼，或令人窒息的鞋皮，因为让人窒息正是鱼真正的味道。

同样的不协调也贯穿了1691年出版的《为王室和中产阶级烹饪》，作者是重量级厨师弗朗索瓦·马夏罗。该书在18世纪有了修订版，在书名中加了nouveau（新版）一词。从马夏罗开始，所谓的中产阶级烹饪法兴起，这也是他的许多食谱在今天仍然被使用的一个原因，当然是改良版，例如在矿石餐厅。

形象酷似“太阳王”、戴着假发套的马夏罗先是服务于路易十四的弟弟，接着是国王的儿子。他发明了健康的甜品法式焦糖布丁（*crème brûlée*）。经过一些调整，他的配方到今天还能用。有一点点复杂，但我喜欢。为什么艾伦·杜卡斯没有在凡尔赛宫里做他的这道招牌甜点，我不知道。

### 用柠檬皮做的健康法式焦糖布丁食谱

弗朗索瓦·马夏罗作，1691年

（括号里是现代改良版）

取4—5个鸡蛋黄，根据用餐人数来定。放在砂锅（或其他非即热型的锅）中一起搅打，加入一大把面粉（我略去了面粉，加入4茶匙的糖，马夏罗忘记提了）。倒入两杯牛奶，一次只加一点点，继续搅打。

加入肉桂条（半茶匙肉桂粉更实际一点）、（大约3茶匙）擦碎的新鲜酸橙皮以及（同样的分量）切碎的糖渍酸橙皮（加入的量不必多，甚至可以减去这一项）。也可用切碎的橘皮或柠檬皮代替，这样就是橘皮（或柠檬皮）法式焦糖布丁。

为了让这道甜品更加优雅、精致，可加入（大约5茶匙）开心果粉或杏仁粉，以及一滴橙花水。

将锅放在炉子上（中低火），轻柔地搅拌，确保蛋液不要粘住锅底。当蛋液煮好时（没有沸腾状），将餐盘放在炉子上（最好是耐高温的盘子），保持中低火，倒入蛋液，继续搅拌，直到蛋液黏稠得变成混合物并开始粘在盘子边缘上。

从火上移开盘子，倒出黏稠的还没完全成形的布丁，撒上糖（尽量覆盖混合物的整个表面），除此之外，混合物内部也有了糖（厨师忘记说了）。拿一把热得发红的铲子（或者用一个铁杆或吹管），将混合物烤焦，直到表面呈现漂亮的金棕色。

比起那些夸耀自己简单的复杂食谱，这道法式焦糖布丁算是简单易学的了。

听起来熟悉吗？是的，无论是那会儿还是现在，伟大的厨师和烹饪书作家就是这样一副架势：辞藻华丽，喋喋不休，适合上镜。例如博纳丰、鲁纳或马夏罗，无非都是说“简单”、“健康”和“新式”，再或者是“产地”和“正宗”，然后继续“复杂”和“夸大其词”。无论是过去还是现在，盛大、丰富、复杂是大多数用餐者想要的：令人印象深刻的、娱乐性的、辣的、刺激味蕾的、令人兴奋的、哇哇哇的食物。与国王比肩，或刺激中产者，这些都只是近年的现象。

大部分历史学家都会告诉你，路易十四的大时代是中产阶级烹饪被确立和命名的时代。将近一个世纪以后，最重要的布尔乔亚分子，让娜－安托瓦妮特·普瓦松（Jeanne-Antoinette Poisson），也就是鱼夫人（Madame Fish）[1]，更为人所熟知的称呼是蓬巴杜夫人，路易十五最著名的情妇，她从国王手中接管了统治权，让成为中产阶级变得时髦。实际上，中产阶级烹饪早在两位国王之前就存在了。想想《巴黎家政书》，不正是默默无闻的作者为他未来的新娘所写的中产阶级食谱吗？回到这本书诞生的

---

〔1〕 姓氏 Poisson 在法语里是“鱼”的意思，故而被人称作“鱼夫人”。

时代，即 14 世纪 90 年代，巴黎“第三等级”——既不是贵族，也非卑微低下阶层，也不是神职人员——的饮食已经非常丰富，只是还没有被命名。

## 50
## 高贵的幻觉

在寻思着回巴黎之前，我想到了不幸的尼古拉·富凯（Nicolas Fouquet）和更加不幸的弗朗索瓦·瓦德勒。富凯是马萨林任首相期间路易十四的财政总管，极其富有。国王令下，富凯被真实的达达尼昂（d'Artagnan）[1] 逮捕，并在巴士底狱终结了性命。弗里兹·卡尔·沃特尔，他的名字变形为模糊的法语发音瓦德勒，是富凯的传奇总管，法国第一位美食殉道者，杰拉尔·德帕迪约曾在电影中扮演过这个角色。瓦德勒拔剑自刎——就因为鱼送晚了。这个传说的现实版本更加复杂，因而更有理由去一睹故事发生地——迷人的水上城堡尚蒂伊。

---

〔1〕 达达尼昂是大仲马的《三个火枪手》中的主角。不过，在法国历史上确有其人，他曾担任火枪手、马萨林的家臣，后任元帅等职。大仲马也是以真实的达达尼昂生平为依据进行创作的。

首先做第一件事：在扶手椅上坐好[1]，或换乘一个南瓜，或者坐皇家马车，从国王的菜园出发，往凡尔赛宫西南方向绝尘40英里，就到了富凯那美轮美奂的子爵城堡，城堡距离默伦（Melun）[2]很近。这是一趟有趣的旅程，值得绕道一走，因为中途可以停靠布里（Brie），买一些补给品——你会想来一次野餐的，即使城堡里也有吃东西的地方。

得一本书的容量才能完整描述富凯这个梦幻般的大时代领地，它的穹顶、石板的帽盒式屋顶，它的护城河、喷泉和倒映池，以及它漂亮的树篱——被这些树篱环绕的开敞式建筑就散落在宽敞得不可思议的公园里，而这些公园建成的年代很可能早于凡尔赛宫。城堡由皇家建筑师设计，由王室艺术家做内饰，它虽然不如王室领地那么大、那么豪华，但对于区区一个非皇族的总管或部长而言，就过于宽敞、豪华了。

其他人都在欣赏大沙龙厅和卧室，或在花园里啜饮鸡尾酒，然后自然是在城堡的餐馆里用午餐，我却径直去了著名的城堡用餐室（Salle à Manger）。看着餐室里镀金的格子平顶，我不禁目瞪口呆。上面绘有男女诸神，海神和水

---

〔1〕 指以空想的方式旅行。
〔2〕 法国塞纳－马恩省的省会。

中仙女，他们在水中恣意地拍打着水花。镀金的墙壁的装饰也很丰富。室内还有一面金贵的引人注目的大镜子，硕大的壁炉被精心地雕琢。一层楼的许多富丽堂皇的房间都是用于飨宴的场所。这样的场景自阿比修斯和卢库勒斯的时代以来还未曾被人见证。

故事有可能是假的，但据说，富凯曾让他的那些有名望的客人用纯金的盘子用餐。侍者和男仆洗干净盘子后，就漫不经心地将这些金器皿扔出窗外，着实震惊了客人。自然喽，诡计多端的总管已经在窗户下面布好了网。这种扔金器的把戏，他玩过多次。

我最喜欢的部分是有着穹顶的漂亮的半地下室厨房。在这几间洒着阳光的房间里，没有噪声，没有杂乱，没有气味——*s'il vous plait*（如果您喜欢的话）。墙壁有5英尺厚。这个厨房比科尔马坦的那个不知道大多少倍。有一个含铜量丰富的四边形铸铁炉，在瓦德勒的时代不应该出现这样的设施的。不要紧。

这间大厨房与科尔马坦的那间真实的、长期被使用的厨房相比，最根本的不同之处很简单：这是一个完美的、干净的复制品。但它还是能让你很好地了解瓦德勒这帮人的生活大概是什么样子的。附近还有一个地下餐厅，里面有一个巨大的壁炉。想象一下这样的炼狱，到处是烤炉、火炉，还有燃着熊熊烈火的照亮了仆人通道的壁炉。熏得人眼睛生疼的滚滚浓烟，沿着食管一样狭窄的口子旋转升腾。瓦德勒在这里奔忙着，冲着他的几百号下属嚷嚷着，因为他在准备晚宴，这将是最后一次——而富凯也在一次夏日晚宴之后终结了其财政总管的生涯。

路易十四是子爵城堡的常客。他错过了7月的一次盛大宴会，于是，1661年8月17日，国王和王室成员绕了一圈又回到这里，吃了一顿瓦德勒匆忙准备的自助餐。这顿自助餐设置了1000个位子，其中600个是国王的随行人员，400个是其他贵宾。一共有80桌和30个自助餐台，都摆满了食物。分五次上菜，每次都有数不清的菜式，恐怕得用本书剩下的所有页面才能列完。甜品有新意，很像甜奶油。美食沙文主义者很遗憾地承认，这是一道卡特琳娜·德·美第奇从意大利带来的甜品。瓦德勒对它进行了改良。宾客们尽情地喝着酒，吃着美食；王室家族将金盘子里盛着的菜吃得精光。喷泉随着皇家作曲家让-巴蒂斯特·吕利（Jean-Baptiste Lully）的音乐有节奏地喷出、跌落。

晚宴过后，烟花在头顶燃放，路易喜欢的剧作家莫里哀在此首演了《芭蕾喜剧》（*Les Fâcheux*）——事实证明，这是一出极其符合当时场景的芭蕾舞剧。这个名字在英语里通常是“麻烦、讨厌”的意思，但更确切的表达应该是“恼人”。路易被一流的宴会惹恼了——也被富凯惹恼了。莫里哀只是对堕落的景象感到厌恶，后来在《悭吝人》

(*l'Avare*) 中塑造了一个著名的形象，生动地诠释了苏格拉底的那句“吃饭是为了活着，但不要为了吃饭而活着”。没有人听这样的劝诫。

国王的饥民中，99.99% 的人都是长期的饥民，他们的境遇可能比中世纪的祖先更糟。路易十四时期，法国遭受了 13 次灾难性的饥荒。路易也没有得到祖先的庇护，他被富凯的财富羞辱和激怒了。这么多财富都是从哪里来的？它远远超出了他应得的，在他的奢靡铺张和无休止的冲突中消耗殆尽了。

## 51
## 鹅煮熟了！

在富凯和路易十四的时代，烤填鹅是一道喜庆的美食。它让人联想起古罗马时期的嵌套娃娃式的食谱，也相对容易制作。取一只最大的公鹅，将它自己的器官塞进去，尤其是它被增肥的肝脏，还可以塞进小一点的禽类、任何你能塞进去的肉类，再塞进去一些新鲜香草调味，小火慢烤，直到鹅通体变成金棕色。填塞的内容物供贵族和王室成员吃，而坚硬、干燥、烤得很老的鹅肉就留给了仆人或穷人。

填塞的内容物给路易吃了吗？还是错把鹅肉给了他？我们永远不会知道了，但从象征意义的角度来看，答案很明显。

国王太愤懑了，他拒绝在富凯的城堡里过夜。下午3点，在返回枫丹白露的途中，据说可能喝醉了的年轻路易向他母亲暗示说，富凯的鹅很快就要被烤熟了。这位前总管在巴士底狱待的短暂时光里，不太可能再吃上肥鹅肝或任何烤制的食物了。他的生涯就此终结。惊恐的瓦德勒逃出了法国，但很快又被召回——他的业务太熟练了，不至于受流放之苦。

瓦德勒逃出了意图报复的路易的掌心，很快就受雇于国王的侄子，路易二世德·波旁－孔代王子，也即“大孔代”（Le Grand Condé）。他迅速将瓦德勒带到巴黎北部的尚蒂伊城堡。事实上，瓦德勒曾在子爵城堡改良了卡特琳娜的发泡鲜奶油，并将其命名为尚蒂伊奶油。或者说，传说就是这样。发泡鲜奶油无疑比卡特琳娜·德·美第奇更古老，而尚蒂伊城堡的前身是古罗马权贵坎蒂留斯或曰昆蒂留斯的宅邸，他曾是桑利斯（Senlis）[1]一带的地方行政长官。

那瓦德勒究竟是何许人也？很可能是出身卑微的厨房打杂人员，有法国和瑞士血统。他成了一名面点师，并一步步走向了史书中那位富凯厨房里总管的位置。你刚才是

---

〔1〕 巴黎以北40公里的小镇。

说瑞士吗？有什么好惊讶的？法国历史上最好的一些厨师都来自瑞士、比利时、瑞典、苏格兰、美国或英格兰。天才并非遗传的，或者专属于某一民族，尽管你可能因为关于法国的言论而持相反的看法。

至少自美食传教士奥古斯特·埃斯科菲耶以后，法国高级美食就投入世界的怀抱，成为大饭店和豪华私人家宴上复杂、精致的食物。恰恰是美食的全球化属性使法国人有勇气吹嘘他们的“美食霸主”地位。“霸主”一词让人想起国王和皇帝，而当他们不再适合统治时，他们的王国和帝国瓦解稀碎，一如饼干，或蛋糕，或玛丽－安托瓦内特的奶油糕点。

该跟随瓦德勒的轨迹，来一次时空穿梭了。接下来看看发生在瓦德勒身上的真实故事以及他为什么会有这样的结局。子爵城堡的那次致命的宴会之后，大概过去了十年，国王和他那 600 名饥饿的廷臣去往大孔代的驻地尚蒂伊城堡，算是一次以和解为目的的拜访。20 年前，孔代亲王在反对路易十四的投石党叛乱中站错了位置，这是一次和解和修补关系的关键时机。计划了三场晚宴，25 张巨大的餐桌上摆满了食物，按照富凯的宴会标准，一共上五次菜。这三场宴会包括三个白天和晚上，从 4 月 23 日的星期四到 4 月 25 日的星期六。孔代亲王的威望和未来就取决于这几天。中间的那一场宴会是在星期五，教历上标明是一个清简的日子，因而不能有肉，而吃鱼也有严格的规定。

瓦德勒压力很大，好几个星期都没有睡觉，他还担心最后一分钟会有一帮贵族宾客不期而至。另外，他还得应付廷臣带来的一支2400名的闹哄哄的仆役队伍。你可以想见这个画面吧。第一场晚宴只能说是部分成功了，因为放烟花的时候有雾，而且主菜不够，没能放满所有的餐桌。那会儿和现在一样，海里的鱼被认为比淡水鱼更加金贵。瓦德勒拒绝做低档的当地河鱼和湖泊里的鱼，认为有损孔代亲王的颜面，并焦急地等待着从海边打捞上来的鱼连夜送来。第一批送达的鱼量太少，而第二批到早上8点还没有到达。这会儿，总揽大局的侍者总管已经疲惫不堪、羞愧难当。他走进自己的房间，锁上门，做了一件血腥的事情——用尖刀刺死自己，可试了三次才成功。

后面的故事还很精彩——瓦德勒被人们发现倒在血泊中之后不久，鱼就送到了。瓦德勒的死讯没有传扬出去，男仆和执行厨师匆忙地上菜，不仅准时，而且很丰盛。大孔代和路易十四确实和解了。所有一切都进展顺利。塞维涅夫人用她那无人能及的矫揉风格记录道：“我们吃得特别好，有小吃、有正餐，散步、玩乐、狩猎。所有的一切都笼罩在水仙花的味道当中，一切都是迷人的。”嗯，国王永远不会知道，当然也不会在意他侄子的那位自杀的总管。

没了瓦德勒的法国该怎么办？需要有人创造另一个瓦

德勒。不然，纪念他的书籍、电影、戏剧和主题餐厅就不会存在了。如果不是他不可思议地自杀了，瓦德勒也很可能籍籍无名，无非是又一个步步为营，最终得以进入王室的发迹者而已。不过，塞维涅夫人的那支笔让他从一个无名之辈升华为一个悲情角色，“伟大的瓦德勒”，一个能力出众的非凡之人。她应该认识他。她与富凯一起用餐的时候，不止一次见到过这位总管。马萨林、高乃依、莫里哀、拉封丹、拉·昆蒂尼也都认识这位总管。一个多世纪之后，卡勒姆赞扬了瓦德勒所展示的“荣誉与烹饪艺术的密不可分”。大仲马用不常见的冷酷笔调评价道，瓦德勒应该留着这条命，找出解决问题的办法。这位《三个火枪手》的作者认为，瓦德勒是玩忽职守的。

大仲马也许是对的。历史学家认为，在17世纪70年代，从海岸往内陆走几百英里，将鱼按时送到，这一点很可疑。瓦德勒知道这一点，应该在水池里养一些鱼，或是提早买一些，并且冰冻上。是的，几百年前的富人就有冰屋了。但为什么要吹毛求疵呢？关键的一点在于，在每个受过教育的法国人心中，反英雄的瓦德勒和他的悲剧或者说悲喜剧故事听起来很熟悉。他的命运触碰了许多烹饪界人士内心酸楚的一面。最重要的是荣誉和毫无瑕疵的娱乐！被滥用的“to die for”（为某事而死）最终变成了一个恰当的表达。

# 52
# 星级厨师的自杀在继续

尚蒂伊城堡的室内餐厅 La Capitainerie 坐落在重新改装后的瓦德勒的穹顶厨房里，美得令人心动。在这间餐厅里，宾客如云。他们可不会随便提及“为某事而死”这样的话。“不错”，才是更加通用的看法。很难搞混尚蒂伊奶油，他们也不会搞混。但是，准备和制作的过程烦琐得要命。同样，“瓦德勒”这个品牌被开发得无处不在，而他自杀这件事却被认为破坏胃口。幸运的是，餐厅里面和外面廊柱区域的布置弥补了这些不足。如果你被高雅文化吸引，那正好——这座浮动的水上城堡拥有法国第二大艺术品收藏，仅次于卢浮宫。

由雷诺特公司做景观设计的水上广场五光十色，出口处有一个田园牧歌式的用餐点，尚蒂伊奶油在此恭候热爱者。事实上，这个覆盖着茅草的小棚屋比凡尔赛宫的玛丽－安托瓦内特的王后农庄还要早。说到这里，尚蒂伊小型的王子菜园（Potager des Princes）尽管不引人注目，但绝对比凡尔赛宫的国王菜园更加迷人。这是我在尚蒂伊最喜欢的地方。

与在子爵城堡和巴黎之外的其他城堡、宫殿里的那些厨房一样，瓦德勒的厨房也有令人过目不忘的巨大的铜壁炉、19 世纪的那种固定火炉和烤炉。熙熙攘攘的游客穿行其间，饥饿的他们在此小食或狂饮暴食。墙上挂着 8 英尺长的铁制烤肉叉子——装饰性的古董，你就能理解为什么这项特殊的工作只能由像塔耶旺这样的肌肉男来做了。挂满了家禽肉、羊肉、牛肉的叉子一定重达 100 磅，乃至更多。

当下，被债务和压力所累的著名厨师继续选择自杀，这让我对瓦德勒的故事更加感兴趣了。可怕的是，瓦德勒综合征是属于当代的。风风火火的米其林三星厨师伯纳德·卢瓦索（Bernard Loiseau）在 2003 年开枪自杀，在那之前，我刚好是最后一批采访他的记者。为了满足米其林指南的要求，错误地投入一项花费不菲的餐厅改装项目；因美食指南《高勒和米罗》的降级而失望，工作负荷过重，不眠不休，加之担心他那道风干牛肉和当地梭鲈发挥得不够出色，伯纳德·卢瓦索被彻底压垮了。

在卢瓦索自杀之前，由于盲目追求星星，包括他的餐厅在内的好几家顶级餐厅都面临破产。长期担任米其林主管的伯纳德·奈吉林（Bernard Naegellen）和蔼地向我保证，米其林绝对不鼓励任何餐厅为了追求星星而出现财务赤字。他肯定会这样说的，不是吗？奈吉林之后，新任的主管一茬接一茬，华丽的酒店和它们的餐厅也竭力东山再起，而官方的套话依旧不变。星星是给烹饪的。你一定要弄明白。

瓦德勒和卢瓦索开了个头，接着，步他们后尘的知名厨师还有奥梅洛·坎图（Homero Cantu）和法国政府评选的“世界上最伟大的厨师”伯努瓦·维欧里耶（Benoit Violier）。他们都在2015年结束了自己的性命。充满激情的爱——对食物和王室般奢华的热爱——有时候会让人做出愚蠢的荒唐事儿。

## 53
## 像国王那样吃

不应仅仅陪着路易跑来跑去的，你也应该像国王那样吃——或者像王后，至少也要像王子或公主。回到凡尔赛宫，这里除了杜卡斯的矿石餐厅，还有一些有贵族气派的去处。以品质和服务态度，以及最微不足道的时尚程度而论，最好的莫过于米其林一星餐厅La Table du 11。它恰好在天主教堂和国王菜园对面的广场上，是你这趟游览的一个绝佳去处。傲慢的厨师让-巴蒂斯特·拉旺尼昂·莫拉扎尼在顾客能看到的厨房之外忙活着，有时候去国王的菜园采买一些豌豆、芦笋或水果。这个简约、精致的空间以米色为主色调，年轻的员工——一些来自巴黎的费朗迪（École Ferrandi）厨艺学院——热情地提供服务，使人苗条的饮品冒着撩人的精致泡沫，价格则是高档消费的水平。

我还从未吃过这么好吃的鱿鱼丝，它们被巧妙地绑在了意大利宽面上，像一根根缎带。大吃大喝是不可能的：路易会在完整的三道菜式上每道都咬上一大口，从一丝不苟的开胃菜到甜品之后精致的巧克力和小糖果。

La Table du 11 是优雅的。不过，从菜式的丰盛程度来看，在凡尔赛出了皇宫的地界，唯一能让你真正体验到国王用餐感受的地方就是特里亚侬宫，这是华尔道夫酒店（Waldorf Astoria Hotel）的所在地，拉旺尼昂·莫拉扎尼曾在这里工作。我对这里的美好记忆还停留在 20 世纪 90 年代它开业的时候。当时为了参加开业典礼，我匆匆忙忙地买了一件燕尾服，不过随着我腰身渐宽，再也穿不上它了。穿着燕尾服徜徉在巴黎美好世界的虚荣和繁华中，这样的体验太值了。如果我能甩掉赘肉，老了的我可能会再次穿上那件燕尾服。

现在，凡尔赛特里亚侬宫的餐食由冉冉上升的苏格兰明星厨师戈登·拉姆塞（Gordon Ramsey）遥控指导。拉姆塞是超级明星盖伊·萨沃伊的明星学徒，也是杜卡斯的劲敌。我不确定“太阳王”对这位古怪的厨师在厨房里操作台的布置会怎么看，它就像是歌剧院中的一个树脂玻璃隔间。考虑到路易十四对歌剧的热情以及喜欢看着别人干活的习惯，这种类型的窥私装置可能会让王室开怀。高级烹饪一向更多地关注娱乐性，而不是营养。特里亚侬宫的装饰风格是新古典与休闲时尚的结合，融合了透过玻璃窗看到的玛丽－安托瓦内特与迈阿密式萨尔瓦多·达利的风格[1]，但是，路易时代的那些王室成员可得发脾气了，而新的发迹者似乎喜欢这种外观。

复杂的烹饪？绝对不是！拉姆塞做肥鹅肝有两种方式：与苹果挞和梨一起烤，或者，塞在熏鸭里，用苏玳白葡萄酒调味。餐厅的菜单上，兔子代替了皇家野兔。脊肉和腿分别用两种方式烹饪，然后再放在一起，听起来很有章法。整个菜谱是一次超现实主义诗歌的胜利，不过这也许就像是法语转译为苏格兰语，然后再来模仿英语的一个过程。抒情性是高档菜肴的先决条件，几个世纪以来一直都是如此。

在大多数自命不凡的法国餐厅里，除了新奇的气味和可口的味道外，能让国王有新鲜感的就是艺术化的摆盘了。在路易的时代，这项技艺主要表现在摆放在那些名贵的盘子里，将漂亮的菜肴码放整齐，否则的话，如此之多的菜就得是一团糟了。今天，每道菜都是一幅可以吃的点彩画，或抽象的表现主义杰作，比凡尔赛宫里单一的古代艺术杰作更加令人赏心悦目。并非我特别中意现代主义风格的涂

〔1〕 这句话指的是如今的特里亚侬宫餐厅外立面都采用了落地玻璃窗，室外就餐区则布满了遮阳伞。

抹和线条，或是解构风格的摩天大厦，我就是这样：一个不愿意辩解的美食家，热爱真正的简约。

像国王那样吃，实际上是一次复制凡尔赛的有趣体验。凡尔赛是洞察巴黎人神秘的食物之恋的众多入口之一，也能帮助我们理解法国高级烹饪、星级餐厅与混乱的21世纪的冲突之处。

听起来像是一个童话故事：从前，每个人内心深处都想要像皇家那样吃饭和生活。对吗？

因此，世界上第一批旧制度时代的餐厅要么极力模仿“太阳王”的城堡，要么就像受人爱戴的贵族和高级中产阶级的庄园。最早的一批餐厅兴起于路易十五统治期间，完全是概念上的巴黎范儿，是矗立在塞纳河畔的凡尔赛切片。它们的诞生地与卢浮宫和皇家宫殿——摄政王奥尔良的腓力（Philippe d'Orléans）的居所——仅相隔几个街区，这应该也不是巧合。对于如何享乐，活跃的摄政王给世人做了出色的示范：恣肆放荡、暴饮暴食。

好吧，你说，但这些被得意扬扬的中产阶级所接管、被遍布法国的大餐厅所效仿的王室风格，难道不是过时的玩意儿吗？是什么让这么多的年轻美食爱好者，尤其是与路易十四并无基因或文化纽带的千禧一代觉得不快呢？自命不凡、维护正统的保守主义、严格的等级观念、带着旧制度幻想的食物和内饰，这些被反复演绎的内容并没有什么令人兴奋之处。

除了食物和内饰，承袭自路易十四时代的逢迎、谄媚的服务方式在很多法国奢侈餐厅也很常见。这种现象就算不荒诞，也显得很滑稽。全球的新贵也许喜欢这种方式，但其他人呢，尤其是没有等级观念的年轻人？他们正在从我们这些凋谢的婴儿潮一代手里继承这个世界。

在闪耀的米其林世界，注重分享和沟通，很显然主张平等或民主的自主用餐体验，哪里能寻到？无论餐厅的宣传语是什么样的，米其林星星依然只青睐资产雄厚的公司。现在把这种对等关系调转过来看看。“很显然主张平等”是一个关键概念。想想看：即使是快餐和自助餐，你都被迫进入一种等级关系中。总有人需要捡拾汉堡、冲泡咖啡，以及清理垃圾。连锁集团拥有许多像特里亚侬宫这样的高端餐厅，因为它们似乎是少数能够维持客户对奢华、完美和卓越的要求（或者也是美食指南要求的？）的企业实体。这些集团也经营快餐店。规模大小不一的餐饮集团还拥有大部分有历史感的餐馆，甚至是一些表面上政治正确的老式独立餐厅——它们其实也不再是独立的了。比起人为预设的准则，等级观念和可以预见的“没有惊喜”更为普遍。它们是大多数顾客想要的或认为自己想要的。否则，市场力量将导致它们灭绝，不是吗？

美国式的饮食体系和经营方式如同病毒一般在法国迅

速传播，它就像敲响了传统用餐方式终结的丧钟，而人们总是寄希望于联合国教科文组织和法国外交部来守护这种传统。但我认为，这并非丧钟，而是提醒铃声，是警钟。诸位也许会觉得难以理解，但我还是认为，真正的问题在于经济下滑，与此同时，包括法国在内的各个社会阶层的人都想要有更多的餐厅选择权，希望扁平化，也即脱离神圣的法国传统——固定的用餐时间和程式化的多道菜式。

幸好，这不是一场零和游戏。矿石餐厅、特里亚侬宫、巴尔扎尔酒馆、安吉丽娜，它们都可以也确实做到了与幸存下来的真正独立的餐厅共享古老的法国文明。所有餐厅都可以欣欣向荣，很多也相互扶持。在王室和类人猿之间，还有一大批令人喜爱的、老字号的、民主的和有着正确的美食主张的咖啡馆、酒馆、小餐馆和大餐厅，它们还没有落入集团化的窠臼。对于它们来说，最大的威胁是来自它们自己的平庸，以及惠顾它们的中间阶层的缓慢死亡。在新的美食经营模式发明之前，联合国教科文组织和法国政府对分享经济模式带来的冲击也无能为力。

Entrées，Quatrième Service

前菜（第四道）

# 古典烹饪的创新

18 世纪

年轻纤瘦的路易十五，18 世纪雕刻，佚名艺术家

# 54
# 摄政王风格

在巴黎皇家宫殿的中央，绿树成荫，这里没有汽车的干扰，一切都是那么地优美，古老的建筑对于现代的使用者来说也显得那么合宜。坐在洒满阳光的桌子旁，听着喷泉潺潺的水声，我经常会为之倾倒。这座壮观的宫殿原本为黎塞留公爵所有，最南端现在是文化部部分机构的办公用地，还有大革命时代最著名的餐厅梅奥家（Chez Méot）。建筑群北端通风拱廊环绕的区域，是这座城市里最庄严、宏伟的用餐场所——大维富餐厅（Le Grand Véfour），能从旧制度时代留存至今，实在可敬。

为时代的进步举杯庆贺吧！——尽管历史的车轮从来就不会直线前进。当天主教把异教诸神变形为上帝和他的圣徒时，法国的共和政治也已将君主制、大革命政权和拿破仑帝制变成总统通过选举产生的民主政体，由一位推选出的世俗“国王”领导。这位“国王”的职责之一便是为法餐增辉，因为这是他们非官方的国家宗教。坐在宫殿主教宝座上的文化部，与法国总统的关系，就像是主教之于国王或皇帝。这些官员致力于品尝和提升本国佳肴精酿的质量，将预算奖励金划拨给一流餐厅，就和路易十四时代王室的做法一样。有些招待的豪华程度甚至堪比路易十四的财政大臣富凯的手笔。文化和美食是大生意，是法国的软实力。与法国军队不同，它们迄今为止还从未打过败仗。

离开长椅，参观一下宫殿的花园式庭院吧。大维富的门面上有“沙特尔咖啡馆”（Café de Chartres）的字样，这是此地最早营业的机构。这家咖啡馆开办于 18 世纪晚期，当时沙特尔还是王室奥尔良分支的世袭头衔。今天我们所见的这座皇宫中，大部分建筑都建于 18 世纪最后动荡的几十年。不过这个地址开始在历史和烹饪领域发挥重要作用的年代比这还要早。

现如今装点着当代艺术作品的文化部大楼，曾是路易十四的侄子兼摄政王，奥尔良公爵腓力二世的宅邸，他曾在这里生活、恋爱、饱餐和嬉闹。现在看来，这座建筑相当宏伟和整洁，从某些层面来说，还显得相当正派。但在他 1715 年到 1723 年的摄政时期，这里却和整洁、正派完全不沾边儿，当时腓力二世将黎塞留公爵的这座旧居改造成了狂欢派对的中心。

和高级烹饪一样，法国的历史也是一场在复杂形势下进行的操练活动。以下就是摄政时代的缩略版简史。

17 世纪晚期，路易十四立契将这座宫殿转让给空有头衔的奥尔良分支首领。太阳王在 1714 年拟定的遗嘱中，将他的侄子，未来国王路易十五的叔祖腓力二世，任命为摄政王。在位 72 年的路易十四于 1715 年去世时，他的曾孙路易十五年仅 5 岁。路易十五继位后，被摄政王腓力控制，并被转移到距离他居所几个街区远的杜伊勒里宫。接下来，腓力二世开始集中精力，瓦解太阳王留下的专制遗产。腓力是个天生的生意人，尽管无心摄政工作，但事实证明，他也是个游刃有余的政治家。他的心思都落在食物和美色上。他的嗜好异于常人，不合情理，似乎遗传自他的母亲，自称乳猪的帕拉坦公主，王国里他唯一真正害怕的生物。

帕拉坦公主及其儿子腓力不只是执迷不悟的老饕，他们还是充满热情的业余厨师。不过讽刺的是，腓力公爵虽然对法国美食传奇产生了巨大影响，但他和母亲学会用刀和煎锅却并不是在法国，而是在西班牙。他对浓汤和松鸡表现出的热情，堪比对权力和性爱的迷恋。腓力在年纪还很小时，就是个臭名昭著的魔王、猥亵者和粗俗的贪吃者。

以下传说家喻户晓：腓力公爵经常会悄悄潜入城郊阿尼耶（Asnières）的某座农庄，现在搭乘巴黎地铁即可抵达阿尼耶。包括奥古斯特·埃斯科菲耶在内的许多人都曾讲述这段传说，只不过剔除了其中的淫秽细节。腓力悄悄离开宫殿之前会精心伪装，进入农庄后会在宝贵的丝绸衣衫外系一条棉布围裙，然后给他诸多情妇中最爱的一位，即伯爵夫人玛丽－玛德琳·德·帕拉比尔（Marie-Madeleine de Parabère），炮制一顿私密晚餐。不过更多的时候，腓力公爵会将这位伯爵夫人召进宫，先招待她金贵的百合和其他点心（feed her gilded lilies and other muchies），自己则亲自下厨，为这位放纵的情人煮一道浓郁多汁的炖菜。

由于对美食和美色的贪爱，以及其他一些更阴暗的原因，奥尔良公爵腓力二世直至今日，依然是拉伯雷式粗俗幽默的代表。曾有传记作家委婉地称他是“审美家”。事实上，他也曾被称为“最堕落和腐败的亲王”，这个称呼倒是更为准确。不过，在巴黎这个称呼早已成为一种恭维，是老于世故的代名词，尤其是在浪荡公子之中。

和许多同类一样，这位奥尔良公爵的成人岁月有一半都处于醉酒状态，无论是在当时还是现在，这都是巴黎上等人的另一大骄傲理由。词源学者指出，“酒色之徒”（*roué*）一词在这座皇家宫殿中原本是指公爵精心挑选的随从。他们作恶多端，早该被绑上轮盘（*la roue*）[1] 折磨而

[1] 中世纪欧洲的一种酷刑，将犯人绑在一只木头轮盘上，慢慢转动轮子之际，行刑人用锤子或铁棍击打犯人，折断他们的骨头，然后任其躺在轮子上慢慢死去。在这种酷刑中，犯人往往需要较长时间才因脱水死去。

死，又或者，他们因为对首领忠心耿耿，乐意屈从于那种最残忍的酷刑。在纵情酗酒和饕餮大啖之间，还要穿插放纵的性爱，在好的年头，这样的狂欢每周都要组织三四次。绝大多数历史记录都会告诉你，这些高雅、奢侈的宴会都是为巴黎最高贵的人举办的，现代法国美食和餐桌礼仪就诞生于这些聚会。或许吧，但我不相信这样的说法。

深信君权神授说的太阳王是个好战的偏执狂，在他统治的后期，法国社会沉闷无趣，他的情妇曼特农夫人（Madame de Maintenon）也虔信宗教，不爱交际。而奥尔良公爵却性格和蔼，爱好和平与享乐，他的到来让许多贵族都大感安慰。贪吃的摄政王依旧喜欢装扮成老辣美食家的模样，这对他至关重要。他深谙取悦公众之道，对公众开放了宫廷花园，还在众人未察觉之际，在林荫小径的两边摆上货摊，出售各种小食和饮品，以及新颖的西西里美味——冰激凌。从外面看来，这些欢乐的场景或许是天真无罪的，但在公爵那座巨大的公寓中，故事可就完全是另一番模样了。

腓力二世之所以被誉为法兰西标准的现代共和主义者，其中一个原因就在于，他反对神职人员干预政治，这一点让他赢得了大众的喜爱。他有个同样热爱美食的搭档，即法兰西大骑士团地区区长[1]旺多姆公爵（Monsieur de

〔1〕 骑士团设在地区的分支机构负责人。

Vendôme），后者对宗教的憎恶程度即使在今天也会让人感到震惊和不可思议。这位旺多姆公爵在四十年的岁月中，一直处于醉酒状态，肆无忌惮地通奸和嫖娼，并且公然诅咒宗教，腓力二世为此对他大加赞扬。像旺多姆公爵这样的人，会精挑细选一小部分有着相同趣味的人，然后锁上固若金汤的大门，和他们一起，在屋内继续酒池肉林的堕落生活。

回忆起摄政时代，萨德侯爵（Marquis de Sade）和有着同样性怪癖的格里莫·德·拉·雷尼耶可能会有回家的感觉，也一定会因错过那个时代而痛苦不堪。可惜他们两个当时都太过年轻，没能体验那种快乐。摄政王的女儿贝里公爵夫人（Duchesse de Berry）是那些纵欲聚会的常客，被称为“所有恶习的完美代表”。她住在卢森堡宫，经常往来参加聚会。她 19 岁成为寡妇，24 岁去世，显然是心甘情愿地成了父亲乱伦癖好的受害者。腓力二世也骚扰过他的另一个女儿沙特尔小姐（Mademoiselle de Chartres），为了自救，沙特尔小姐当了女修道院院长，在一家女修道院和同性一起过着快乐的生活。

不过纵欲只是腓力二世生活中的一部分。他还喜欢促膝长谈。记得小特里亚侬宫中“飞行的桌子”吗？这些桌子，还有浪漫晚餐的概念，都是先在这里出现，然后才在凡尔赛宫发展完善的。用银桶冰镇香槟酒，就是腓力二世宫中的创新，无论在当时还是现在，巴黎人的节日餐桌都少不了它。酒色之徒随着好事者和奸细安全退出舞台后，隐世的浪漫主义者开始狂欢和庆祝，为自己准备丰富的膳食，痛饮优质的葡萄酒。

也难怪乳臭未干的路易十五刚满 13 岁，就去了凡尔赛，他不可能胜过叔祖，至少这时还不能。在剩余的漫长统治生涯中——他于 1723 年加冕，1774 年去世，这位新国王频繁往来于卢浮宫、凡尔赛宫、其他城堡和无数女性友人的住址之间。据说他的心理发展受阻，永远停留在青春期，无法胜任“男人的工作”，即统治这个欧洲人口最多、力量最强的国家。这个国家又陷入战争，饱受债务压力，到处都是满腹怨言的人，他们吃不饱肚子，只有稀饭、面包、树根和汤汤水水果腹。年轻的路易十五很快就耗光了国库的资产，他复兴了神权政体，在普通享乐之外，他也开始学着祖先的方式来寻欢作乐。可换句话说，他也是个了不起的人，是位伟大的国王，配得上“宠儿路易”这个昵称。

事实上，在那个时代，他之所以能赢得大众的喜爱和支持，或许都是因为他对食物的热爱和风流的个性。今天，或许也依然有人怀着内疚在悄悄地喜爱他。

路易十五为何会如此热爱宴会呢？是因为他对审美家摄政王的爱，还是因为他永远停留在荷尔蒙迸发的青春期？他不仅学着曾祖父的样子，早餐就要贪婪地吃掉一整只阉鸡；还亲手制作巧克力，种植和烘烤咖啡豆，烤制糕点，蒸馏利口酒，夜里10点钟在安静的餐厅用飞行的桌子组织“晚间小食”（*petits soupers*）派对，养了众多情妇。在他统治的年代，路易十四对美食的热爱和摄政王的享乐思想都变得司空见惯，并且又遗传给了路易十六，只不过纵欲的部分被摒弃了。

## 55
## 菜单上

就像庞贝古城石化的面包，舒瓦西城堡（Chateau de Choisy）1755年9月29日的晚餐菜单，历经100多年岁月的侵蚀后，于1862年被查尔斯·蒙瑟莱收进了他的著作《美食年鉴》（*Almanach des Gourmets*），其中只有少量笔迹混乱的地方。这份菜单证明，路易十五完全和太阳王一样贪婪。它还表明，嫁入法国的西班牙王后们——奥地利的安娜、玛利亚·特蕾莎等——取代了美第奇家族，一直在对王室餐饮发挥影响。其中值得注意的还有，中世纪和意大利文艺复兴时期的绵长影响，以及18世纪的全新特点。

这顿私密的简单晚餐以四道汤开场：浓郁、丰盛的杂烩洋葱汤，按西班牙食谱烹饪；炖肉汤，也是西班牙式；

健康的清淡肉汤和浓郁的萝卜肉汤，这两道均按 17 世纪法国食谱制作。

主菜有：巴拉奎内风味（*à la balaquine*）的小馅儿饼，日内瓦风格（*à la genevoise*）的兔里脊肉，配香辣酱汁的羊里脊肉，葡萄酒和洋葱炖野鸡肉，香叶调味的鹌鹑，威尼斯风味（*à la vénitienne*）丘鹬，传统浓汁（*à l'ancienne en salmy*）炖松鸡，乳鸽配菜，白汁炖小牛肉配松露，卤康（*campine*）宾鸡，用小船盛的鸡翅，用自身油脂涂抹的肥小牛肉，土耳其风味的野味碎肉什锦，加有面包屑、文火慢炖的圣梅内乌尔德（Sainte-Menehould）风味杂碎，橙味（*à l'orange*）鲁昂雏鸭，深色酱汁炖蔬菜羊羔肉。

接下来是四道肉食：烤舒瓦西羊肉，猩红色（*à l'ecarlate*）牛臀肉，整块牛腰肉、碎牛里脊肉拌菊苣，科镇雏鸡配生洋葱。

接着是四道主要附加菜：野鸡肉馅儿饼，佩尔德罗伊莱特炖火腿，奶油蛋卷和杏仁脆饼。

接着是两道普通附加菜，也即烧烤类食物：雏鸡，更多的康宾鸡，圃鹀，鸫，鸻，红腿松鸡，野鸡和鲁昂雏鸭。

您还饿吗，陛下？在桌上腾出点地方，准备迎接十六道小型小菜，其中有甜点有咸点，包括奶油咖啡、巴利古罗风味（*à la Baligouro*）洋蓟、香精（*à l'essence*）刺菜蓟、帕尔玛干酪花椰菜、鸡蛋配松鸡汤、小火余烬烹煮的松露（拉瓦朗内产）、肉汁菠菜、鸡冠、法式杂碎、青豆配酸果汁、火腿煎蛋卷、蘑菇酱火鸡配蘑菇和洋葱（拉瓦朗内产）、蔬菜炖肉、巧克力泡芙、百叶窗苹果派（*jalousies*）、热那亚风味奶油（*crème à la genest*，即海绵蛋糕或热那亚风味搅打奶油，搭配热那亚海绵蛋糕的那种）。

有什么发现吗？吸引我的有两点：一是西班牙和意大利菜式，或者根据它们改良的法国菜式的数量；二是菜肴的名称，以及烹饪方式让绝大部分现代读者都难以理解。

请告诉我"巴利古罗风味洋蓟"是什么，和"加利古雷"是一个意思吗？得名于玛丽·德·美第奇那位热爱洋蓟的朋友莉奥诺拉·多利（Leonora Dori）吗？她的别名是拉·嘉莉盖（*La Galigai*）。或者是把洋蓟塞肉[1]拼错了吗？就是那道把洋蓟先焯后煎，然后搭配蘑菇、大蒜、冬葱、香草和香料的菜肴。但不管你怎么拼，这个词在标准法语中都没有任何意义。

好吧，那个年代的大厨用语很难理解。只有大师和行家才能掌握他们的术语。他们是故意那么做的吗？或许吧，毕竟知识就是力量，诗歌比简单的说明更开胃，贵族、富

---

〔1〕 原文为 à la barigoule，与上文的巴利古罗（à la Baligouro）写法相近。

人和名人更喜欢专门创造的术语。过去也好，现在也好，人们都喜欢专为他们创造的菜肴。

## 56
## 古典的创新

在路易十五统治期间，烹饪至少发生了三次革命性的发展。第一次是所谓新式烹饪的出现，第二次是家常菜年代的到来，第三次是现代餐厅的发明。这三者密切相连，都是势不可当的启蒙年代的产物。第四大潮流是法国美食和法餐大厨开始走向海外，尤其是英国，因为即使是英国富人的饮食也毫无章法可言。

而将路易十五统治年代美食领域发生的这些光荣事件串联起来的，则是一种在餐桌上让我尤其沉迷的娱乐消遣。兴致上来时，我就会到大维富餐厅预订餐位，让我的眼睛尽情欣赏那里精致的高级美食，或者去皇家宫殿餐厅找一张花园里的餐桌，坐在柯莱特式花窗下，享受带有艺术色彩、凡间难觅的美食。

当版税收入微薄时，我就会光顾法兰西喜剧院对面复古的勒内穆尔（Le Nemours）咖啡馆。这里的生菜沙拉中有路易十四时代风格的硬心煮蛋，也有其他的咖啡馆经典美食，不过，店内氛围才是这里最好的调味料。咖啡馆的柱廊是从曾经的皇家宫殿的一侧延伸过来的。配合着火腿干酪三明治，吞几口开胃酒或是一瓶白葡萄酒，你可能会看见路易王、黎塞留和马萨林的幽灵，还有不受拘束的奥尔良公爵在桌间游荡——莫非他们都是从法兰西喜剧院逃出来的身着戏服的演员？

再说回这几项美食变革。当寻欢作乐者在派对上耗光了精力后，他们需要什么？某种滋补剂。而这就是从文艺复兴时代开始，“restaurant”（餐厅）一词被赋予的含义。在路易十四的时代，所谓的滋补剂便是他著名的早餐牛肉清汤（beef bouillon）。而那正是早期餐厅的供给内容——正宗的太阳王牛肉清汤。因此第一家可供堂食的“餐厅”出现在皇家宫殿和卢浮宫几个街区之外的地方，也就不足为奇了。它并非起源于启蒙年代，而是为了满足皇室成员对美味的奢侈需求，帮他们恢复体力、振奋精神。

接着，如果国王本人就是个饥饿的浪荡子，又有个蓬巴杜夫人这样的 *grande bourgeoise*（“大资产阶级”）情妇，会发生什么？她对奢侈的需求显然比国王陛下更甚，同样看重贵族和资产阶级的美食。什么样的烹饪方式不仅时尚，而且符合礼仪需求呢？你说家常烹饪（*Cuisine bourgeoise*）？

蓬巴杜夫人去世 60 年间，正如美食家布里亚－萨瓦兰所说，在这个年代，精致、有序、清洁和优雅成了美食烹饪追求的标准。布里亚－萨瓦兰是一名绅士、学者，无法接受粗俗。他出生于路易十五统治时期，对快乐、富裕的青年时代吃过的烘烤食物、酱汁炖菜和煎蛋卷有着一种难以抑制的怀恋。

现在还要弄清以下两点之间的联系：浪荡子和新贵中产阶级都有一副堪忧的消化系统，又注重时尚，这时候什么才是他们需要的呢？当然是一种精致、光鲜、健康的创新烹饪风格，有利于恢复精力，一种刚好非常符合资产阶级审美，有大量汤水的新式美食。

顺便一提，“新式烹饪”（*nouvelle cuisine*）这个词出现于1734年，而非1970年，是西诺·梅农（Sieur Menon）在著作《烹饪新标准》（*Nouveau traité de la cuisine*）中的发明，1739年这本书更名为《新式烹饪》（*la Nouvelle Cuisine*）。可以说，餐饮界的启蒙运动开始了。这本书成了大厨和服务生应对任何情况的万用口诀。

随着时代的发展，理论家、药剂师、大厨、哲学家、文献学者、词源学家、百科全书编撰者、艺术家、医生，甚至就连进步的耶稣会牧师都开始讨论味道的诸多意义，以及贪吃者（gluttons）、美食家（gourmets）、讲究饮食的人（gastronomes）和其他各种食客之间的区别。这是有史以来第一次，法国画家不再只展现原罪、死亡或名利场等寓言故事，也开始描绘静物画，其中有真实的食物、进餐画面，也有俗世之乐。回想一下夏尔丹（Chardin）于1738年创作的引人入胜的《鳐鱼》（*The Skate*），这幅画现藏于卢浮宫。画面上有一只猫在扒牡蛎，还有一只大鳐鱼被挖去了内脏，挂在钩子上。学术团体和晚餐俱乐部纷纷组建。准备以及食用有营养的食物，正在成为“美食”的内涵——这份费时费工、值得尊敬的工作还没有一个恰当的名字。烹饪这时成了一门科学，是化学和医学的分支。后厨的哲学基石就是“精髓”——味道的精髓，养分的精髓，精选的牛肉。与新式的超级牛肉清汤相比，路易十四每天早晨必喝的提神汤不过是寡淡如水。

耶稣会也跳上了新式烹饪的马车，虽然听起来讽刺，但其实颇合时宜。18世纪中叶，反对启蒙思想的大厨设置了各种繁文缛节，其他烹饪专业人士即将受到热捧，而且从那以后一直很火。路易十五对不遵守经典饮食日程表的人大开杀戒，各位新烹饪法的创始人——开始设计厨房诀窍、复杂的食谱术语、各种特色菜的名字，用这些方法将烹饪的秘密牢牢地掌握在自己手中，他们被称为“上流社会的祭司”。记得上文中摘录的1755年的那顿简便晚餐吗？从那以后，业余和家常厨师将在下层社会活动，但得到了上层社会的支持。这个年代或许更应该被称为明暗对比的年代——在启蒙运动的这个时期，阴影密布，美食家们摇晃着熏香，就像炼金术师和魔术师的学徒。

# 57
# 经典读物

比梅农那本书影响力更大的，有出版时间稍早的《现代烹饪》（*The Modern Cook*），作者是文森特·拉沙佩勒（Vincent la Chapelle），他于1733年用英文写了这本书，1735年书被译成法语。此外还有弗朗索瓦·马林于1739年出版的《餐桌上的美味佳肴》。

拉沙佩勒职业生涯的精彩程度让人眼花缭乱。他在西班牙和葡萄牙学习烹饪，在英国作为切斯特菲尔德伯爵（Earl of Chesterfield）侍从中的“法国巫师”而打响名头，最后成了蓬巴杜夫人的私人大厨。在这一时期，他完善了许多烹饪技能，包括一种被称为“*perdrouillet*”（以酱汁烹煮）的火腿和其他肉类的神秘技能。从1745年到1764年，蓬巴杜夫人是国王的情妇，也正是在这段时间，新式家常美食取代了皇室的古老菜肴。有一个显著的证明，拉瓦莱内畅销多年的著作《法国厨师》在1738年后就再也没有重印过。

拉沙佩勒是个开明的创新者，但同时他也尊崇古老的传统，经常学习前辈的经验，大量阅读早期作者的著作，比如弗朗索瓦·马夏罗于1691年出版的《为王室和中产阶级烹饪》。不过他赋予了食谱和摆盘以新风貌。这是前现代世界里现代性的巅峰时刻。

今天巴黎最热门的菜肴中，有一些就是在新式烹饪的第一波浪潮中被规范下来的。在任何时代的最佳十道菜榜单中，都有白汁烩小牛肉（*blanquette de veau*）的一席之地，这道菜也叫酱汁烩小牛肉（*poulette de veau*），在小伽夫洛什，以及20世纪七八十年代我经常光顾的其他十几家餐厅的菜单上，它都是一道常规菜，直到今天依然流行。白汁烩小牛肉甚至逆全球化潮流而上，打入最偏远的国家，成了崇尚胆固醇的食客热爱的菜肴。有一次我甚至惊讶地在纽约布鲁咖啡厅（Café Boulud）的菜单上看见了它，于是点来品尝。味道甚至超过我在巴黎吃过的一些，只是有些油腻。我了解到，他们使用的并非一般奶油，而是发泡鲜奶油。我猜是趁新鲜从尚蒂伊运来的，或者是热那亚的？

但奇异的是，我从弗朗索瓦·马林那本具有革命性意义的《餐桌上的美味佳肴》中了解到，最古老的白汁烩小牛肉食谱里，并没有奶油，反而用了少许的面粉，那本书还收录了两位耶稣会士撰写的序言。还有一个奇异之处，像我读过的18世纪和19世纪所有的白汁烩小牛肉食谱一样，这个食谱的目的，也是利用剩菜。这道菜在最流行的时期，要求必须选用“皇宫”饲养的小牛肉，这里的“皇宫”(palais) 显然是指巴黎的美食圣地，不过它也是一个双关语，还指“皇室口味”。

为像往常一样保持精确，在法语中，“palais”一词可以指两个完全不同的事物—— 一个是宫殿，一个是口腔味觉器官里的敏感部位。两种差别如此之大的事物都可以用同一个词来表示，更不用提一块牛肉了。“皇宫”还可特指一种用牛奶喂养的美味小牛肉。觉得混乱吗？当然，这正是魅力所在！

### 弗朗索瓦·马林版的白汁烩小牛肉

（括号中的部分是现代改良版）

取一些煮过的（即剩下的）小牛肉（比如大约4磅重的牛肩肉，加香草、胡萝卜、洋葱，撒两粒丁香，文火炖煮几个小时），切成薄片。准备（清洗，滤净，如有必要，可切碎）一些（几盎司新鲜的）蘑菇（香菇或刺猬菌较好），文火炖煮几个小时，给蘑菇撒上少许面粉，放入平底锅，中低火煎熟。加一些肉汤（一长柄勺小牛肉炖出的汤）。煨干汤汁（直到蘑菇变软）。加入（撒了少量面粉的）小牛肉，加盐和胡椒调味。往酱汁中（关火）加入四只（打成糊的）蛋黄，（2－3汤匙）切碎的欧芹，一撮肉豆蔻（以及一撮盐），如果有黄油，拿一块来（快点，大厨！如果没有就叫他们去买，最多用半块，炒蛋黄时注意，锅不要离火）。最后，加（一茶匙）柠檬汁或醋，如果季节刚好，也可以加酸果汁（没熟的葡萄或其他酸味水果）。瞧，做好了！

马林还记录了一份制作白汁烩羊羔肉的食谱，不过建议要多加些调味料。羊羔肉和蛋黄糊？唔……难怪耶稣会士会喜欢新式菜，他们可能刚从罗马的耶稣会总会回来，在那里品尝过圣洁的神羔[1]。我说笑了。

在法国古老的新式菜肴中，最受欢迎的要数罗马风味的肉汤炖羊羔肉（*agnello brodettato*），或来自美第奇家族后院托斯卡纳的肉汤炖小牛肉（*vitello brodettato*）。而恰恰是羊羔肉吸引我去探寻这两道菜肴的起源。*brodo* 和非正式版的说法 *brodetto* 都指肉汤——牛肉清汤——所以 *brodettato* 一词的字面意思就是“用肉汤炖”，也即按上文的方法用牛肉清汤煮熟其他食材。

至于如何让肉汤炖小牛肉的汤汁变得清澈，1570年，

〔1〕 此处为双关语，神羔是耶稣的别名。

巴特洛米奥·斯加皮在著作《烹饪艺术集》的第六卷第二十五章中，提供了至少一个窍门，那就是使用蛋清和酸汁（大概是指酸橘汁）。感觉就像是肉汤炖煮法的先驱：只不过不是用白葡萄酒澄清汤汁，而是用蛋黄让汤汁变浓，这样一来，你就得到了白汁烩小牛肉。斯加皮记录的其他许多食谱中都用到了肉、肉汤和鸡蛋，而他可能只是这些菜式诸多有可能的发明者之一。

对我来说，起决定性作用的论据，是 18 世纪和 19 世纪之交，巴黎早期餐厅安托万·波维利埃（Antoine Beauvillier）的菜单。其中有一道酱汁（*à la poulette*）牛肉，也叫意大利风味牛肉。天哪！所有人，包括法国人都知道，白汁和这里的酱汁[1]（更不用说法国名厨埃斯科菲耶重新命名的阿勒曼德酱汁）指的是同一个东西——可能有不同变体。酱汁中有时会加奶油。但最早的白汁中是没有奶油的，而且事实上意大利酱汁是由法国人定义的。显然，有个厨师往白汁中加了奶油，于是白汁和这里的酱汁就混为一谈了。明白了吗？

和法国食谱一样，意大利版的白汁烩选用的也是羊羔肉或小牛肉，但是颜色稍浅——*bianchetto* 这个词的意思就是“稍白”。他们用的是白葡萄酒加柠檬汁和新鲜（而非剩下的）小肉块，和现代法式白汁烩肉一样。大多数时候都

---

〔1〕 指牛油、蛋黄加少量酸醋制成的调味汁。

会加入碎欧芹和黑胡椒，但很少用肉豆蔻。但除了帕尔玛干酪的产地埃米利亚（Emilia）之外，意大利版本的白汁烩肉不加黄油或奶油。但美食的烹饪就是靠黄油、奶油和面粉将意大利美食和哥特美食融合在一起的。

如果联合国教科文组织中的法国好战分子发现，白汁烩小牛肉可能就是退化版的肉汤炖小牛肉，会不会兴奋得发抖呢？

## 58
## 伏尔泰的反抗

说起烹饪上的拙劣模仿，并非启蒙时代所有的美食鉴赏家和理论家都热衷于古老的新式菜肴和创新菜式。在这一点上，坏脾气的伏尔泰与我志趣相投，他就对这些改变持蔑视态度。蓬巴杜夫人去世一年后，也即1765年，伏尔泰在给朋友多特雷伯爵（Comte d'Autrey）的信中写道："我的胃受不了新式菜肴。我无法容忍小牛杂碎在咸酱中游泳和溺死。我吃不了火鸡肉、野兔肉和家兔肉做的烘肉卷，我以为它们都是一种肉。我不喜欢摊平后再烤熟的鸽肉，不喜欢没有硬皮的面包。我喝酒讲求适量，觉得只吃饭不喝酒的人很奇怪，而且他们甚至都不知道自己在吃什么。"

可怜的伏尔泰，他可能会觉得我们今天的几十亿人都非常奇怪。谁又不觉得呢？到处都是来源不明的肉。忘了热狗和香肠吗？有多少退休奶牛的肉进入你的汉堡和冰冻的烘肉卷，又有多少层架式鸡笼圈养的鸡肉进入了你的炸鸡块？随处可见的餐桌上摆放的那些红色、黄色瓶装酱汁里装的都是些什么？还有那些做过防霉处理的小圆面包和松软面包又怎么样？伏尔泰鄙视的那种没有硬皮的寡味面包，却成了现代西方世界最流行的面包，多么有趣！看来伏尔泰也并非总是有先见之明。而在当代巴黎的菜单上看见摊平烤熟的鸽肉，也让人觉得心满意足。只要不按照大多数巴黎人的要求，不血淋淋地呈上餐桌，味道还是很棒的。小牛或小羊杂碎也是一道经典菜式，有时搭配的酱汁确实过咸，这是实话。

“有时说到某些食物，我们会看到，一些浮躁的老饕也会味觉失灵。”伏尔泰在他的《哲学词典》（*Philosophical Dictionary*）中写过这样一句话。而在一篇论述味觉的文章中，他还说过：“如果只有大量的调味料和奇异的菜式才能讨得一个人的欢心，那么这就是坏品位。”

伏尔泰早生了两百年。他是个出了名的挑食者——以及思想家。太艰难，也太讽刺了，他总是想了解各种事物，表达他的思想。比如他会问，创新是真的新呢，还是只是给古典做了一番花哨的新包装？“许多新风尚，并非出自品位，而是靠着花哨的外表。”他说道。点击刷新，继续阅读吧。支持花哨的法式时尚和美食的诡辩老手才刚刚开始施展他们的魔法。

# 59
# 在皇宫点菜

考虑到摄政时代和路易十五统治年代光荣的美食历史，250 多年前，巴黎早期的餐厅都出现在皇家宫殿和卢浮宫周边的街区，这也恰如其分。在将近一个世纪的时间里，摄政王那些该受车轮刑的浪荡朋友、美食家和老饕，比如丹尼斯·狄德罗（Denis Diderot）、布里亚－萨瓦兰和格里莫·德·拉·雷尼耶，都会聚集到这里来用餐。让人高兴的是，如今这片区域经历了改造，重获新生，高级餐饮业正在经历一场复兴。

正如路易十四父亲的身份一样，第一家餐厅的诞生也是一个众说纷纭的话题。根据传说的一个版本，是 A. 布朗格先生（Monsieur A. Boulanger），一位为贫弱者制作肉汤和其他食物的慈善家、敏感的浪漫主义者和享乐主义者，于 1765 年在卢浮宫东侧柱廊斜对面的滑轮街（Rue des Poulies）开办了最早的一家餐厅。

就像三文鱼被吸引着前往产卵地一样，在我自己都还没意识到的时候，就成了一家餐厅咖啡馆的常客。这家餐厅的位置就是曾经的滑轮街，后来这条街经过重建，更名为卢浮街（Rue du Louvre）。“吸烟者”（Le Fumoir）是一家高端咖啡馆兼餐厅。从世纪之交创建以来，它就一直占据着卢浮宫柱廊对面街角最显眼位置的房屋，50码以外的地方，就是圣日耳曼欧塞尔教堂（Saint-Germain-l'Auxerrois）那巨大的胡椒磨坊－钟楼。在我听来，这里像是一个可能性很大的候选者：布朗格的餐厅就在这里吗？在对巴黎美食还一无所知的岁月，我经常会好奇，后来我开始追问，但得到的都是冷漠的回答。

每当我坐在“吸烟者”餐厅喝咖啡或者用餐时，看着周围美丽的巴黎风景，我总会开心地想起布朗格的餐厅，并且总是走进餐厅的地下室搜寻珍贵的遗迹。最近一次光顾时，我窝在店里一张别致的黑色软垫长凳上，读了一份印刷字迹已经褪色的英文报纸，却刚好发现有一份宣告法国美食已死，巴黎餐厅需要电击治疗的讣告。我笑着叹了口气。

我点的那份烤猪里脊肉摆盘是那么诱人，但做法又非常古老，而且搭配的也是老式芥末酱。他们的服务是那么礼貌和专业。拉兰德－波美侯产区（Lalande de Pomerol）的上缪塞酒庄（Chateau Haut Musset）出产的葡萄酒无比美味，但价格又那么公道。精致的甜点让我的感官得到了极大的满足。但如果是外国美食评论家，他们一定会大吐口水，恨不能烤了法兰西这头老狮子，年轻的狮子自然而然就想这么做，尤其是在纽约或伦敦大放厥词的那些。令人惊奇的是，“吸烟者”的主厨是个和蔼的瑞典人，名叫亨里克·安德森（Henrik Andersson）。他是做布朗格先生的合格的继承人。而更令人惊讶的是，巴黎人接纳了他，热情程度堪比其他国家欢迎法国和意大利的大厨。

就在“吸烟者”接管这处场所前后，英国和美国发表了一连串的文章，质疑布朗格先生和当初那家餐厅存在的真实性。有鉴于此，一位名叫丽贝卡·斯潘（Rebecca Spang）的英国教授展开了调查，结果却令人震惊，她的揭秘总结文章《餐厅的发明》（*The Invention of the Restaurant*）也让人想要皱眉怒斥。学者、食品历史学家、法国官员，各种与布朗格“神话”有利害关系的人都开始急切地反驳，就像煎锅里的油烧过了头。布朗格先生是虚构的产物吗？是未经证实的幻想吗？那位教授指出，她找不到此人的餐厅存在过的证据，尽管在近代曾有一些有说服力的证词。她还不怕麻烦地向那些被她冒犯的群体保证，她与布朗格先生并无私仇。不管怎样，都有其他完美可敬的人足以代替他。

影像和文字版的布朗格先生神话依然未受影响，据此判断，法国美食机构的那些耸肩、怒视和嘲笑行动发挥了作用。想想看，如果他们失败，所有的词典、百科全书、参考书条目，还有数不清的网站、博客、社交媒体信息都必须更改，而且还要当着历史学界所有人的面，将他们篮子里的鸡蛋拿走。

弗朗西斯·布拉格登（Francis Blagdon）于1802年出版的著作《巴黎的前世今生》（*Paris As it Was and As it Is*）非常引人入胜，我私下里复印了一本，仔细阅读之际，我找到了一些令人安慰的信息："1765年，一个姓布朗格的人想到一个主意，用各种名目的浓汤，来帮助疲惫不堪的巴黎人恢复精力。由于不是*traiteur*（宴会承办人），他似乎无法得到供应蔬菜炖肉的许可，因此，除了滋补汤之外，他还为客人准备了新鲜的鸡蛋、煮制的禽肉搭配浓郁的肉酱。食物都摆在大理石小桌子上，没有桌布。他在门上篆刻了一句借鉴自《圣经》的铭文：'*Venite ad me omnes qui stomacholaboratis, et ego restaurabovos.*'意思是：凡饥饿的人都可以到我这里来，我将使你们得滋补。"

在一个塔利班式的神权政体国家，这句话简直是一句精彩的反宗教宣言。

不幸的是，我还了解到，如果布朗格真的存在，而且生意红火，那么他的餐厅就不在"吸烟者"目前所在的位置。它应该位于滑轮街、提森街（Rue Tison）和巴约勒街（Rue Bailleul）之间的一个小街区中。后面的两条街从中世纪以来就没有改变过。在推定的布朗格餐厅曾经矗立的街角，一座建造年代未知的建筑中，有一家博物馆咖啡馆（Café des Musée），里面有惶惑的游客操着各种语言要求点牛奶咖啡，暴躁的熟客则不自在地混迹其间。但不知为何，咖啡馆所在的建筑，看起来并不像居住在巴黎的英国浪漫主义画家托马斯·肖特·博伊斯（Thomas Shotter Boys）在画中描绘的样子。在博伊斯于1831年创作的那幅迷人画作中，“布朗格餐厅”位于一座哥特式建筑中。

布朗格如果真实存在过，那么他闻名于世的菜肴不只有牛肉清汤，还有一道新式的蔬菜炖肉，选用的是羊羔或羊的蹄髈，浇上一种乳脂状的白色酱汁。那就是许多学者所称的“*pied de mouton*”，但这个法语词刚好也能指一种常见的蘑菇。迄今为止，我见过许多白汁烩肉的食谱，但没见过一种是选用羊蹄的。如果这个词指的不是羊蹄，甚至根本不是任何一种蹄髈，而是 *Hydnum repandum*，也就是香菇或刺猬菌，会发生什么呢？正如之前指出的那样，无论是在当时还是现在，蘑菇在法国都很受欢迎，而且做成白汁烩菜也很出色。或许布朗格用了弗朗索瓦·马林的食谱，却决定换掉吃腻了的剩肉？结果做出的是美味、轻盈且滋补的白汁烩蘑菇。

对我来说，是白汁让布朗格的整个传说有了可信度，如果没有它，这个传说很有可能是伪造的，但如果真是这样，那为什么会有人，包括弗朗西斯·布拉格登（1791年和1802年他在巴黎），愿意花这番力气，去虚构这样一个人物呢？这个问题我想不出有说服力的答案。他用的是加蛋黄的白汁还是贝夏梅尔奶油调味酱呢？——后者就是用黄油、面粉、牛奶和少许肉豆蔻做成的，众所周知，它源于路易·德·贝夏梅尔（Louis de Béchameil），他是一名富豪，同时也享有路易十四侍卫长的称号。大仲马的白汁烩小牛肉就是以贝夏梅尔奶油作为调味的底酱。

贝夏梅尔酱虽然听起来很有翻新的古典菜肴的风格，但它并不是一种新式酱汁。关于它的起源，标准说法是源自拉瓦莱内，不过在17世纪50年代出版的第一版《法国厨师》中它并不存在，至少不叫这个名字或者不是这个可辨识的配方。麻烦的是，一些意大利人宣称过拥有这种酱汁早前版本的发明权——更有可能的是，它来自16世纪美第奇家族那些不受欢迎的闯入者——他们用它来制作烤宽面条（lasagna）。出于爱国情绪，这种起源说在法国并不被接受。

这就是神话、传说及信仰的力量。至于它们是不是虚构的，这并不重要，最好是宣称它们是福音书中的真理。这种做法也同样适用于美食学这个危险领域，巴黎人是其中无与伦比的神话创造者。

如果最早的餐厅创办人不是布朗格，那么根据其他资料，可能是一个名叫雅克·米内（Jacques Minet）的宴会承办人和厨师于18世纪60年代中期在滑轮街开办了第一家餐厅。之后他将餐厅转租给一位马西里先生（Monsieur Marcilly），后者又将它转给了马图林·罗兹·德·尚图瓦索（Mathurin Roze de Chantoiseau）。目前，包括那位英国教授在内的许多人都同意，尚图瓦索是“现代餐厅之父”的有力候选人。

尚图瓦索和布朗格或许就是同一个人，为了对抗愤怒的宴会承办人提起的法律诉讼，他发明了昵称或商号。为了让生意更红火，他们的营业场所似乎搬迁过，从滑轮街以北的一个街区，搬到了圣奥诺雷街（Rue Saint-Honoré）的123号，那是一座建于1625年的宏伟的联排建筑，餐厅在那里的阿丽格庭院（Cour d'Aligre）中重新开始营业。

## 60
## 餐厅革命

到底是谁发明了餐厅，这个问题很有意思，不过有意思的地方并不在于那家餐厅提供什么菜式，或者它位于何处，而在于它以何种方式，在什么时间提供，环境如何，顾客有怎样的体验。

等一下。怎么可能有人“发明”餐厅？因为在雅典、罗马、巴黎和里昂这些古代城市里，就已经有大量餐饮场所。两千年前就有酒吧（*thermopolia*），近代更是出现了酒馆、客栈（*auberges*）、小旅店、小餐馆、卡巴莱餐馆、饭店套餐（*tables d'hôte*）。记得威尼斯使节于1577年撰写的报告吗？——巴黎的餐馆和餐饮服务商如此之多，挑得他头晕。在欧洲和中东，从中世纪起，就已经有客栈和小旅店运营。17世纪就出现了大量的咖啡馆，尤其是巴黎那家著名的，或曰臭名昭著的普洛科普咖啡馆。

按照现代的命名，当时所有的餐饮场所都是不同主题的餐厅，包括快餐店都是名不副实的餐厅。除此之外，在18世纪中叶以前，“餐厅”这个称谓并不存在。当时几乎所有已知类型的餐馆中都有公用餐桌，有用餐的高峰期，菜单上的选择不多，菜品也没有单独标价。有时候你得费很大劲才能吃到一份家常菜，但菜式和质量经常不是你想要的。餐馆对所有人开放。装潢都是最基础的样式，餐具很粗糙，食物质量存疑，有大量旅人的恐怖经历和当地人的不满评论为证。

接下来，巴黎的餐厅出现了，它是保守的旧政体精英主义思想、启蒙时代开放性、医药学进步和大革命之前激进社会改革的矛盾混合产物。促使现代餐厅诞生的驱动力量是资产阶级的兴起，时间是1789年法国的民粹主义思想爆发的几十年后。

试想一下小特里亚侬宫或富凯那座古雅小巧的子爵城堡中的餐厅。突然之间，只要花一笔钱，食客就可以独享一张属于自己的豪华餐桌，侍应生取代了家里不停在周围徘徊、暗中观察的仆人。菜单上罗列了当天提供的各种菜式。每一道都有标价。每位食客或每张餐桌都能享受到单独的服务，所以无须争夺，没有压力。就餐区几乎像是皇家宫殿中隐蔽的私人餐厅，许多餐厅很快都决定提供这样的环境，一间主厅，一些较小的单间或称包厢，一般在楼上。有些餐厅不遗余力地确保顾客的隐私，最著名的就是1785年在皇家宫殿东北角的博若莱长廊（Galerie de Beaujolais）开办的机械咖啡馆（Café Mechanique）。其中的“飞行的桌子”都设置在中空的圆柱里，顾客在里面自助用餐。这些新奇餐厅中食物的质量和美味度也是一大惊喜。

光顾这些最早的餐厅的人，不只是富有的银行家、皇家税官和富豪，也有知识分子、艺术家和学者。女性第一次可以安全用餐而不会损坏自己的名誉。家里没有厨子和仆人的巴黎人可以通过外出就餐的方式来招待客人。这可谓一场发生在法国大革命之前的革命。

精力充沛的丹尼斯·狄德罗（Denis Diderot）在不写《百科全书》和小说时，总喜欢在外面活动，享受在外就餐的乐趣，不过他不说那些地方是餐厅（restaurant），而是称它们为餐馆（restaurateur)。“我确实喜欢餐馆！”1767 年 9 月 28 日，他向笔友苏菲·沃兰德（Sophie Volland）宣称，“我对它有无限的热爱。虽然昂贵，但不管你何时有需要，它们总能把你招待得很好。”说起“可爱的女招待”，狄德罗还说：“人们独自用餐。每位食客都有自己的小房间，他的想象力在里面可以自由驰骋。女招待会不请自来，查看你是否有任何需要。实在是太棒了。我认为人人都会对餐馆赞不绝口。”

布朗格和尚图瓦索确实做了一些前期工作，不过直到 1782 年，伟大的安托万·波维利埃，路易十六的弟弟普罗旺斯伯爵曾经的厨师长，才完善了巴黎的餐饮体验。他在黎塞留街 26 号开办了伦敦大饭店（Grande Taverne de Londres)，兼收凡尔赛、尚蒂伊或许还有杜伊勒里菜肴的精华，那里距离皇家宫殿只有几个街区。布里亚－萨瓦兰就居住在附近，也经历了这个振奋人心的时代。他认为身材丰满，长着三下巴，总是兴致高昂的波维利埃水平远超其他先驱从业者。

波维利埃本身是位餐馆老板，而不只是厨师长。他写过一本影响力重大的烹饪书，名为《厨师的艺术》(*L'Art du cuisinier*)。不过他最让人难忘的特点，或许是他总是随身带一把刀，而且他能记住几十年没见过的顾客的名字。那把刀不仅让人想起他曾是普罗旺斯伯爵的厨师长，还让人联想到中世纪光荣的 *écuyer trenchant* —— 骑士身旁的使刀人，工作职责就是当着主人的面切割烤肉。换句话说，那把刀是一种象征，让人联想起查理五世的首席厨师塔耶旺。

忘了为暴饮暴食的派对客和体弱的人准备的冰冷大理石桌面、牛肉汤和獐子菌吧，在波维利埃的餐厅，迎接你的是异常亲切的老板。你可以坐在铺有细麻布的优雅餐桌旁，在头顶枝形吊灯闪烁的光芒中，感受波维利埃本人及其训练有素的专业职员的服务，像国王一样用餐。绝不夸张地说，就是在他的餐厅中，普罗旺斯伯爵更换了名头，成为赫赫有名的路易十八国王，法兰西最伟大的美食家之一，波旁王朝的倒数第二位君王。

因此难怪在将近两百年的历史中，波维利埃一直是高端餐厅从业者公认的模范，包括巴黎著名的餐饮大亨弗里纳（Vrinat）和泰拉伊（Terrail）都是他的拥趸。弗里纳运营过塔耶旺餐厅（直至最近），泰拉伊目前仍在运营银塔餐厅。弗里纳等人为什么不佩戴塔耶旺风格的刀呢，原因我不得而知。曾几何时，它毕竟与餐厅里火热的表演和氛围非常贴合。

到 1789 年，巴黎一共有大约 50 家餐厅，其中许多都位于皇家宫殿和卢浮宫周边，以及巴黎大道附近，包括传奇性的梅奥、维里和“二月”（Février）餐厅。到路易十八统治年代开始的1814年到1815年，这个数量增加到惊人的3000家。为何会如此？请继续阅读。

## 61
## “看与被看”场景的起源

在巴黎早期的餐厅中用餐，是什么感受？请尽情施展你的想象力。如果不在乎就餐体验的质量，可以去音乐堂附近17世纪开办的普洛科普餐厅：其中有些装潢源于18世纪和19世纪，倾斜的墙壁、嘎吱作响的地板，还有螺旋形的台阶，或许曾激励狄德罗、伏尔泰等开明的顾客。

想获得比这里好一些的体验，可以回到大维富餐厅。钱包里多备些钱，或者带上不怕刷爆的信用卡。跨过镀金的门槛，找个舒服的软垫椅或长椅，把你的目光从优雅铺陈的餐桌抬起来，看看华丽的墙壁和天花板。在彩绘玻璃饰板上，能看到水泽仙女和森林神在嬉闹，四季呈现出丰硕的收获，动植物相映成趣。这里有丘比特，有狮鹫兽，有花环和穴怪，有彩绘的花瓶和浅盘，有从城堡里运来的立体壁灯和枝形吊灯。天花板虽然不如子爵城堡的高，但精致程度有过之而无不及，而且装饰着木饰板和镜子。

说到看与被看的场景，那喀索斯爱上了自己的影子。这里有数不清的镜子，营造出无限倒退的影像。里面是你最想了解或者想要逃避的人——花花世界已经等着你去品尝。几百年前是这样，现在也依旧如此。对法语熟练程度不定的外国游客来说更是这样，餐厅就是宠物动物园，在那里发音不清的人能观赏其他顾客，也会成为其他顾客的观赏对象，而且他们能在其中了解到法国的方方面面——法国礼仪，法国传统，法国的信仰、政治、历史等等即时的专业知识。正如法国19世纪著名哲人阿方斯·卡尔（Alphonse Karr）所说：事物变化越大，就越是万变不离其宗。如果心存疑惑，可以阅读网络评论。

除了窥私癖，镜子还让人产生其他联想，具体是什么呢？当然包括在凡尔赛宫镜厅用餐的想象，不过我还要大胆说出来，是否也让人联想到肉欲？你走上木雕的台阶，进入一间私密的包厢，也就是狄德罗在他的报告中提过的私人房间的现代版本。关上房门，或者拉下帘幕，穿越时空，回到过去，你们也可以玩路易十五和蓬巴杜夫人，或者奥尔良公爵和帕拉比尔伯爵夫人玩过的把戏——至少可以在你们旺盛的想象中玩儿。对于两百年前的巴黎人来说，私人包厢提供的是一种全新的消遣方式。

女士们，先生们！现在来说说食物。时间隧道在这里崩塌了。在布朗格、尚图瓦索，甚至波维利埃和大维富的时代，巴黎餐厅提供的是肉汤或创新的古典菜肴。但对于21世纪的高级餐厅来说，这些菜式就像是小酒馆里的古老菜肴。

在《巴黎的前世今生》一书中，弗朗西斯·布拉格登完整收录了波维利埃餐厅1802年的一份菜单，占据了标准印刷纸十六页的版面——原件印在一张报纸尺寸的大开本纸张上。里面有几百种菜品，包括健康汤、圣梅内乌尔德风味猪蹄、伏尔泰讨厌的摊平烤熟的鸽肉，更不用说白汁烩小牛肉和羊羔肉。

1784年，沙特尔咖啡馆刚开始营业时，提供的食物都是按照普洛科普餐厅之前和当时的方式制作的——几乎像是对它的追思。皇家宫殿周围有许多类似的餐饮场所。格里莫·德·拉·雷尼耶说过，那里的餐厅如此之多，“很少有人能纵容自己将它们尝遍”。宫殿区域原本缺乏流动人口，但由于公爵纵情酒色，这片地区在18世纪八九十年代，从一块私人飞地变成了第一个集购物商场、赌场、娱乐中心于一体的地方，妓院、俱乐部、咖啡馆和餐厅应有尽有。由于这片地区完全为奥尔良公爵拥有，因此神圣的私有财产法无法得到执行。三教九流都会聚其中——道德警察和王室奸细无权管辖，政治讨论在此肆无忌惮地展开，逃亡者和反叛者在此避难，顾客们在此赌博、嫖妓、酗酒、大肆破坏。也难怪这片地区成了城市搏动的心脏——几十年的时间里，这里一直是异端人士和未来革命者的孵化地。

维富餐厅的所有权几易其手，中途又经历了大革命和拿破仑帝国，在波旁王朝复辟的全盛年代，于1820年新更名后开始营业。其中提供的是丰盛的高级菜肴，18世纪的国王及情妇，19世纪的皇帝、皇后喜欢的那种。格里莫·德·拉·雷尼耶称，如果想品尝“马伦戈（Marengo）炖鸡[1]或鸡肉配蛋黄酱”，这里是最佳选择。进入20世纪中叶，传奇色彩的米其林大厨雷蒙德·奥利弗（Raymond Oliver）来了。他重振了大维富餐厅，并将这个国家纪念圣地经营了几十年。不过他的盛名并未对目前的继任者造成影响。盖伊·马丁先生（Guy Martin）是禅宗大师兼主厨，他性格阳光，脸总是刮得干干净净。就像旧政体时代的菜肴与古罗马时代的路边旅馆毫无关联，他设计的菜单也完全没有继承旧政体时代的风格，此外他保留的奥利弗全盛时代的元素也不多——至少与茱莉亚·柴尔德（Julia Child）在1949年前后的那番描述关联不大：“小贝壳中塞满海贝肉和蘑菇，裹着经典又悦目的葡萄酒奶油酱汁……无与伦比的鲜美鸭肉、奶酪，还有一道味道浓郁的甜点。”

---

〔1〕马伦戈炖鸡是一道经典的意大利菜，可以追溯到19世纪，食材包括：鸡肉、番茄、蘑菇、洋葱、大蒜、橄榄油、白葡萄酒、香草、龙虾、鸡蛋。通常与面包、土豆或其他淀粉类食物一起食用。

记忆啊，记忆！我第一次在大维富用餐是在数码时代到来之前，当时盖伊·马丁才刚刚接手不久，餐厅是金光闪闪的米其林三星店。我坐在维克多·雨果坐过的桌子旁，在华美、优雅的法国高级的新装饰风格的庄严空间里用餐，不过那毕竟发生在几十年前，假装我还记得那奢华菜肴的每一道程序就是误导人了，而且我潦草记录的笔记已经丢失。但有一件事可以肯定，我吃的不是1830年雨果的革命性剧作《欧那尼》(*Hernani*) 公演后庆功宴菜单上的菜肴，他们当时的菜单上有意式细面和烤羊肋肉配白豆。

第二次大约是在2004年，食物同样极其出色：先是餐前小吃（amuse-bouche)，跟着是一系列甜点，佐餐小点心拼盘（mignardises)，其中有足够满足亨利三世宠妾的巧克力，我尝了芳香的松露水饺，奶油色的汤汁很清淡，炖羊羔肉有婆罗门参和山萝卜的香气，我当时在笔记中留下的评语是“从没吃过比这更让我满足的食物”。身穿燕尾服的侍者将桌布铺得平整无瑕，还会细心地帮助捡拾掉落的餐巾，服务可谓无可挑剔，装潢也原样未变——不可能改变，这里的内饰是被列入名录的地标。宣传中说，浪漫派诗人拉马丁（Lamartine）曾在我这张桌子上用餐，无论真相为何，似乎都已不再重要。

几年后我第三次去用餐，要的是洪堡坐过的餐桌——我的几位家族成员就出生在加利福尼亚的洪堡县。但遗憾的是，就在我第三次品尝那里完美的 18 世纪到 21 世纪的绝佳菜肴后不久，大维富丢了一颗星。我经过九个月的研究，撰写了一篇介绍米其林指南的调查文章后，终于弄清了原因。不过，米其林有数不清的谜团，我的推测可能有误。

失去星星让人不快，但对冷静的马丁来说，算不上致命打击。有些餐厅因为失去第三颗星，生意也会减少三分之一。曾有大厨因此而自己结束生命。这种让人悲伤的结果让我想到 21 世纪数码时代的另一个疑问：星星依然值得信赖吗？

不过我好像又说过了头。再谈论米其林的话题，那可就是在走弯路了。

## 62
## 秋去春回

时髦、主要提供套餐的餐厅“春”（Spring）位于巴约勒街，恰好在推测的布朗格先生那家神秘的始祖餐厅两个可能地址的正中间，国王和贵族不是它的目标顾客。从某些方面来说，春一反之前餐厅的形式，顾客多元，菜单和价格都固定不变，而且顾客得有耐心。店里用一种灵活的形式，提供融合了美国风格的地道且独特的巴黎用餐体验，经过岁月的洗礼，许多人将它推举至神话的高度。顾客还没吃完，餐点的内容就被发上了社交媒体。春餐厅的套餐分四道。前三道是可口的菜肴，最后一道是甜点。

这里的主厨兼业主是丹尼尔·罗斯（Daniel Rose）。2006年，我第一次品尝他的食物时，他还是个谦虚的年轻人，刚放弃艺术史的专业，从芝加哥来法国学习烹饪。他那时刚在下蒙马特开了一个只有一间店面的套餐餐厅，店里只有他一个人唱独角戏，外加一位女招待。后来罗斯取得了显著的成绩，现在于巴黎的餐饮中心新世界酒店（New World）经营着一个融合多种文化特色的独立餐厅。他的领土每天都在扩张，正以艾伦·杜卡斯的风格抢购产业。

罗斯这个姓氏听起来让人想起餐厅首创者罗兹·德·尚图瓦索，但他与布朗格或波维利埃完全不同，或者说与他们完全相反，是21世纪对餐厅出现之前岁月的一次回顾。正如罗斯所说，你得和其他人挤在一起等待，“食物就交给我们来准备”。以巴黎餐饮的标准来看，这种做法很新鲜、朴素，甚至算得上出色，与高级餐厅正好相反，但有些人却为此感到激动。这些人大多都是美国人、日本人，很少有法国人——有些人专程来到这位米其林杰出主厨的美食圣殿，渴望获得震撼体验。

罗斯的口号是“简单、时鲜、喜悦”。有谁不享受简单和时鲜的菜肴呢？如果是发自内心的真实喜悦，自然也会受到欢迎。

新颖的套餐餐厅概念在我看来就很出色了，但更让我兴奋的是，在我自己的餐桌上，悠闲地与朋友和爱人接受挑战，混搭套餐内容。你可以说我是个逆反的家伙。

你会说，这是一种完全不同的形式，你是对的。但对于今天的食客来说，要想理解250多年前的18世纪，餐厅这种概念为什么能取得成功，最好还是先了解一下当时的公共餐厅以及别无选择的前辈。然后你就会明白，为什么狄德罗频繁光顾的可点菜的餐厅刚在巴黎出现时，会让人觉得新鲜和激动，而逆传统的新式套餐餐厅之所以在今天受到追捧，原因也是一样。

所以米其林星级主厨安妮苏菲·皮克（Anne-Sophie Pic）会将位于春餐厅转角、卢浮街上的店面恢复原貌，在餐厅中央设置一张公用长餐桌，周围摆上可点菜的独立餐桌。在两百年前的巴黎，这是绝大多数餐饮场所的惯例，它们既提供固定价格的套餐服务，也可提供新颖的点菜服务。

皮克制作的优雅美食——属于后新式高级美食一类——稚气可爱，精心打造成“有趣”和“女性”的风格——后者是主厨本人的用词，不是我的选择。餐厅氛围悠闲又别致，全白的装饰中点缀有一些必不可少的巴黎高端流行元素，有一扇窗开向厨房，所以用餐者可以观赏其中的备餐表演。

傻气的装潢风格，将用餐与娱乐融为一体，还有精心打造的欢乐氛围，这些风格之所以能像病毒一样迅速传播，是不是和数以百万计的年轻人都在麦当劳游戏围栏式的用餐环境中长大有关？

眼下，豪华的套餐餐厅在巴黎数量还很有限，但其他新奇设计却随处可见。酒吧高脚凳和给成年的孩子们[1]坐的高脚椅如雨后春笋般出现在各个地方，有时甚至用在公用餐桌旁。其灵感源自星级主厨乔尔·罗比雄（Joël Robuchon）的著名餐厅“美食坊”（L'Atelier），其中的装潢仿造的是美国和日本风格，设计成柜台的形式。和一些成年灵长类动物一样，我已经厌倦这种套路：和一群陌生人一起坐在高高的酒吧高脚凳上，围坐在长腿餐桌旁。

许多有创新精神的年轻巴黎餐厅从业者都在实践其他残酷而独特的惩罚手段，比如拒绝为顾客预订餐位——只接受先到先得的做法。

另外还有两种让顾客扎心的做法。一个是快速翻台，一旦年过三十，这种做法对消化系统会非常糟糕。第二种则更坏，那就是餐厅过分喧闹，而且会播放音量大到

---

〔1〕 这里指的是如今的成年人不成熟的状态，类似于中文里的“巨婴”。

让人无法交谈的嬉皮士音乐。这是眼下提供“酒馆美食”（bistronomie）的自助型小酒馆的规矩。既然巴黎的餐厅是私人住宅的饭厅在公共场所的延伸，那么用喧嚣的噪声来驱逐顾客，以便腾出空间再赚一轮钱，这种做法就像是对一项维持了几百年的契约的背叛。

直到最近，这类残暴做法，包括估算每分钟的支出，在法国得到的评价比那些连锁快餐餐厅和沙拉三明治商店好不了多少。它们该怎样协调与人们的生活乐趣之间的关系，或者它们怎么才能鼓励和延长巴黎人对于美食的热爱，这些都很难说清。或许应该将“巴黎人”从这个等式中减掉，新的美式酒馆浪潮和估算每分钟支出的做法，针对的大多是巴黎以外的顾客。

Entremets, *Cinquème* Service

换场点心（第五道）

# 政权更迭

18 世纪晚期—19 世纪初

18 世纪帕尔芒捷雕像，佚名艺术家

# 63
# “土豆先生”

无论是在法国旧政权时代的贵族和中产阶级餐桌上，还是在任何一家早期餐厅的菜单上，有一种食物你不会看见，那就是不起眼的土豆，*la patate*，或者更优雅的叫法是 *la pomme de terre*——“地苹果”。除非你去安托万·奥古斯丁·帕尔芒捷（Antoine Augustin Parmentier），即“土豆先生”在荣军院举办的宴会，同他喜欢吃土豆的伙伴本杰明·富兰克林（Benjamin Franklin）以及现代化学之父安托万·拉瓦锡（Antoine Lavoisier）一起用餐。

请先允许我介绍一些基础的历史背景，然后再讲一些已被打破的神话。法式炸薯条风靡全世界，实至名归，而且根据我了解到的信息，全世界3000多种土豆中，法国种植、烹饪和提供的最佳，但土豆的实际产地并不是法国，它甚至算不上一道法国美食。法国是地球上最晚接受和食用“地苹果”的国家之一。至于帕尔芒捷先生呢，他既不是发现土豆可食的人，也不是第一个在法国推广土豆的人。不过这并不意味着，帕尔芒捷就不是土豆最佳和最伟大的推广者。

作为从新世界进口而来的另一件产品，土豆是一种有百利而无一害的有魔力的块茎植物，在历史上的大多数时候，这种食物让全球许多地方的人战胜了饥荒。土豆在法国露面是在 16 世纪晚期。在那之前，它已经从安第斯山脉传遍南美洲和中美洲，然后到了弗吉尼亚州，在英国、西班牙、意大利和德国也都找到了信徒。凡土豆所到之处，人们都爱它、都吃它。人们拿到土豆之后，就开始吃土豆，而且一直吃土豆，直到故事结尾依然在吃土豆。但在法国，事情却不是这样。完全不是。

在法国社会，土豆是一种不受欢迎的舶来品，肮脏又可怜，不适合人类食用，这句话的意思是，它适合猪、农民和囚犯来吃，但不配献给贵族和资产阶级。因此，它不能被大范围种植，贵族和资产阶级拥有土地，庄稼的选择权在他们手中。土豆是不洁之物。中世纪的宇宙学认为，它们长在地下，根系靠近魔鬼，直到旧政权时代，在人们的心目中，这种观念依然根深蒂固：魔鬼和根茎在下，植物在上，再往上是家养动物，鸟类高于蹄类，人类高于鸟，天使高于人，上帝高于一切造物，但或许要除开掌权的君主。反正故事是这么说的。那么为什么松露不见于魔鬼的餐桌呢？这个问题从来没有答案。

之前说过，伟大的美食家路易十三不喜欢土豆，哪怕与烤火鸡搭配也不行——到 17 世纪时，这种原产于美洲的鸟类已经成为法国公民，并且成了一道法国特色菜，其原产地却被人忘却了。如果国王不肯吃土豆，那么法国所有重要的人士都不可能吃土豆。路易十三于 1643 年去世，之后的将近 150 年的时间里，没有法国人吃土豆。

历史的车轮匆匆驶过，太阳王、摄政王，然后进入路易十五统治中期。精力充沛的丹尼斯·狄德罗在他编纂的《百科全书》（1751 年版）中指出，这种拳头大小的块茎是一种“美味的食物”。狄德罗报告指出，土豆在法国的许多地方都长势喜人，包括阿尔萨斯、洛林、里昂、维瓦赖、多菲内。他又说，烹制土豆的食谱很多，包括土豆配肉、土豆饼、烤土豆、热灰烧土豆、煮土豆——没提到炸土豆条。他认为，尽管并不美味，但对于需要能量的人来说，土豆却是一种“产量丰富且相当健康”的食物。虽然会导致肠胃胀气，但对健壮的农民和需要增重的工人来说，这一点无须担心。

狄德罗没有提到猪，它们是法国最大的土豆食用者，也没有提到罪犯，在这个时代，他们的食物从面包和水变成了土豆泥。他也忘了提及 1630 年至 1748 年的法令，在此期间，在法国的某些地方种植土豆是违法行为，因为担心它们会导致或助长肺结核、瘟疫、麻风病和热病的传播。

启蒙年代开始萌芽的科学团体与这些蒙昧观念斗争了

几十年，结果时胜时负。但土豆的地位并没有改变。该让帕尔芒捷登场了，他是一位身材瘦削，看上去有些傻的药剂师、农学家、早期营养学家，终身未婚的单身汉，当时餐厅刚刚开始流行，但面对美食纵欲主义和佳肴款待的堕落诱惑，他完全未受影响。在其他爱吃土豆的改革家失败的地方，他成功了。“七年战争”[1]中，他被捕入狱，都是靠着土豆才存活下来。即便在不用吃监狱食物之后，帕尔芒捷似乎也还是很喜欢他的“地苹果”。总的来说，他是当时正直的英雄之一，作为一名世俗的圣人，他执意要将穷人从营养不良和死亡的命运中拯救出来。要说他一直在固执地推动土豆种植，这也是一种误导。他的敌人不是什么战略家，也不会就食物话题撰写 20000 页以上的著作。

当然，帕尔芒捷和这不起眼的块茎从德国监狱走进巴黎美食圣殿的路途，要经过凡尔赛宫和一些王室飞地，路易十六已经委派这位恼人的研究者在那里进行土豆种植实验。路易十六还为帕尔芒捷发放津贴，在荣军院为他提供终身膳宿，他成了那里的首席药剂师。这位国王是不是真的喜欢土豆的口感，真相不得而知，但值得称颂的是，他

---

〔1〕 18 世纪欧洲的一次国际性战争。以英国、普鲁士和汉诺威为一方，法国、奥地利、俄国、西班牙等国为另一方。1756 年战争开始，英、法两国主要在海上和殖民地交战，而普鲁士与俄国、奥地利主要在欧洲中部作战。1763 年战争结束，英国成为海上霸主和殖民强国，普鲁士则崛起为欧洲大陆强国。

确实鼓励人们寻找一种能在饥荒年代代替小麦面包的食物。如果当初用土豆粉制作的奶油蛋卷流行开来，那么法兰西的蛋糕王后玛丽－安托瓦内特或许就能拥有漫长而幸福的一生，7 月 14 日也不会成为巴士底日。但一直到旧政体崩溃，大革命开始之时，土豆依然被贬为“猪食根”，是囚犯的食物，巴黎人不愿接受。

所以这时候帕尔芒捷就想出了一个方案。1786 年春天，国王借给他的土地中，有一块是贫瘠的沙地，原本是供阅兵所用，地点在布洛涅森林中的勒萨布隆（Les Sablons），就在今天的巴黎环城公路旁。当年帕尔芒捷的土豆突破万难、获得承认的地方，现在是一座宠物动物园，窄轨火车让巴黎的孩子们无比兴奋，天际线上能看见弗兰克·盖里（Frank Gehry）设计的路易·威登基金会的银色轮廓，似乎是对一位亿万富翁的赞美。故事的发展是，帕尔芒捷机智地在那片土地周围安排了王室武装卫队，让巴黎人以为他是在为王室餐桌种植某种高贵的根茎类蔬菜。卫兵们会在夜幕降临时撤退，以便土豆盗贼进里面去偷窃，并且传出话去，国王的土豆味美可口，还能让人长胖——那时候长胖是一件好事。

这个计谋生效了，不过它其实算不上真正的计谋，而是一个偶然间造成的疏漏之举，一个被捣碎的神话，搭配黄油和奶油呈上餐桌。卫兵们之前就一直是白天看守，夜里从不出现，目的是在军事演习中保卫国王的阅兵场。帕尔芒捷想到利用窃贼来当传信人，这实在是一个很好的想法。因为失窃，这片土地能保住的土豆不多，他的重心实际上放在格勒内勒（Grenelle）社区的另一块土地上。

无独有偶，那块土地靠近荣军院，以及本书开头说过的恺撒大军击败巴黎西人的战场。合适吗？“但愿有胖子常随我左右，”莎士比亚笔下的恺撒说道，“在那儿的卡修斯面黄肌瘦，他想得太多了：这样的家伙就是危险。”这只是老文豪的想象吗？不管怎样，帕尔芒捷和国王的目标是养肥巴黎人，使他们不会像卡修斯那样反叛。

虽然勒萨布隆出产的土豆得到大力宣传，但一直到反叛和暴乱开始，土豆菜肴也好，面包房里的土豆粉也好，在巴黎还是没有市场。那么将土豆花别在扣眼里怎么样？摘一捧漂亮的淡紫色的土豆花，冲进凡尔赛宫献给国王，还有比这更能邀宠、更能向贵族和资产阶级推销土豆的方法吗？1786年8月24日，帕尔芒捷就这么干了，真是天才之举。路易十六摘下几朵土豆花，插在玛丽－安托瓦内特蜂巢一般的假发和胸前花饰中。“土豆先生，”国王陛下说道，“对于像你这样的人，只用金钱打赏是不够的。不过，有一种货币更能奖励你的真心！把你的手给我，上来亲吻王后。”

他们的拥抱还没结束，消息就传了出去。土豆美，土豆棒，国王和王后都爱土豆，他们把土豆花别在身上，他们爱帕尔芒捷！

土豆先生虽然害羞和笨拙，却意志坚定，他是王室的宠儿，他没有回头路，土豆花也没有。要注意的是：土豆花不是土豆。巴黎人终于开始吃土豆了吗？不，啊，不不不！

## 64
## 自由，暴饮暴食，友爱！

1787 年秋天，距离大革命爆发不到两年时间，百折不挠的帕尔芒捷在荣军院举办了一场土豆盛宴。他邀请科学家、重要人物、药剂师、怪癖分子，以及其他自愿参加的人，比如富兰克林和拉瓦锡，前来勇敢品尝"猪食根"，然后发言赞美。王室、贵族和资产阶级要人都表示反对。宴会菜单没能流传下来，但有一篇对食物的一手评论文章，历经多位年代史编者和文人之手，保存到了今天，提供了一个有趣的概括。

**帕尔芒捷于 1787 年 10 月 21 日在荣军院举办的土豆宴**

保罗·厄泽（Paul Heuzé）先生报道

他们提供了两道汤，第一道是用我们的根（块茎）制作的浓汤，另一道是肉汤，其中加了土豆粉制作的面包，用文火炖熟但又不到碎开的程度。之后是一道葡萄酒和洋葱炖鱼，一道浇着白调味汁的菜肴，然后是一道套餐餐厅风格的菜，最后是第五道红色的菜。第二部分是另外五道土豆菜肴，毫不逊色于第一部分，先是肉酱，然后是一道油煎土豆，一道沙拉，薄烤饼和一份土豆粉蛋糕。之后的菜肴都不华丽，但都美味、美观：有奶酪、蜜饯、一盘小甜饼、一道果酱馅儿饼，最后是奶油蛋卷，也是用土豆粉制作的。我们是先喝了咖啡再吃的奶油蛋卷，咖啡似乎也是土豆做的。面包有两种，一种是土豆浆和面粉混合制作，很像软牛奶面包的口感；第二种是土豆浆和土豆淀粉制作，被称作“硬面包”。

在我幻想的巴黎美食地图中，荣军院的镀金穹顶就像一只烤熟的大宾什（Bintje）土豆，被对半切开，倒扣过来，然后大量涂抹黄油变成了金色，这种想象有什么奇怪的吗？

厄泽先生是不是说到“油煎土豆”？这或许就是最早的法式炸土豆条。那道奶油蛋卷怎么样，好吃吗？或许有一天，会有一位档案保管员再找到一份关于那次宴会的评述，其中提供的细节更多，而且根据五星评分制打了分。

不管帕尔芒捷往巴黎的鹅卵石街道上投出了多少土豆，大革命的爆发都不可避免。人们涌上街头，巴士底狱陷落了。革命者处死了路易十六，塞纳河被血水染红，之后他们才慢慢绕回来，接受了帕尔芒捷的土豆——这毕竟是一种适合“人民”的食物。花卉种植者被迫拔光种植园里的植物，开始种植土豆。脖子上系着王室奖励的圣米格尔绶带，脸颊上王后的吻还滚滚发烫，腿脚飞快的帕尔芒捷躲过了恐怖统治时期的暴乱，他返回巴黎时，罗伯斯庇尔已经被送上断头台。他的社会地位得到了提升，余生一直在坚持工作，同时也在寡居妹妹的陪伴下，继续品尝土豆。年代史编撰者都忽视了他的这位妹妹，幸运的是，她也很喜欢吃土豆，她为单身汉哥哥烹饪和捣碾了几十年的土豆。有趣的是，帕尔芒捷从未发胖。不过他确实死于肺结核。

帕尔芒捷对土豆的持久热爱打破了政治界限，跨越了君主主义者和共和党派的藩篱，这在法国英雄中也很少见。他就像是食物的化身，每一个法国人都记得他，都知道他是上百道土豆菜肴的发明人，那些菜全部都以他的名字命名。我们今天所称的法式炸薯条可能是在“一战”期间，由在法国作战的美国军队完善而成，这种说法并没有实际证据。不过可以肯定的是，是当时的美军推动了它的流行，而且法式炸薯条这个名字也是他们所取。

在巴黎绿荫环绕的拉雪兹公墓中，帕尔芒捷墓绝对是

19 世纪帕尔芒捷墓碑上的石刻，佚名艺术家

我最爱的十大陵墓之一。它位于墓园里年代最久的区域之一，坐落在一片小山坡的顶部，附近还有热爱生活的拉封丹和讽刺戏剧家莫里哀的墓碑，都盖满了青苔。帕尔芒捷墓是新古典主义风格的，就像一座石灰岩建造的漂亮神庙，墓周种满了土豆，还装饰着一些雕塑作品，有蒸馏器、葡萄藤和一篮土豆。和所有来瞻仰的药剂师与城里的大多数主厨一样，我也在他的墓堆上放了一只“地苹果”，并且小声向他道了谢。

然后我走出墓地，打算去从前工人阶级聚集的 11 区交通干道，帕尔芒捷大道两边或附近的小酒馆里，享用一盘帕尔芒捷焗土豆泥，别名牧羊人派，或者再奢侈一点，来一道帕尔芒捷油封鸭。1789 年，革命者就是从这个鱼龙混杂的社区出发，突袭并攻占了巴士底狱。今天，在这里迂回曲折的粗砂街道上，出现了上百家小餐馆，把这里衬托得热闹非凡。其中有一些很棒——比如保罗·伯特小酒馆(Bistro Paul Bert)。不过现如今我在巴黎任何一家潮人聚集地用餐之前，都会遵守一条黄金准则，那就是先在厨房附近站一会儿，听听里面有没有悦耳的音乐声。如果听见，你就知道这里的特色菜是微波炉做的——令人愤怒——这就意味着你得去别处另觅土豆佳肴。帕尔芒捷焗土豆泥和白汁烩小牛肉一样，是巴黎最受欢迎的预处理冷冻食物之一，数千份令人羞愧的菜单上都能找到它的踪影。

今天的巴黎种植的土豆品种有几十种之多。炸土豆条被认为是法国人与生俱来的权利，不过绝大多数都是冷冻处理的，食用前用微波炉加热，或是再炸一次就好。你能想到的任何一种包含土豆的食物都有一个令人垂涎欲滴的法语名字，不过帕尔芒捷实验的“土豆粉硬面包”、铅灰色的土豆粉奶油蛋卷和土豆咖啡是例外，幸好它们消失了。

帕尔芒捷曾是卢浮宫、杜伊勒里宫和皇家宫殿的常客，他在那里与王室成员亲密交谈，不过他没能获得授权，到杜伊勒里宫及花园中种植他的土豆。但是我在那个街区的大维富、“春”、“吸烟者”和其他餐厅中尝过味道极好的土豆。我在博物馆咖啡馆吃过绝味的帕尔芒捷土豆烧牛尾，那是玛黑区一家很棒的街角小酒馆。不过我尝过最出色的土豆菜肴是在时髦的16区，是特级厨师乔尔·罗比雄在他的第一家三星级餐厅“雅明”（Jamin）中制作的，那个街区的土豆足够让高卢人至今仍骄傲地昂起鼻子。雅明餐厅现已不复存在，罗比雄的产业也已横扫各片大陆。不过他的小鱼碎土豆留在烹饪书里，传到互联网上，出现在数不清的巴黎餐桌上，也留在他从前粉丝的记忆中。为什么这么美味呢？除鲜美、紧实的小土豆特别出色外，每份中可能还有一整条黄油和半品脱的奶油。15年前那些公费旅行的岁月里，每当我在那些简单的花园小餐厅私密、悠闲的餐室中尝到它们时，我总会对安托万·奥古斯丁·帕尔芒捷说一句谢谢。

## 65
## 猪蹄、烤鸡和咸血

在告别旧政体，及当时偏执狂一般的君主和被过多喂食的高级教士之前，还有一个问题，那就是路易十六和玛丽-安托瓦内特的垮台、受审和死亡。你说这并不是巴黎历史上的一个开胃章节？其实，专制王权在血腥中结束反而刺激了巴黎人的胃口，加速了现代烹饪法的流行，也催生了美食写作和餐厅评论等写作类别。它还开创了民主模式，平易近人的日常营销、烹饪、用餐和外出就餐的模式，尽管美国化、全球化和数字化的浪潮愈演愈烈，这些模式依然坚持到了今天。大革命并不是凭空而生的。帕尔芒捷和大批开明人士明明发出了警告，王室真的那么愚钝吗？你知道答案。

坐在扶手椅上，跟随19世纪中叶出色的美食年代史编撰者查尔斯·蒙瑟莱及其编撰的《美食年鉴》，从皇家宫殿回到凡尔赛，感受一下旧政权时代的最后一次盛宴和各种宴会礼节吧。但菜单上最后十六道甜点和其他换场点心神秘地消失了。不过在那个庄稼连年歉收、饥荒不断、社会持续动乱的时期，这次宴会显然算得上暴饮暴食。不用说，菜单上没有土豆（除非它们存在于“消失的”小点心中）。

**国王陛下的晚宴**

1788年7月24日，星期四，于特里亚侬宫

四道汤：

米汤

舍贝尔汤

生菜面包汤

为女士准备的面包汤

两道前菜：

牛臀肉配卷心菜

烤小牛排

十六道餐前小吃：

西班牙拼盘

烤羊排

串烤兔肉

马雷查尔风味鸡翅

清炖火鸡鸡杂

菊苣羊肉块

煎火鸡配酸辣调味汁

纸包小牛杂碎

小牛头肉配上等酱汁

鸡肉配塔塔酱

烤乳猪

清炖科镇鸡汤

鲁昂小鸭配橙子

鸡排配米饭

冷盘鸡

白汁烩鸡肉配黄瓜

四道开胃冷盘：

兔肉片

烤小牛胸肉

小牛腿肉炖浓汤

冷盘火鸡

六道烘烤食物：

鸡肉

油煎公鸡配鸡蛋和面包屑

小兔肉

小火鸡肉

岩鸠

兔肉

十六道甜点：

这是个谜，再见！

现在来想象一下，满面笑容的玛丽－安托瓦内特一年之后是什么样子。这一天，她依然穿着牧羊女的服装，待在她那座迷人的小村舍中，周围都是温驯的羊羔和有机蔬菜。她吃的是最洁白的小麦粉制作的奶油蛋卷，喝的是热巧克力，哈欠连连。而城堡中的国王陛下，波旁王朝的路易十六，雨果·卡佩的尊贵后裔，结结巴巴、腿脚蹒跚，却趾高气扬地集结了一群宠臣，试图再次消化一顿包括三十二道菜肴和十六道点心的盛宴。他也吃得哈欠连连，还打起了嗝，想着该去好好睡一觉，不过还是先停下来，在日记里工整地写了一个词：无事。

无事？可是陛下啊，今天是1789年7月14日啊。无事，都是些鸡毛蒜皮！路易十六重复道。

与此同时，皇家宫殿附近的餐厅挤满了人，维里餐厅中充盈着白汁烩小牛肉的香气，梅奥餐厅里野兔肉即将煮沸，波维利埃的餐厅里正觥筹交错。可是巴黎城中却已没有面粉，没有面包，没有奶油蛋卷和蛋糕，平民大众什么都没有。小麦和土豆都歉收了。

然后我们快速跳过矛枪上挑着的人头和焚毁的巴士底狱，来到1791年6月20日“飞往瓦雷纳”的那个夜晚。但这并不是为那些拥有广阔土地的贵族特别准备的红眼航班。飞翔的是一辆马车。为什么？因为路易十六不想被1789年后颁布的宪法限制，他感觉自己受到了凡尔赛和巴黎暴徒的威胁。在一些愚蠢谋士的怂恿下，他接受了逃离法国的计划，打算在一群奥地利君主制拥趸的协助下，推翻君主立宪制，重建专制统治。

埃托尔·斯科拉（Ettore Scola）拍过一部精彩的电影，名叫《瓦雷纳之夜》（*That Night in Varennes*），由马塞洛·马斯楚安尼（Marcello Mastroianni）扮演卡萨诺瓦，米歇尔·皮科利（Michel Piccoli）扮演路易十六，让－路易·特兰蒂尼昂（Jean-Louis Trintignant）扮演索斯先生（Monsieur Sauce）。如果你还没看过，那一定要看——这部虚构的电影比真实历史更加精彩，更吸引人。卡萨诺瓦这个爱好牡蛎的美食家，将每一顿饭都变得充满诱惑！历史上他从没去过瓦雷纳附近，但是谁在乎呢？历史现实只为这部影片提供了一个背景：逃往瓦雷纳的途中发生了什么，十几个目击者的讲述各不相同。随便你挑。有人听共和党人说会架起断头台，有人忠实作传，其余人等证词的可信度不一而足。国王的女儿，王室长公主，也即后来的昂古莱姆公爵夫人（Duchess of Angoulême）讲述的细节很少，而且令美食家们失望的是，她的讲述中只字未提食物和饮品，不过话说回来，这个惊恐万分的少女为什么要记得那些？

“图泽尔夫人——王太子的家庭女教师——在出行时用的名字是科尔夫男爵夫人，”当时还很小的长公主写道，“弟弟和我假扮成她的两个女儿，分别名为艾米莉亚和阿格拉。我母亲（玛丽－安托瓦内特）扮作罗歇夫人。我们的

棘手问题，路易十六于用餐之际被捕，19 世纪，佚名艺术家

女家庭教师，也即我的姑姑，将扮成一名女伴，名叫罗莎莉。我的父亲会扮成我们的男侍，名叫迪朗。”

国王假扮成男仆？难怪他们会被抓。

还有另一个版本的故事，直到今天仍有数百万法国人相信。这个故事是这样的：在轰隆的马车中提心吊胆地过了一夜后，一家人抵达巴黎东北 140 英里处的圣梅内乌尔德，这时惊恐的路易十六饿坏了。他以补给为由叫停了马车，停留期间他点了这里最著名的圣梅内乌尔德猪蹄。这道菜要将文火炖熟的猪蹄裹上面包屑油炸，然后连骨带肉全部吃掉。咀嚼时，骨头会像夹心糖果一样爆开，温热的骨髓盈满口腔。这道菜是波维利埃的名菜。谁能责备国王为此而停车呢？毕竟这等美味能让人死了也情愿。

路易十六付钱时用的是刻有他的雕像的银币——也有一些版本说是一张 50 英镑的纸钞，上面有他的画像。邮局局长让－巴普蒂斯特·德鲁埃（Jean-Baptiste Drouet）认出了他。德鲁埃是一个爱国革命者，于是他立即骑马前往瓦雷纳村，提醒那里的共和党高层，国王一家于是便被捕了。

与食物有关的传说还有别的版本，有一个发生在瓦雷纳。那里的村长是一位杂货商，名叫让－巴普蒂斯特·索斯（Jean-Baptiste Sauce，电影中由让－路易·特兰蒂尼昂精彩演绎），他被狂暴的革命者逼着采取了行动。这群爱国者当时正在一家名叫布拉斯多尔（Bras d'Or）的小酒馆里喝酒。他们冲上街头，强迫国王一家从马车上下来，进了索斯的家。也有版本说逮捕发生在布拉斯多尔酒馆，或是索斯家楼上，当时逃亡的国王一家正在用餐。

好吧，这个人偏偏姓索斯[1]，可信吗？可笑的是，索斯先生是这段插曲中少有的有名有姓的人物之一。

严肃历史学家并不认可猪蹄的故事，也不承认国王一家是在用餐时被捕。现实中的德鲁埃生活在凡尔赛，认识国王和王后。但是有什么关系呢？当时的人们，还有现在

---

〔1〕 索斯即英语“酱汁”一词的音译。

的很多人，都相信这个故事是真的。圣梅内乌尔德从那以后就成了有胆量的法国共和党人的圣地。我在 20 世纪 90 年代的饕餮岁月中，曾经是一家名为勒派德雷尔（Le Pied Rare）的咖啡馆兼餐厅的常客，那家店位于当时工人阶级汇聚的 11 区，店主来自圣梅内乌尔德，擅长制作这道特别的猪肉菜肴，我品尝过许多次。

在那种时刻，路易十六还那么贪吃，这并不是一种理智的做法。乍一读来，这个故事似乎就是想要表达这种寓意。不过我们应该从中学到的教训其实是：猪蹄的味道之美让人难以抵挡，只要是人，都有肚子饿的时候，所以路易十六也不是神，说到底，他可能也不是那么坏。

正如大仲马所说，路易十六在进食时，无法凭借理智和智慧行事，相反，他会变成一个野蛮的原始人，一旦肚子饿了，他立刻就要吃。

大仲马不相信国王是因为贪吃猪蹄而被捕。不过他承认，路易十六在被监禁和审判期间，确实是饥饿和贪吃导致了他的最终垮台。路易十六被囚于玛黑区的丹普尔监狱（Temple Prison）期间，最大的抱怨就是食物匮乏——吃不饱也吃不好。我们大胆猜测一下，是不是水煮土豆太多、烤鸡太少？

1792 年，路易十六终于被送上审判台时，他早已饿得饥肠辘辘，并且也习惯了指挥下属，坚持要在审判现场当场吃到烤鸡。令我惊讶的是，法庭竟然答应了他的要求。于是他当着满怀敌意的旁听观众的面，狼吞虎咽吃掉了一整只味道并不好的鸡，显然丝毫不在乎自己的形象。玛丽－安托瓦内特曾试着劝阻他。大仲马引用笛卡尔的名言“我思故我在”，补足了路易十六当时的心理，“我吃故我在”。

国王不只吞下了那只鸡的每一块残渣，还吃掉了法庭拿给他的好几条宝贵的面包。最后到了宣读判决的时刻，当时革命政权建立了复杂的“陪审团”制度，720 名投票者中，有 361 人赞同无条件死刑，一同被判死刑的还有国王的堂兄，奥尔良公爵菲利普，皇家宫殿的主人，也即菲利普·伊加利提（Philippe Égalité）。1793 年 1 月 21 日，断头台准备就绪，国王被押上革命广场——现在的协和广场——于民众的咆哮声中被斩首。

当时有人站在断头台下，或许是一名革命者，或许是一名外国贵族，他用手指蘸了一下国王的血，然后说那血非常咸。他怎么知道该用什么标准来比较？难道他也是一个食人族？我不禁怀疑，这个可怕的评论人是不是也把手绢伸进那鲜血里蘸了一下，接着带回意大利，当作宝贵文物一直保存下来——之后他又为遗传学者和保皇派提供弹药，支持他们发起反抗，以保护太阳王和爱吃的路易十六的王室父权。

# 66
# 两位美食家的故事

1789年爆发的大革命重组法国社会后，法国食物和人民迎来了最好的时代，也迎来了最坏的时代。经济、政治和社会领域的一切都被推翻了，存在了几百年的行会也遭到摧毁，标准日历上的瘦日和肥日之分也被撤销，社会各阶层的融合程度之高自匈奴王阿提拉入侵以来前所未有。任何事物都无法再继续维持从前的模样。故事也一样。

但在现实中，恐怖统治结束后，贵族和资产阶级保皇派又慢慢回来了，许多教会产业重新回到梵蒂冈手中。新的标准开始建立。又经过10年的执着革命，拿破仑的15

波旁王朝的倒数第二位国王肖像：美食家、老饕、贪食者路易十八，19世纪，佚名艺术家

年征战，波旁王朝复辟了，路易十八掌握了大权。

这一时期的长篇文献指出，一如以往，事物变化越大，就越是万变不离其宗——例外的是服饰、贵族头衔、契约和荣誉的名称。帽子戴在新人头上，手套和缰绳握在新人手中，巴黎野兽的灵魂和胃口依然保持原样。

穿上公民的行头，饥饿的共和党资产阶级开始狂欢了。有权势的人开始疯狂宴饮，饕餮进食，这是恐怖统治结束后的重整。“巴黎是放纵的，放纵到不知拘束。”维克多·雨果回忆称，不过说到狂欢，他也不会垂头丧气。“腐败的享乐主义肆意流淌。疯狂赴死之后是疯狂地活……我们之中来了一位特里马乔[1]式的人物，他名叫格里莫·德·拉·雷尼耶。”

他的全名是亚历山大·巴尔塔扎尔·劳伦·格里莫·德·拉·雷尼耶，简称格里莫（Grimod），不过他更喜欢用安菲特里翁（Amphitryon）这个古老的名字。格里莫立刻宣布：“巴黎的中心已经变得像是鸟的砂囊。”

让格里莫高兴的是，这里新开了上千家餐厅，客栈老板、咖啡馆和卡巴莱餐厅店主都在招牌上加了“餐厅”字样，并且提供独立餐桌，可按菜单点菜。一些当时改变经

---

〔1〕 古罗马作家佩特洛尼乌斯的小说《萨蒂利孔》中的人物，他通过努力工作和不懈奋斗获得了财富和权力，为人慷慨大方、热情好客。

营内容的老店传承至今：比如我们旅途开始的地方，西岱岛上的老巴黎（Le Vieux Paris），还有格雷内尔街（Rue de Grenelle）上的小椅子（La Petite Chaise），这两家店从前都是客栈，当然还有普洛科普、大维富，以及从前的沙特尔咖啡馆。1789年到1815年，“餐厅”的数量能从100家暴增到3000家，原因就在于此。

不过巴黎人对食物的热爱已经慢慢超出餐厅和咖啡馆的界限。城市的集市中陈列着各种货品，有鱼，也有从未见过的野味。持续的战争导致了饥荒和恐怖，但也带来了财富，以及难以抑制的对享乐主义和声色犬马的渴望。与此同时，农民阶级，尤其是巴黎的城市贫民依然生活凄惨，饮食上也和从前一样——食物不仅缺乏，味道也很糟糕。总是水煮剩肉，土豆搭配一切。随着新世纪的曙光乍现，拿破仑做了一件波旁王朝没有做到的事儿，他加冕登基，但不是成为国王，而是成为皇帝。旧城堡和宫殿中建立了新朝廷，这位出身科西嘉岛的小个头皇帝对食物不感兴趣，只把它当作身体必需的燃料。他看着手下的宠臣吞噬欧洲被征服国家的财富。

真相是，旧政权时代的餐桌礼仪、食谱、餐厅、伙食承办商、厨师、男仆、餐厅店主及顾客许多都保留了下来，数量之多令人惊讶。有两个适应能力很强的人也幸存了下来，一个是个性古怪、富于煽动性的格里莫·德·拉·雷尼耶，另一个是冷漠的布里亚－萨瓦兰。他们是同一个时代的人，还是法律界的同行，而且都对法国美食产生了深远持久的影响。如果没有格里莫和他的《老饕年鉴》，就没有布里亚－萨瓦兰，如果没有布里亚－萨瓦兰，法国美食界的那些不自觉就喜欢卖弄知识的人就会缺少知识、哲学和“生理学”方面的依据。

在他们两人中，布里亚－萨瓦兰一直默默无闻，他于19世纪20年代中期去世以后不久，他的天赋才被人

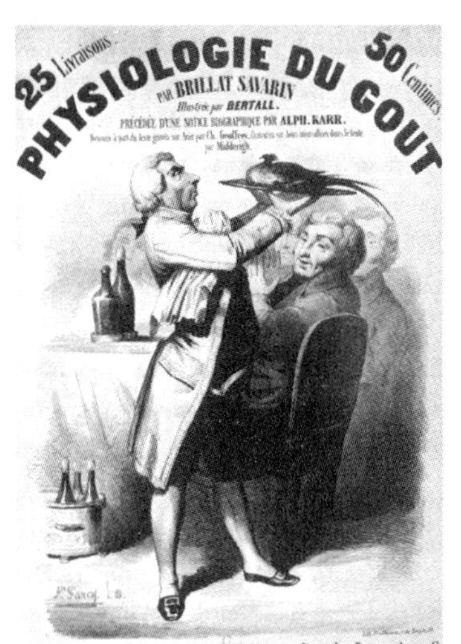


19世纪插画家贝托尔为布里亚－萨瓦兰的《味觉生理学》一书创作的海报

发现。现在他的名气超过了格里莫——《味觉生理学》（*Physiologie du Goût*）从不曾绝版——他也是两人中风度更好的一位。“布里亚－萨瓦兰吃饭是为了活下去，”曾在塔列兰（Talleyrand）家中举办的宴会上见过两人的阿布朗泰斯公爵夫人（Duchesse d'Abrantès）指出，“不过由于他喜欢精致的生活，所以他尤其关注这种极为重要的任务。读完（格里莫的）《老饕年鉴》后，我不再感觉到饥饿。……读了布里亚－萨瓦兰的书，我点了晚餐。”

不过，撰写年鉴的这位睿智作家也是一位名副其实的时代开创者，正如他的仰慕者，早期传记作家查尔斯·蒙瑟莱所说，他是“文人中最懂美食的人，美食界最懂文学的人”。用格里莫自己的话说，他是“美食文学”之父。20世纪80年代，我在为《高勒和米罗》美食指南工作时，读过他的书，我记得当时我的想法是：“啊哈！原来他们那种吹毛求疵、机敏讽刺的文风起源于格里莫。”布里亚－萨瓦兰留下的遗产就像宜人的日光，格里莫却像阴暗的夜晚，他对现代法国美食家和挑剔评论家的影响浓重又深刻。研究格里莫的专家被称作“格里莫迷”，他们经常会尖刻地反对萨瓦兰迷，不过批评格里莫的人也很多，而且同样狂热，他们认为他爱开玩笑，是个骗子和“寄生虫”。

“作为一名诗人、律师和哲学家，我有足够的权利保持高调。”格里莫曾这样评价自己，不过他应该是在自嘲，并不是在表达真实心声。除了他自夸的贵族头衔外，他还是“一笔不正当财富的继承人，风流成性的剧评人，纵欲的浪荡子，以及轻微虐待狂、歧视女性者”。他曾抗议说，在那个年代，不管男女，每一个有能力的人都是浪荡子和性别歧视者，因此既然前辈也一样贪婪，那么便没有理由谴责他。

众所周知，格里莫是个活跃于交际场上的人，在长时间写作美食年鉴的过程中，他不仅是在破土翻新，而且每天都在审视、品尝和提出要求。或许正是因为这样的活动，他才能像帝王一样重视吃喝，畅快地活到了80岁，送走了布里亚－萨瓦兰、拿破仑和路易十八。他常常徘徊其间的场所包括皇家宫殿、中央市场区域、卢浮宫、杜伊勒里宫和香榭丽舍大道。

我在巴黎追寻格里莫的足迹时，有一个问题困扰了我许多年：这个极其富有的税款承包人之子自作聪明，不信宗教，还反对君主政治，那他是怎么熬过旧政权时代的神权政治和恐怖统治的呢？简单来说的话，他凭借的是自己的智慧。他是个天才。

当你在沙特尔咖啡馆——如果喜欢，你也可以去大维富——找到格里莫的专用餐桌时，当你在香榭丽舍大道的起点，协和广场旁的加布里埃尔大道上看到他的宅邸时，你可能会停止呼吸。你会停止呼吸，不只是因为他的活动和他停不下来的玩笑，还因为他曾在多个餐饮场所大快朵颐。他有着暗黑系的幽默品位，爱开玩笑，言辞尖刻，总喜欢对美食吹毛求疵，然后他就开始大力推广他所谓的“半营养餐”，他会为自己著名的周三和周六“哲学晚宴”，以及每月一次的品尝评审会征集菜品，然后决定哪家的菜可以收入他的指南、文章和其他出版物。

出皇家宫殿后向北，就到了繁忙的小香榭街，仔细观察，这里许多方向都隐藏着奇观。格里莫时代的商铺和餐馆几乎都已不复存在，但有新的店铺取代了它们。现在，当皇家宫殿、中央市场和曾是市场的蒙特吉尔街（Rue Montorgueil）逐渐变成高档化住宅区时，附近的玛黑区却成了新中产阶级的天堂。无论往哪个方向走，都能看到各种店铺。

几十年的时间里，我一直感觉到，格里莫仿佛就在我身边，或许就在百年老店欧邦克鲁斯（Aux Bons Crus）中体验贫民生活，饮酒和饱餐，这家位于小香榭街的葡萄酒酒吧兼小酒馆十分舒适，提供丰盛的经典菜式。客人身材如果过高，头可能会顶着店里俗气的淡黄色天花板。不过2016年冬天，那家店消失了，刷了新漆，换了新名字、新店主，菜单也变得非常平庸，毫无创意，又一家社区标志性餐厅被清理，沦为雅皮士的休闲场所。

我不想把“清理”这个词用在格里莫·德·拉·雷尼

一块1801年的商店招牌，上面据说是格里莫·德·拉·雷尼耶的画像，佚名艺术家

耶身上。除了令人恐惧的智慧、吓人的食量之外，他的发型很乱，而且身材不高，缺乏魅力。大腹便便的他长着一个鸟嘴般的鼻子，长长的眉毛是倾斜的，手上不分白天黑夜都戴着手套，但不是出于时尚目的，而是为了掩盖假体。他生下来的时候，一只手长得像爪子，另一只像鹅脚一样生着蹼。这种罕见的缺陷让他的父母既惊恐又尴尬，从大众心理学角度来看，这或许就是造成他个性缺陷和行为奇异的原因。

如果在与作风专横的格里莫相处之前，你想先看看他的长相，可以绕道去玛黑区，到卡纳瓦莱酒店庭院里的巴黎历史博物馆看看——这里是塞维涅夫人的旧宅，院子里还有夸塞沃雕刻的路易十四青铜像。格里莫的画像也在这里。画像在一块木头招牌上，是科尔切莱特（Corcellet）为皇家宫殿中最著名的一家特色食品店所绘——至少博物馆是这样宣称的。这块招牌挂在馆内一楼，靠近主楼梯的地方。画像中的格里莫是一副狼吞虎咽的模样，一头白发重新染黑了，眼睛鼓胀出来，正在吃一个海鲜拼盘，用舌头舔嘴唇的样子显得十分好色。他没有戴手套，不过话说回来，科尔切莱特的目的并不是卖画，而是刺激顾客的食欲。

从皇家宫殿沿小香榭街向西走，在距离欧邦克鲁斯旧址不到100码的地方，格里莫肯定会被历史悠久的嬉皮士休闲场所威利斯红酒酒吧（Willi's Wine Bar）所吸引，这里有出色的葡萄酒，菜肴也很有艺术气息。旁边是格调相近的马塞奥酒吧（Macéo）。以现代眼光来看，格里莫可能像个衣冠不整的狂人，不过在他的时代，他是公认的“最体面的美食家”，一个前卫的花花公子。

说到这里，走到梅布尔街（Rue de Méhul）的街角，格里莫可能会停下脚步，挑选一把手工刀具——可能不会付钱，这里的库尔蒂父子餐具店（Coutellerie Courty et Fils）可是当代挥舞弯柄小刀的粗野凯尔特人的圣地。这家商店已经有大半个世纪的历史，现在的状况有待改善。考虑到这个社区的潮流，你最好进去看看其中的展示，也有一些地图上标记了法国过去和现在的刀具生产地。格里莫的使刀技术很出名，正如他在 1808 年出版的家务管理和娱乐圣经《安菲特里翁手册》（*Manuel des Amphitryons*）中所说，这是身为一个合格主人的必备技能，他的这本著作可谓“美好生活”的一曲赞歌，一本论述“切肉”的专著。书名也很有格里莫的风格，他是在向莫里哀的戏剧《安菲特里翁》致敬——这出戏剧是对这位完美主人的一种喜剧讽刺——而莫里哀的这出戏剧又来源于普劳图斯和索福克勒斯的古老作品。

若是格里莫走过今天的丹尼埃勒·卡萨诺瓦街（Rue Danielle Casanova）、卡普西纳街（Rue des Capucines）、旺多姆广场、皇家大道和协和广场，他可能会犹豫不决，因为满眼都是各式各样的糕点、马卡龙和其他烘烤食品，还有葡萄酒、奶酪，或许还有首饰和腕表。他平时的习惯是请店家送货上门，顺从的店主总会鞠躬道谢。他用一套恶作剧手段对付商人和餐厅店主，招揽广告时又会换上一套讨好的顺口溜。这些做法后来导致有人控诉他欺诈，并在 1812 年强迫他关停出版机构，停止吃白食的试吃评审活动，这时候他的活动已经举办 465 场，令人印象深刻。不过这个时候，他继承了家族的宅邸和其他遗产，没必要再到处乞讨般地放纵他的贪吃癖好了。但免费试吃评论机构却在法国保留了下来，一直到今天仍很繁荣。

或者，你也可以换条路来追随格里莫的步履，从皇家

《一座美食家图书馆》：格里莫于19世纪初出版的《老饕年鉴》的卷首插图，佚名艺术家

宫殿绕过崭新发亮的圣奥诺雷市场及周围的一圈新中产阶级休闲场所，来到一家名叫“红宝石”（Le Rubis）的店铺。这是一家拥有百年历史的标准小酒馆，门前摆放有葡萄酒桶，还有一个铺着镀锌铁皮的吧台，磨旧的木椅和木桌，从清晨7点到次日凌晨2点，不间断供应各种法国经典美食。从这里沿圣奥诺雷街或瑞弗里街（Rue de Rivoli）向南再向西，格里莫可能会在加里尼亚尼（Galignani）书

店停留。这家书店开办于 1802 年，现在仍在经营同样的业务，他会走进去看看里面是否还有他的年鉴。

就在加里尼亚尼书店以西，杜伊勒里宫的对面，原本是安吉丽娜甜品店的所在地。20 世纪中期，可可·香奈儿喜欢来这里，观赏沙龙镜子里映照出的世界。安吉丽娜现在是一家连锁店，吸引的多是日本、美国的自拍爱好者，不过也是格里莫那样的热巧克力和蒙布朗蛋糕爱好者的天堂。当时，在杜伊勒里花园旁边，绿树成荫的斐扬露台（Terrasse des Feuillants）上，著名的维里餐厅经营着一家小型分店，名叫杜伊勒里帐篷餐厅（La Tente des Tuileries）。格里莫会在这里用晚餐，举办品尝评审会，多数都是别人出资。

走出卡特琳娜·德·美第奇王后的花园，即现在的杜伊勒里花园，朝协和广场走，途中可在圣弗洛伦丁街的街角停留，抬头仰望优美的赭石色调的塔列兰宅邸，几十年来，这里一直是美国大使馆的所在地。在恐怖主义肆虐之前的年代，这座宅邸可随意参观，包括装饰精美的 18 世纪新古典主义风格的房间，最终不承担义务的外交官塔列兰曾在这里宴请热血的共和党人、国王、王后、皇帝、皇后、富豪和律师，其中就包括他的近邻格里莫·德·拉·雷尼耶、布里亚－萨瓦兰和阿布朗泰斯公爵夫人。

塔列兰是一位资深的美食家，所以他买下了这座地标建筑：从他的窗户向外望去，下面的广场就像路易十四的对称餐桌，卢克索方尖碑就是中心装饰品。塔列兰的厨师兼糕点师安东尼·卡勒姆——不过据我推断，他没有在上述这些地点工作过——是现代名厨的第一位模范人物，他也是一名不成功的建筑师。格里莫在四处巡游、吃点心、索要品尝机会时，塔列兰和卡勒姆正忙着在法国历史上留下各自的一席之地，他们中一个成了伟大的外交官，用餐桌来诱惑对手，另一个成了美食界的火种传播者，他艺术化地为旧政权时代的贵族菜肴重新命名，并对它们进行了更艺术化的呈现。

广场以西50码处是一处圣地，怪鸟格里莫就出生和成长于这里的一座华丽的联排建筑中。房前的街道上为什么会有武装卫兵，加布里埃尔大道4号听起来又为什么这么熟悉？你也许来这里申请过签证或者更新过护照。格里莫·德·拉·雷尼耶的家宅现在是美国大使馆。地址没有变，但建筑变了，很可惜原本的老宅被毁掉了，不过你可以试想一下巴黎的宏伟宫殿，比如附近法国总理居住的马蒂尼翁官邸（Hôtel Matignon），二者的差距不会太大。格里莫·德·拉·雷尼耶家宅内部的装潢如此华丽，其中的一些涂漆木饰被拆下来收进伦敦的维多利亚和阿尔伯特博物馆（Victoria and Albert Museum），你现在去仍可以看见。

那处宅邸当时堪称出类拔萃。不过，格里莫的父亲粗野、贪吃，不属于任何阶级，他的祖父曾是一个贪吃的屠夫兼猪肉商，后来成了税款包收人，又因为忠诚服务而被王室提升为贵族，摇身一变成了新贵。格里莫家族因为从中产阶级和工人阶级那儿榨取税款获取了百万身家。随着城市的发展，法国发明了一种新的收税方法，那就是在18世纪80年代修建的包税人墙（Wall of the Farmers General）上设置收费站，当时也正是格里莫寻欢作乐之心最旺盛的时候。每次有商品进城，税款包收人就会收取一定的费用，这也是导致大革命爆发的另一条导火索。包税人墙的所在地现在建成了一条环状林荫大道——环路经过蒙马特山山脚和圣安东尼城郊街（Faubourg Saint-Antoine）拉雪兹公墓前，那后者是突袭巴士底狱的愤怒人群的出发地。

格里莫的祖父也是一位臭名昭著的贪吃者。因为上天的惩罚，他在狼吞虎咽地大嚼肥腻的鹅肝酱时被噎死了。所以家族新继承人鹅掌一般的手吓坏了他迷信的父母。他们错把他当成是魔鬼的化身，以为他的出生就是为了惩罚家族时代遗传的贪吃。不，这不是我瞎编的。

## 67
## 滋养，亲爱的格里莫！

格里莫·德·拉·雷尼耶沉迷于食物和性爱，但无人宠爱的他是一个社会弃儿，在旧政权时代，他作为美食家开始崭露头角，他的爱好就是折磨父母。格里莫喜欢追逐暗娼的裙角，还总是无偿支持贫苦的人，这些在父母眼中都已经是十分糟糕的行为。零花钱被父母削减后，他开始把猪当成最好的朋友，还将家里的马车租出去用作公用马车。格里莫是一个奇才，同时也是一个浪荡子，他笃信天主教的父母认为贪吃是一种恶劣罪行，他却宣称自己是“美食家”，而非老饕、食客和美食鉴赏家。他通过各种技巧，提醒父母屠夫的家族出身。要讲述他的反叛怪行，得写一本厚书。其中我最爱的一段插曲，指明了现代巴黎人尖刻的幽默感的来源。外人会错把那种幽默当作无端的挑衅，但事实上，他们只是在分享格里莫久经世故且尖酸刻薄的傲慢而已。

有一个杜撰的故事说，格里莫在20岁出头的时候，有一次趁父母出城，组织了一次宴会，把一只猪打扮成宾客的模样，让它坐在父亲的餐位上。因为这个大逆不道的举动，父亲写下了一封密信，将格里莫关进了一座偏远的修道院。但这个传说也并非全无可信之处：年轻的格里莫有一个臭名昭著的爱好，他痴迷于一种调味料，称其味道好得“让人想把自己的父亲也蘸着那酱料吃掉”。后来性情古怪的格里莫也确实曾给自己的宠物猪仔精心打扮，将它们放在桌边的扶手椅上喂食。他的宠物猪像巴黎人的爱犬一样睡在软垫上，由满脸迷惑的贴身男仆喂它们吃各种蹄髈。

他还喜欢与猪群谈话，在文章中称赞猪“是一种知识渊博、出类拔萃的动物”，因此也证明它们是绝佳的食材，是法国美食必不可少的内容，全身上下皆可食用。

之所以会有这些谣言，有一个原因是，格里莫迷恋过不止一位女演员，这对一位律师和一位原本是税款包收人之子来说可谓禁忌。此外，他也确实组织过一次不体面的宴会，但席间并没有猪。他还失去了童年时代爱过的唯一一个人，即他父母的好友珍妮－弗朗索瓦丝·基诺(Jeanne-Françoise Quinault)，法兰西喜剧院的一位终生包厢主。基诺曾鼓励他做一名剧评人。父母只简单通知了她的死讯。所以当他们出城后，格里莫就为她举办了一次非同一般的“葬礼晚宴”。他的传记作者和其他纪实作者都称这次晚宴为“著名的晚餐”(Fameux Souper)，参加的人包括声名不佳的小说家兼警察告密者雷蒂夫·德·拉·布列塔尼（Rétif de la Bretonne)。和卡特琳娜·德·美第奇一样，格里莫也是一个数字命理学家——或者他假装自己是。他的幸运数字是17，但在大多数天主教国家，这个数字都代表着霉运。他的周三社交俱乐部参加人员数量为17人，每个人一抵达都被要求喝17杯牛奶咖啡（但永远不要喝超过22杯)。格里莫的这次葬礼晚宴邀请卡用一张黑边卡片印制，上面还印着一支十字架和一个灵柩台，接到邀请的有17位客人，16位是男士，1位是身穿男性服饰的女士。这位女士是他的情妇，诺佐伊尔女士（Madame Nozoyl）。宾客不准带好管闲事的仆人或贴身男仆，要求的抵达时间是晚上 9 点 30 分，晚餐开始时间为 10 点。宾客的身份十分复杂，有贵族、屠夫、建筑工，还有其他一些工匠，都是日常生活中永远不可能聚在一张桌子上吃饭的人。还有几十张邀请卡发给了另外一批宾客，他们不能用餐，但可以进入一个较高的走廊，观赏用餐的场景，就像公众进入凡尔赛宫观赏路易十六的晚宴一样。这种嘲讽王室礼仪的行为实在是大逆不道（*lèse-majesté*）。

餐厅的装潢十分符合格里莫当时悲哀的心境，让人想起墓地或地下墓穴。其中装饰着骷髅和交叉腿骨，墓石桌上点着蜡烛，摆的是闪闪发亮的金银餐具，水晶杯也被做成骨灰盒的形状，带着泪滴。每张餐巾下面都有一个柏树和玫瑰编成的花环。自封的“宴会之王”格里莫·德·拉·雷尼耶要求宾客用餐时必须戴上花环。九道菜中的每一道都包含多种小食，盛放的餐具上描绘着带色情色彩的死亡场景——墓地里的诱惑一类的，这种怪僻的行为让波旁王朝的最后一位国王查理十世非常喜爱。这位命途多舛的未来国王当时还是阿图瓦伯爵（Count of Artois），他当时也精心伪装参加了这次宴会。

按照今天的标准来衡量，格里莫的这次宴会耗资 3 万美元。不幸的是，菜单没有流传下来。但好在一位宾客很有先见之明，记下了第五道菜的内容，其中的各种菜品全部都是猪肉，以“你所能想象的各种方式烹饪”。格里莫还宣称，这些猪肉都是由家族一位开熟食店的亲戚提供的，这对他父亲造成了最后一击。这次晚宴大获成功，三年后甚至又再度举办——只是去除了葬礼元素。雷蒂夫·德·拉·布列塔尼在小说《尼古拉斯先生》（*Monsieur Nicolas*）中生动记录了这次晚宴的场景。有消息称，阿图瓦伯爵的最年长的哥哥路易十六通过秘密手段获得了一份第二次晚宴的邀请函，不过几乎可以肯定这是个谣言。J. K. 于斯曼（J. K. Huysmans）在19世纪80年代出版的古典小说《向后》（*À Rebours*）中也记录了这次晚宴。1958年，巴黎的一家酒店兼餐厅学校为庆祝格里莫两百周年诞辰，复原了这次宴会。法国一代代的美食专家都以各种方式见识过格里莫的独特天赋。

但这次反宗教的宴会却让他遭到放逐，被扔进了洛林地区的多梅夫修道院（Abbey of Domèvre），当时是法国大革命开始的三年前。因为被断绝了家族的财务支持，所以他只能重操律师旧业，写一些剧评，还匿名做起了外省杂货商的生意。他靠着在美食方面的特长在偏远的南部地区取得了成功。恐怖年代他低调蛰伏，待形势安全后才重返巴黎，将写作技能与伙食承办商的身份结合在一起，推动了新兴美食风潮的发展。

“美食学”（gastronomy）这个词诞生于启蒙运动，含义不只是“美食科学”这么简单。专家认为，这个词也包含巴黎人对美食长期以来的热爱，涉及餐饮、装饰和娱乐艺术的方方面面。这个词最早出现是在1801年的一首诗中，作者是早已被人遗忘的约瑟夫·贝乔（Joseph Berchoux）。时代终于发展到了这个时刻。首席美食家和晚宴东道主都渴望被美食填满肚皮。巴黎的新兴富人都需要专家来帮忙选择正确的餐厅和供货商，学习家庭的待客技巧，掌握这门新科学的要点。而作为一名美食爱好者、贪食者、公认的专家、成功的杂货商、吃着旧政权时代的美食长大的人，狡猾的格里莫·德·拉·雷尼耶当然是不二人选。

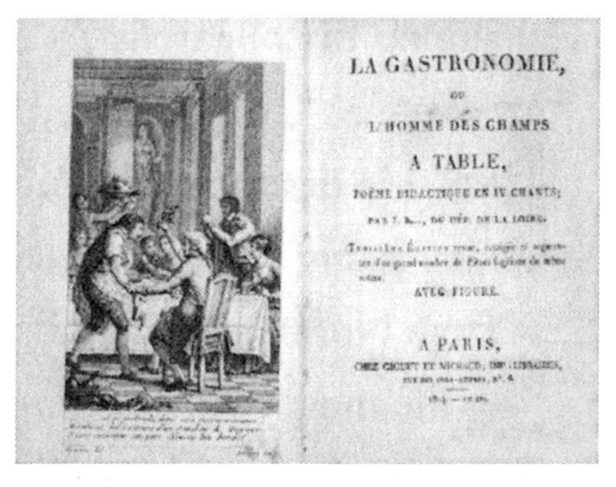

LA GASTRONOMIE,

OU

L'HOMME DES CHAMPS

A TABLE,

POÈME DIDACTIQUE EN IV CHANTS;

AVEC FIGURE.

A PARIS,

“美食学”这个词最早出现在约瑟夫·贝乔1801年的诗作*La Gastronomie*中，其中插图为佚名画家的作品

## 68
# 魔鬼封神

然而在格里莫的一些拥趸口中，故事却略有不同。他们认为格里莫是个英勇的颠覆分子，一个爱开玩笑的革命者，他用装腔作势的巧妙语言，嘲讽、欺骗和批评读者和他那个时代的美食家、石油大亨、高科技或金融业的亿万富翁。他的拥趸们或许是对的。格里莫的书中有大量诙谐的戏仿段落。比如他在1806年和1807年的《老饕年鉴》中发表了一道无敌烤肉“食谱”，这是一道套娃式的终极烤肉，将肉一层包一层地烤制。食谱共有四页，名字的意思是“无与伦比”。格里莫宣称套娃式烹饪技巧起源于古罗马时代，从而将它变成了一种文雅而博学的烹饪手法，变得不容置疑。这个食谱的真正起源其实是1730年的一出喜剧，讲的是一个害了相思病的屠夫为情妇制作忏悔节大餐的故事。格里莫在烹饪指南中对贵妇大加嘲讽，将一只肉嫩多汁的鸟儿比作某位伏尔奈小姐，说一只催肥了的母鸡“像贝尔蒙特夫人一样白皙，像戴夫因小姐一样丰满，像露易丝·孔塔小姐一样肥胖”。

说他是颠覆分子也好，反动分子也好，1803年，格里莫在他的第一版年鉴中，将街头美食的标准传达给了寡头执政者和新贵族，他在其中将美食这门新科学的地位推举到比文学和影像艺术更高的高度。他描绘了一次梦幻般的盛宴："要有画眉、鹌鹑、红松鸡、鲁昂鸭、仔鸡，以及诺曼底肥母鸡，全部做成烤肉，当然更不用说鲤鱼、香鱼、鲑鱼，这简直是最精美的秋天图景，任何诗人都无法描绘，享用者的眼睛和头脑、品位和心灵、味蕾和鼻子，都将得到极大的满足。"

在格里莫之前，没有任何现代作家——甚至包括蒙田——敢对食物和娱乐文化进行理性层面的研究，将它们推举到与艺术相同的高度，更不用说将其推举得比艺术更高。格里莫是认真的吗？或许不是，但我们永远也无从得知了。

对 19 世纪初期的绝大多数人来说，路易十四和摄政时代已经是古代，但对格里莫及其拥趸来说，它们却是王室美食历史发展的一个高峰，早已笼上了一层金光。据拉瓦莱内的《法国厨师》记录，格里莫在一份春季菜单中加入经久不衰的橙花水焦糖布丁。不过格里莫认为，春夏对美食家来说是贫乏的季节，秋冬最好。

### 格里莫为十五名宾客准备的秋季菜单

根据《安菲特里翁手册》记录，1808 年

"秋天，人们开始享受上天赐予美食家的最珍贵的礼物"

两道汤：

一道配意大利面

一道是布鲁诺伊风格的浓汤

两道肉汤：

配菜牛肉汤

热汤煨巴约讷火腿

八道前菜：

酸辣肥母鸡

松鸡肉片

野鸡肉糜配原汁

鳎目鱼片配蛋黄酱

鹌鹑配密尔博瓦调味汁

石榴配菊苣

鳗鱼香肠配松露

两道餐间甜点：

奶汁莱茵鲤鱼

朗姆松糕

两道主食烤肉：

六只人工饲养的鸽子

两只嫩野兔

八道餐末甜点：

舍瓦利耶风味黄瓜

花椰菜配蛋黄酱

白色糕点拼盘

倒扣的白醋栗果冻

豌豆黄油

炸洋蓟

黑麦面包卷

元帅夫人风味蛋糕

如果你认为这是一次奢华的盛宴，可以对比格里莫在1812年组织的最后一次“品尝评审”的最后一份“品尝菜单”：共用了整整5页纸，包括不少于52道菜，15种葡萄酒，3种咖啡，以及——最后的最后的最后，凑出了他的幸运数字——17种烈酒。

# 69
# 巴黎有东西在腐烂

下面这段美食幻想其实有现实依据。其中出现了格里莫·德·拉·雷尼耶，布里亚－萨瓦兰和您诚挚的朋友，也就是本人大卫·唐尼——请容忍我的冒昧。

“您闻到什么味道没有？”我问。

“是那种众所周知的稀世的鸟儿。”格里莫露出一个会意的微笑。

我们在皇家宫殿的拱廊上，一起拉着一位关节松弛、大腹便便的高个子绅士，这位绅士穿一身旧政权时代的衣衫，双手插在上衣口袋里，走得慢慢吞吞。其余人看到他都隔得远远的。

“先生。”格里莫毕恭毕敬地说。

“先生。”布里亚－萨瓦兰回答时嘴角愉快地上扬。

两人点头行礼。格里莫没有伸出他那只戴着手套的手。出于礼貌，布里亚－萨瓦兰也没有。取而代之的是，他从口袋里掏出两只小小的画眉，拎着它们的爪子，将它们晃晃悠悠地提在手上。臭气扑鼻。但让人窘迫的是，那两只鸟儿很像格里莫·德·拉·雷尼耶。

“还不到时候。”格里莫说。

“是，”布里亚－萨瓦兰说，“要等它们腿脚脱落，我才会把它们拿去烤。”

格里莫再次点头表示赞同，离开前承诺晚点儿再与我们会合，或许是在集市广场，或者在与美食探索无关的圣厄斯塔什教堂（Saint-Eustache）。

布里亚－萨瓦兰将鸟儿重新塞进口袋，说：“你知道，如果口腔深处感受不到那股子气味，味道就不对，不完整。”

我认出来这正是他说过的无数著名警句之一，这句话证明了他作为化学家和医生的才华和直觉，他对味觉结构奥秘的理解领先于现代科学许多年。

“我敢肯定，你知道卡农·夏科烤制这类鸟肉的食谱。”他友好地说。然后带领我向北面的黎塞留街走，他那套路易十五时代风格的公寓也在那个方向，在菲耶圣托马斯街11号，老证券市场的附近。“先要去除它们的砂囊，然后捏着这些美味小肥鸟的鸟嘴，给它们撒上盐和胡椒，小心地塞进嘴里，不要碰到嘴唇和牙齿，一口咬到你的手指尖，大力咀嚼。这期间，你的口腔里充满大量汁液，足够包裹你的整个味觉器官，咀嚼之间，你将体会到一种平民根本无从得知的愉快味觉体验。”

我是不是注定只能当一个平民？吞食烤过的半腐烂的画眉骨头，我完全接受不了。布里亚－萨瓦兰的话让我的思绪重新回到了格里莫·德·拉·雷尼耶那边。他们的外形和气质完全不同，背景和观点也大相径庭。但我无法控制自己，我感觉他们说的话彼此呼应，仿佛是在听不同角度讲述的同一个故事。

“如果我没读错你的想法，”布里亚－萨瓦兰温和地对我说——此刻我们正穿过拱廊中摆放的咖啡桌——“你是在想，我那本《味觉生理学》中的某些内容，是不是从我们那位著名的朋友格里莫那里学来的。”不等我表示抗议，他就伸出一只手阻止了我的发言。我的脸红得像煮熟的龙虾。“请允许我用几个排比问句来回答你，”他继续说，“是不是荷马写了《伊利亚特》和《奥德赛》？是不是莎士比亚写了莎士比亚的作品？是不是我们亲爱的莫扎特写了莫扎特的作品，或者他至少也有一部分像海顿先生？我们迷人的格里莫是不是也把前辈的类似想法，把我们聚餐和进行品尝评审时的交谈，当作他自己的加以宣扬？我们有人讲了一个故事，有人说出一个基于经验的方法，有人提出一份食谱，于是，格里莫·德·拉·雷尼耶先生很快就写出了他的大作。”

这位行动笨拙的老年法官和颜悦色地领着我，走上黎塞留街，那两只腐烂的鸟儿散发出的气味让我们像是身处一座猪圈。他指给我看他那个时代城里最好的面包房，并且遗憾自己没等到羊角面包发明，早餐概念革新就死了。“那边，92 号，维也纳面包房的奥古斯特·赞格伯爵在 1838 年烤出的第一只羊角面包，”他自豪地说，“我们坐的

布里亚－萨瓦兰的警句，让·帕里斯（Jean Paris）创作的明信片，20世纪初

位置一目了然。你读过但丁吗？”

我读过但丁，但是有五十年没喝过迷魂汤了。不过即便如此，我仍开始怀疑，这次相遇根本就不是无稽幻想。我暂且相信，但还是冒险引用了一句大仲马的话：“除了幻想太多，我没有别的缺点，幻想让我付出了巨大的代价。”

几十年来，格里莫和布里亚－萨瓦兰都在皇家宫殿附近的科尔切莱特或舍韦（Chevet）闲逛，这些都是专门制作美食的精品餐厅。他们都会光顾沙特尔咖啡馆，去同一批餐厅，认识同一批人，因为他们都出身于同一个职业。他们当然认识彼此，曾一起用餐，或者曾分别在塔列兰家著名的餐厅或其余地方进食。谁知道呢，布里亚－萨瓦兰很有可能就是格里莫那个品尝评审会里的匿名成员——他们的名字对外保密，直到现在很多成员的身份依然不为人所知——或者是格里莫周三或周六晚宴上的宾客。腐烂的鸟儿的故事，布里亚－萨瓦兰的警句和“食谱”都是真实存在的，出自《味觉生理学》和当时的其他传记。正如上文所说，风靡全球的现代羊角面包最早就是在黎塞留街的赞格伯爵（Count Auguste Zang）手中烤出来的，他使用的现代蒸汽炉是巴黎的第一只，这只炉子或许也是现代法棍面包的发源地，当然也让数百万人重新开始思考他们早餐吃的牛肉汤和奶油蛋卷是不是无聊。那家面包店距离布里亚－萨瓦兰的故居只有几步路。

## 格里莫的信条

格里莫《老饕年鉴》（1803—1812年）、《安菲特里翁手册》（1808年）和《美人与美食家杂志》（*Journal des Belles et des Gourmands*，1807年）

1. 我们永远都不推荐在餐桌上谈论政治……文学、娱乐、风流、爱和艺术才是值得深挖的欢乐主题。

2. 美食家并非被自然赋予了敏锐味觉和巨大胃口的人，而是因为他拥有长期经验，味觉本就非常敏锐。

在此基础上品位也得到了开蒙。

3. 最重要的是，吃每一种食物都要赶在理想的时刻，厨房中的一切都由钟表的发条决定。

4. 采取防范措施，你就可以吃很多，吃很久，而不会失败，而这是美食家最渴望的状态。

5. 美食家应该了解自己的优势和弱点，这就和将帅了解手下士兵的士气和力量一样重要。

6. 二十位宾客赞美一道蔬菜炖肉，吃到心满意足，享受地咂嘴，但谁也不会想要询问厨师的名字。

7. 好厨师也必须是化学家、植物学家、物理学家、设计师和绘图员。要成为好厨师，你必须有灵敏的嗅觉、精致的品位、锐利的眼光、敏锐的听觉和老到的触觉……最关键的是拥有极度灵敏的感觉和感官。

8. 葡萄酒不喝完就和盘子里留一口食物一样粗鲁。

9. 奶酪是醉汉的点心。

10. 即使是最简朴的膳食，最清醒的美食家也要在桌子上待满两个半小时。

11. 浓汤之于宴会，就像门廊和列柱之于建筑。

12. 有一道好的浓汤，穷人就有了正餐，最富裕的人也会嫉妒。

13.如果说小菜让我们想到宏伟联排建筑一楼的美丽房间，那么开胃菜就是为平面图增添魅力的小陈列室、闺房和走廊。

14. 总的来说，真正的美食家并不关注开胃菜，在他们眼中，开胃菜不过是无用的补白。

15. 甜点必须直抵心灵，最重要的是，要吸引眼球……摆盘精美的甜点本身就能为餐桌增添光彩。

16. 甜点制作艺术和其他艺术一样，在法国的进展都非常缓慢，而且也和所有其他艺术形式一样，其中的一切规矩都是从意大利人那里学来的。

17. 对美食家来说，冬季是最棒的季节。

18. 享用每季第一批松露的小小荣光，还是留给无知的大师、乳臭未干的美食家和经验稀缺的味蕾吧。

19. 伟大的大厨永远不可能也是伟大的糕点师。

20. 柔嫩的羊羔腿肉比通情达理的女人还难找。

21. 好的烤肉店老板比好厨师还稀缺。

22. 猪全身都是宝——全身！

## 布里亚-萨瓦兰的警句，选自《味觉生理学》，1825年版

1. 告诉我你吃什么，我就可以推断你的为人。

2. 发现一道新菜比发现一颗新星还让人欣喜。

3. 一位葡萄酒爱好者吃到了葡萄甜点。“谢了，”葡萄酒爱好者说，“我可不想喝药丸形式的葡萄酒。”

4. 迎来食客后，你就要为他们在你屋檐下这段时间的全部欢乐承担责任。

5. 烹饪是最古老的艺术，是我们平民所能获得的最大享受。

6. 餐桌之乐属于不分年纪、条件、国家和地理方位的所有人，与所有其他乐趣相比，它带给我们的安慰最为持久。

7. 没有生命以及生命所需要的食物，宇宙一无是处。

8. 国家的命运取决于饮食方式。

9. 造物主迫使人类进食才能活下去，同时也赋予人类进食的胃口，回馈给他们进食的乐趣。

10. 美食探索就是评判的过程，区分好味道和坏味道。

11. 餐桌是唯一一个能让你待满一小时仍不觉疲倦的地方。

12. 消化不良或总是喝醉的人不懂饮食和喝酒。

13. 进食的顺序是从最重到最轻，饮酒的顺序是从最柔和到最浓郁，再到最重口。

14. 不能换葡萄酒的说法纯属无稽之谈：舌头逐渐被浸透，第三杯过后，最好的葡萄酒也只会让你觉得寡淡。

15. 没有奶酪的甜点就像独眼美人。

16. 厨师可以后天培养，烤肉师是天生的。

17. 厨师最不可或缺的素质是守时：宾客也一样。……为了一位迟到的客人长久等待，对到场的人是不负责任的。

18. 客人来了却不尽心招待饭食的人不配拥有朋友。

19. 女主人必须确保随时能拿出优质的咖啡，男主人必须确保有最高品质的餐后甜酒。

20. 动物需要的是饲养，人类需要的是进餐，但只有意志坚定的思考者才懂得如何饮食。

21. 人类的特权之一是不饿也能进食，不渴也能饮用。这一点不适用于动物，我们这么做是因为对餐饮之乐有过思考，而且想要延续。

22. 消瘦对男人来说不是缺点。……但却是女人的可怕诅咒，因为美对于她们比生命更重要，而美取决于圆润的身材、优雅的曲线，……女人生来苗条，但拥有好胃口，她们保持身材的难度要大于被劁过的母鸡。

# 70
# “蛋糕萨瓦兰”的散步

让·安泰尔姆·布里亚－萨瓦兰比衣冠楚楚的小个头格里莫·德·拉·雷尼耶大三岁，块头是后者的两倍，而且从没时髦过，他是一位上层中产阶级的绅士，出身法国东部的小城贝莱（Belley）。他就读于化学和医学专业，曾经出国留学，大革命期间，他被迫流亡瑞士和美洲（他在那里发现了干酪吐司），作为律师和地方法官取得成功，而得以留在巴黎。认识布里亚－萨瓦兰的人觉得他古怪、仁慈、迷人、和善、谦恭——而且无趣。和帕尔芒捷一样，他也终生单身，似乎很享受家人、未婚姨妈的陪伴，而且他还有一群不会引发争议的普普通通的朋友。

格里莫警惕和鄙视的，布里亚－萨瓦兰却喜欢并推荐。格里莫为之恼火的，布里亚－萨瓦兰却平静和淡然处之——包括肥胖、过瘦、消化不良等等。格里莫在女性身后追逐，布里亚－萨瓦兰却情场失意，只能享受孤独。

他们看上去截然不同，实际上却几乎对所有的事情都秉持同样的观点，而且可以肯定，他们有一个共同的特点：都不会剥鸡蛋，无论在当时还是现在，这都是法国餐厅评论家的典型特点——弗朗索瓦·西蒙，又称“蔬菜杂烩”界的安东·伊戈，就曾自吹烹饪不是他该做的事。他们关注理论、实验以及身体的感触，细节都交给仆人。

如果按照时间先后顺序阅读，那么《味觉生理学》看上去就像是格里莫智慧与思想的回音。格里莫不仅是自己手下厨师中的冠军，也是所有厨师中的冠军，他是古往今来第一个列举最佳食材产地的人，第一个坚持采购的重要性的人，第一个要求告知葡萄酒酿造风土条件的人，第一个强调厨房的完美时机，宾客要按时到场的人——即使是在流行迟到、散漫成性的巴黎，这种要求也没有遭到抵制。他也是第一个接受和推进按俄式风格一道道上菜的人，他认为这才是最佳的方式，能保证食物得到完美烹饪，而且呈上餐桌时还是热的。布里亚－萨瓦兰选取并详述了格里莫的观点，然后加上了自己的东西。

那么是什么让慈祥的布里亚－萨瓦兰闻名于世而且经久不衰的呢？原因有许多，首先是他发明了美食心理分析。"告诉我你吃什么，我就可以断定你的为人。"这句话显然是对亚里士多德思想的一次精彩重组，却是一个非常有趣的话题，值得专门写一本书来探讨。这句话用当代的语言来解释就是"万物都与其对立面共存"，可能会涉及恐惧、怀旧、童年经历和自毁倾向，不过也指向好奇心和思想开放。

布里亚－萨瓦兰著作的语言风格令人感到亲切，脆弱中又带着一种忏悔的语气，这或许是他受欢迎的主要原因。

他承认自己和读者一样，都过度沉溺于吃，一直在努力地尝试合理饮食，以保证身材苗条和结实。“现在，过度饮食的艺术已经变得过于繁荣了。”他嘲讽道。

为了对抗当时流行的肥胖症，布里亚－萨瓦兰推荐了自己发明的亲切的“抗肥胖腰带”——就类似于举重运动员的腰带，日夜系在身上以保证胃、肠和其他器官处于正确的位置，从而减轻不堪负荷的脊椎的压力，避免皮肤下垂。他还推崇减少睡眠时间，加强锻炼，比如在他那套巨大的路易十五时代的公寓中散步——尝试一下他推荐的这些方法吧。

布里亚－萨瓦兰提倡的减肥方法是缓慢改变人们进食的分量和方式，同时增加热量消耗，这完全是一种现代的思想。要知道当时的牛肉中没有激素，也没有转基因生物，没有杀虫剂，没有快餐，没有冷冻快餐，也没有任何东西来改变人们的内分泌系统。此外，那时也没有直梯，没有自动扶梯，没有轿车、火车、公交车，人们只能依靠步行，自己爬楼梯，在冷风中瑟瑟发抖，燃烧热量——那他们为什么还会长胖？

对布里亚－萨瓦兰来说，原因很简单：过量进食，摄入的碳水化合物太多。“肉食动物从来不会长胖——看看狼、豺、猛禽、乌鸦等等，”他写道，“草食动物也很少发胖，除非因为衰老而只能保持静止。作为对比，一旦给它们喂食土豆、谷物和各类面粉，它们立刻就会长胖。”

如果他能考虑到当时人们大量摄取的酒精、糖类和淀粉——松糕、小蛋糕和其他甜食——的危害，那么他或许就能帮助同时代和后代的美食家们躲过肥胖和糖尿病的双重诅咒。但是布里亚－萨瓦兰和当时的人一样，也认为糖类是有益的。他也不知道碳水化合物和动物蛋白合在一起会发生什么——会将杂食的灵长类动物养肥成另一种待宰的禽兽。不用说，当时肥胖流行于富人之中，穷人只会担心热量摄入不足。然而，现在情况却完全翻转了。法国成人中肥胖人口占比为15%。而在青少年人口中，这个比例要高得多，肥胖患者的社会经济分布趋势完全与美国和其他工业化国家相同。

## 71
## 超重的人

与布里亚－萨瓦兰不同，格里莫·德·拉·雷尼耶从未有过肥胖的烦恼，而到了19世纪中期，他的精神继承人查尔斯·蒙瑟莱却积极地吹嘘肥胖是一种优点，是富足的象征。当时正值“牛肝节”在巴黎的全盛时期：人们会给法国最重最大的公牛装饰上花环，打扮得像异教神明一样，游行穿过城市。下面是 1858 年 2 月 21 日蒙瑟莱主办的《美食家》（*Le Gourmet*）刊物上发表的一篇通讯。需要记住的是，当时法国人的平均身高不超过五英尺半。

文章的标题是《“肥胖文人会”的入会资格》（*Subscriptions by some fat literary men*），蒙瑟莱在其中指出：“如今，作家挨饿的现象正在消失。作为证据，我们将提供一份表单，其中列举的是巴黎最重的一些作家用户。”列表中的名称和体重如下：埃米尔·索利（100 千克），路易·乌尔巴赫（110 千克），安德烈·托马斯（90 千克），伊波利特·德·维尔梅桑（100 千克），艾伯里克·塞孔（100 千克），古斯塔夫·柏丁（94.3 千克），尤金·沃斯汀（102 千克），埃米尔·德·拉·贝多雷埃（85 千克），阿梅代·罗兰德（100 千克），罗杰·德·波伏瓦（90 千克），吉查德（100 千克）。只算得上肥胖的作家包括阿曼德·巴尔泰、吉约姆·约瑟夫·加布里埃尔·德·拉·兰德尔、查尔斯·阿塞利诺、亨利·米尔热、巴拉希尔·德·布拉热诺纳、安吉洛·德·索尔、阿尔弗雷德·比斯凯和亨利·德·拉·玛德莱娜。

法国历史上最重的美食家是莫里斯·塞尔兰德（Maurice Sailland，1872—1956，又名古尔农斯基），他被誉为 20 世纪的布里亚－萨瓦兰，他体重最高时达到了 126 千克。

# 72
# 享乐原则

在《味觉生理学》这本书中，除严肃的段落外，也有作者分享的一些乐事，内容无所不包，有幸福时光、快乐用餐、健康、流行科学等话题的段落，书中还讲述了会传染的热情、对于食物和葡萄酒的含蓄之爱，但最重要的，或许是这本书读起来十分悦耳的行文风格。英文翻译版本有一些也相当好，但很难达到原著那种幽默、轻快、抒情的美感。

有人说，这本书的风格与作者本人的气质对比非常强烈。并不是所有人都喜欢布里亚－萨瓦兰，比如和蔼的大仲马就不喜欢他。不过他最早也最难对付的敌人或许要数安东尼·卡勒姆，这位大厨性格难缠，喜欢抬杠。“他胃口了得，讲话很少，而且说起话来很费劲，”卡勒姆说，“他很胖，像个乡村牧师。每次吃完饭，消化都会耗光他的精力。我就见过他累得昏睡过去的样子。”

布里亚－萨瓦兰在塔列兰的餐桌旁睡着过吗，还是在罗斯柴尔德家？卡勒姆在同一张桌子上招待过布里亚－萨瓦兰和格里莫吗？这位大厨没有明说，当时也没人想到要问。

Hors d'Oeuvres

拼　盘

# 外出就餐

19 世纪

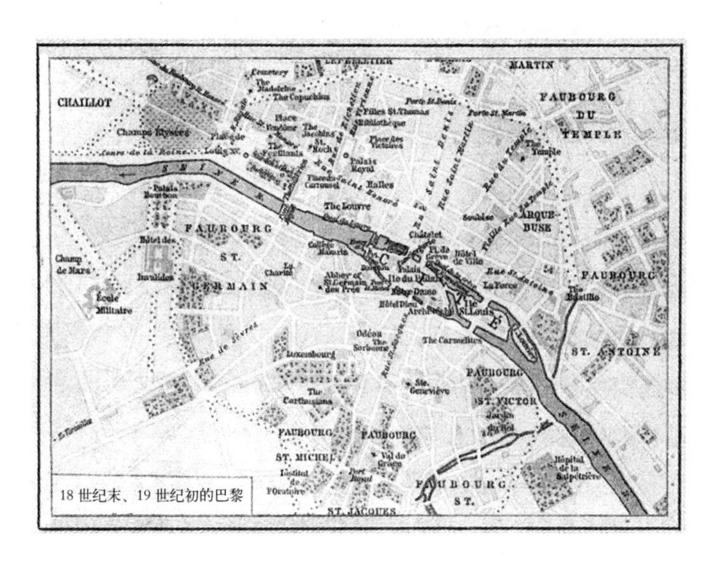

18 世纪末、19 世纪初的巴黎

# 73
# 高级烹饪术

你一定对言辞锋利、充满憎恨的安东尼·卡勒姆感到好奇，这个天生的反动分子就和今天的许多法国大厨一样，都是依靠权贵和富人才取得成功的。告诉我，你是做什么工作的，然后我来告诉你，你拥有哪些残暴能力。这种潮流是卡勒姆开创的吗？塔耶旺也很难对付吗？各地的食品专业人才，不论当时还是现在，都拥有臭名昭著的指责、讽刺和反驳敌手的能力。我在想，卡勒姆是不是嫉妒布里亚-萨瓦兰及其取得了惊人成功的杰作。卡勒姆也有一本烹饪著作在那一年出版。评论家们对这位超凡的生理学家的高尚品格趋之若鹜，但对卡勒姆这类专业大厨的实践劳动持鄙弃态度，认为不值得关注。

卡勒姆也厌恶格里莫·德·拉·雷尼耶，称“拉·雷尼耶对现代烹饪的迅速发展毫无贡献”。只用一句话几乎就宣判了对方死刑！不过这也说得通：格里莫推动的俄式服务打破了规则——与卡勒姆提倡的装饰性菜肴理念完全相反——凡是卡勒姆这位权力经纪人所推崇的，格里莫都大肆嘲讽。在这位超级巨星主厨的眼中，推动烹饪进步的人只有一个，那就是他卡勒姆，他在自己的著作中明确表示，法国烹饪黄金年代的开创者和终结者都是他。

卡勒姆完全有权利狂妄、无情和自私。他于大革命发生的五年前出生在一个建筑工厂里，家庭极其贫困，15 岁时（有些传记作家说是 25 岁，不过没必要纠结这一点）遭到抛弃。他亲身经历了恐怖年代，8 岁（也有说 12 岁）就开始在厨房中辛苦劳动，在皇家宫殿周边开始成名致富，最早是在高档糕点店巴伊（Bailly）做糕点师。这时他 17 岁，就已经被认为是天才。格里莫和布里亚－萨瓦兰一定品尝过他著名的果酱馅儿饼。塔列兰发现了他，将他雇用到巴伊工作。从这家糕点店沿着街道向前走，法国国家图书馆依然在原址，这位雄心远大的天才当年就是在这里如饥似渴地阅读建筑图书的，建筑业才是他真正的兴趣所在。

如果瘦削的卡勒姆能活到今天，那他可能依然会深爱着他生活过的这片街区。现在的薇薇安街，相邻的地标建筑有顶廊道及附近的证券交易所旧址，有 19 世纪风格的大科尔伯特酒馆（Brasserie Grand Colbert），氛围很好，食物一般；还有巴黎历史最悠久的著名巧克力制造商黛堡·嘉莱（Debauve & Gallais）的店面，这家制造商曾经是玛丽－

安托瓦内特和拿破仑（以及布里亚－萨瓦兰和马塞尔·普鲁斯特）的伙食承办商；还有星级主厨亚尼克·阿雷诺（Yannick Alléno）的小酒馆泰勒瓦（Terroir）的分店；此外还有世界最著名的葡萄酒商店及酒吧之一勒格兰德洞穴（Caves Legrand），想一边喝酒，一边拿着电子阅读器读读再版的卡勒姆著作，这里是完美场所。

如果不爱喝茶，这里还有薇薇安法式小馆——这家典型的巴黎咖啡馆兼小酒馆建于19世纪20年代，里面挤满波波族——受到许多人的喜爱，包括我在内。虽然服务有时比较冷淡，咖啡总是很一般，食物也平平无奇。在基蒂街（Kitty）的街角是当地人很爱光顾的摄政小酒馆（Bistro Le Regent），这是一家充满古典气息的街角咖啡馆，虽然咖啡很糟，但家常菜非常棒，有17世纪风格的洋葱汤配新鲜蛋黄酱，再加上水煮蛋，是太阳王喜欢的风格。

想再体验一下19世纪20年代时髦的法式小馆的氛围，这里还有丹尼尔·罗斯的热门餐厅“交易所与生活”（La Bourse et la Vie），里面进行了改造，提供新式乡村风情的食物和出色的葡萄酒，确实比本街区绝大多数地方都更好，你会惊讶地感到自己不像是在巴黎，而是在纽约曼哈顿、波士顿的联合公园，或旧金山的市场南街，你甚至都无须精通法语。

不过既然你是在巴黎，那么更好的选择是，邮件街

(Rue du Mail) 上绝对正宗的乔治小馆 (Chez Georges)，就在优雅的薇薇安拱廊街一个街区之外。巴黎氛围很好的百年酒馆有几十家之多，但乔治小馆有斜纹棉布的软座、木头餐桌、奥斯曼时代的灰泥制品、黑板上写着的菜单、锡质葡萄酒罐，提供的是传统风味的佳肴，服务也十分专业，很难被打败。这里有 20 年代海明威吃过的鲱鱼，还有 40 年代茱莉亚·柴尔德[1]品尝过的“足以改变人生的”黄油煎里脊，其余的鸭胸肉、牛排、巧克力泡芙、油酥千层糕，一定能让 19 世纪的旅人沉醉。有时复古才能带来进步，谁能说不是呢?

## 74
## 王者主厨

卡勒姆成长在一个外出就餐风气达到全盛期的时代，但他从未在餐厅做过厨师，却成了世界首位厨房名人，这实在是非常古怪。大仲马等人称他是“王者中的大厨，大厨中的王者”。他是“烹饪界的拉斐尔”，是拥有数不清技术专长的英雄，是一名艺术家，而非卑微的工匠。为什

---

〔1〕 法国厨神、演员和编剧。

么？卡勒姆是一位反对改革的完美主义者，他系统化梳理了法国美食，但并没有厨房灶台上的创新，模仿和超越大师后，他开始回溯过去而非展望未来。那个时代，整个社会都开始怀念已经消失的旧政权时代的神秘贵族美食，认为那是饮食的黄金年代，因此他的做法就成了制胜之道。而在一百年后，名厨埃斯科菲耶将全面模仿卡勒姆。

卡勒姆显然拥有非凡的领导力、无懈可击的技术，信奉低干涉的经营模式，他擅长制作大革命之前流行的新式复古菜肴，最关键的是，他创作的艺术化的摆盘足够登上路易十四的餐桌。我不禁会想，他在国家图书馆是不是也仔细研读过太阳王的贴身男仆尼古拉斯·德·博纳丰的娱乐手册，这位男仆可是对称和垂直摆盘的高手。卡勒姆在精彩职业生涯中兴奋制作的菜肴，都足够取悦国王、皇帝和沙皇。

下面这番话在卡勒姆的信徒听来可谓“变节”，但卡勒姆对烹饪法最持久的贡献，并不是他掌握和汇编的四种“主要酱汁”以及几百种附带的“小酱料”——这些漂亮的法术早在他之前就已经存在，而且之后被埃斯科菲耶等人改造得更好；甚至也不是他创作的烹饪和娱乐巨著，或者他发明的精致的罗西尼牛排——这个经久不衰的食谱至今仍在激励高级烹饪界的大师们。他最大的贡献是他创造的那些建筑构件一般的摆盘方式，柱基、圆形大厅、塔楼、柱廊都是可食用的，还能看到其他一些建筑工地般的细节，尤其受欢迎的是他创作的新古典主义风格的甜点，它们被做成歌剧院的形状，获得许多富人宾客的称赞。他称它们是“非凡的成功”。在卡勒姆的带领下，法国美食中令人惊艳的元素发展到了最高峰。

除开博纳丰的潜在影响之外，我也不确定，卡勒姆的建筑灵感以及将比喻手法转化为实体的做法是不是完全的原创。记得格里莫的那句著名比喻吗？“如果说小菜让我们想到宏伟联排建筑一楼的美丽房间，那么开胃菜就是为平面图增添魅力的小陈列室、闺房和走廊。”格里莫的这句话有坚固的建筑学基础，而且充满各种建筑的主题，卡勒姆完全有可能出于嫉妒而厌恶他。

卡勒姆早期出版的插图烹饪书《别出心裁的糕饼大师》（*Pâtissier pittoresque*）和《巴黎厨师》（*Cuisinier parisien*）都很精美，无人能抗拒。生动是卡勒姆思想的精髓。不知疲倦的旅行家，喜欢传播流言蜚语的摩根夫人（Lady Morgan），在詹姆斯·德·罗斯柴尔德（James de Rothschild）家里参加晚宴时，就对这对大厨超凡的厨艺、优雅的艺术化餐桌布置和建筑构件般的摆盘赞不绝口，说它们比许多剧院更值得称赞。摩根夫人有没有美食家的认证我们不得而知，不过不管怎样，赢得她喜爱的，是卡勒姆在一根糖柱上精心雕刻的她的芳名，以及他们在罗斯柴尔德家花园促膝长谈时他所散发的个人魅力。

1833 年，49 岁的卡勒姆因为过度劳累而去世——筋疲力尽，再加上煤炉毒气中毒——但在此之前，这位殉道英雄就早已成为“装饰性菜肴”领域无可比拟的大师，他在欧洲各地创造的宴席取悦了许多双眼睛。他的精神继承人埃斯科菲耶后来也成了法国美食、酱汁和饮食结构的国际传教士。和埃斯科菲耶一样，卡勒姆的影响力也持久不衰，只不过换了形式。在法国以及世界各地，有数不清的酒店和餐厅至今仍会强调审美的重要性，比如选择超大尺寸的名牌餐盘和不讲实际的扁平餐具，同时他们也会强调口味和具体问题，比如为顾客提供容易消化的热食，向新入行的大厨灌输过时且愚蠢的古老高级烹饪理念，比如强调垂直、对称的建筑线条和缤纷的色彩。

巴黎人现在赞赏的已经不再是卡勒姆创作的柱基和彩色肉冻勾勒的边界线，而是高端餐具、花卉摆置、食物的装饰与豪华程度，尤其是艺术化的摆盘。和许多艺术家一样，卡勒姆的名气也是在死后才逐渐扩大，“高级烹饪术”（haute cuisine）这个术语一般与埃斯科菲耶联系在一起，但实际上它第一次出现是在 19 世纪末，用来形容卡勒姆。

在我的过度想象中，这位主厨最持久的贡献其实很滑稽，他将巴黎重塑为一只巨大的宴会餐桌，上面摆满用糕饼盒制作的华而不实的建筑，其中有杏仁蛋白软糖制作的柱基，白糖制作的柱廊，蛋白酥饼制作的穹顶，奶油松饼制作的尖顶，它们都对称地摆在林荫大道的两边，换句话说，就等于是重建了由拿破仑三世和奥斯曼男爵设计的巴黎。谁知道那位平庸的暴君及其愚笨的长官是不是真的去卡勒姆的宴会上做过客，还是只读过他那些描绘桌面建筑的烹饪书？不管怎样，他们的改造工作都做得很糟，他们完全像是把巴黎改造成一个由多道菜组成的城市。

卡勒姆的名气来源于他成功地让大革命前的风尚重新流行，尽管如此，巴黎人偏好的美食风格还是逐渐从王室标准转向餐厅和资产阶级家庭模式。之后皇帝和国王的娱乐活动都在减少。拿破仑因为消化不良，所以进食速度很快，鄙视美食探索。路易十八虽然继承了王室贪吃的习性，但他缺少魅力和专制权威。他的弟弟查理十世更是无足轻重，继位四年后就遭到驱逐。体型就像保龄球瓶的路易·菲利普虽然像是摄政王的化身，但时代已经发生翻天覆地的变化，猪圈即使装扮得再艳丽，看上去也只会让人觉得怪诞，而不是宏伟。对于狡猾而淫荡的拿破仑三世来说，再奢华的宴会也比不上他的情妇重要，食物只是他用来震撼富裕的支持者、驯化饥饿的民众的工具。到 1870 年法兰西第三共和国建立时，食物和葡萄酒已经成为现代巴黎人普遍的爱好。从那以后，装饰、服饰和马车的风潮多次变换，但对美食和葡萄酒的热爱一直延续到今天，一些美食餐厅也保存到现在。

## 75
## 神圣的猪

想象一下，在巴黎最华丽的哥特式殿堂中有一座小礼拜堂。中殿上方巨大的管风琴奏出库普兰（Couperin）或吕利的舞曲音符，橙色、红色和蓝色的光芒像是在跳西班牙方丹戈舞，尘埃在其中肆意飞扬。阳光从高处的一扇彩绘玻璃窗倾斜照射进来，映着阳光，我们能看到圣安东尼和他的猪的雕像，还能看见圣安德烈，他是猪肉屠夫、酒席承办人和猪肉熟食制造商的保护人。中殿房顶上有一只豪华的盾徽，边框以月桂树叶勾勒，其中装饰着一只传家宝肥小猪的图案，还写着“猪肉熟食协会”的字样。左下方，在被浓烟熏黑的椽子上挂着一只全副装扮的猪，旧政权时代风格的壁炉旁还有一个欢快的农民厨师。时间是冬季。农民满心感恩。猪肉熟食是应当称颂的！在右边的最远处，有一位自豪的做熟猪肉的师傅，他系着一条精致的围裙，将一盘猪肉熟食杰作呈献给一位贵族模样的主人，这位主人身着袍服，脖子上挂着一枚十字架。

我们又要去幻想世界再来一次远足吗？不，这座猪肉熟食协会——一个行会——礼拜堂就在不朽的圣厄斯塔什教堂半圆形后殿附近，位于巴黎市中心右岸的中央市场，从皇家宫殿向东北方向步行十分钟即到。现在教堂对面就是重建的中央市场巨大的新“顶棚”，这里就像是巴黎伟大而油腻的内脏区域，因为埃米尔·左拉而闻名，这位作家称这里就是一个“巨大的现代机器，有发动机，有大汽锅，为所有人提供补给。还有一个巨大的肚子，以螺栓和铆钉固定，由木头、玻璃和铁搭建”。

但作为对比，中央市场新加的玻璃和钢制“顶棚”就显得很冷血无情了。在我看来，它就像特百惠（Tupperware）公司制作的一只侏罗纪时代的蝠鲼——就像是对夏尔丹那幅《鳐鱼》画作的一次后后现代主义还原，但效果却是灾难性的。与左拉时代的冷酷现实十分贴合的是，这只鳐鱼形的无底洞时刻都在散发薯条、汉堡和含糖脂的臭气，令人恶心。对于艾伦·杜卡斯担任顾问和招牌的全新时尚餐厅“尚佩奥酒馆”（Brasserie Champeaux）来说，这里算不上是合适的场地。

从这只鳐鱼往西，几个足球场开外，圣厄斯塔什教堂高耸入云的中殿一年到头都寂然无声——直到 11 月的第三个周日，成千上万名猪肉爱好者会虔诚地聚集在此，参加每年一度的猪肉熟食弥撒，其源头可追溯到路易十四的年代。说起太阳王，他的大臣科尔伯特（Colbert）就安息在这座教堂里，他的雕刻精美的陵墓与神圣的猪神殿只隔几个礼拜堂。这座教堂不容错过，这里就像是一道古老的开胃杂烩汤。黎塞留、莫里哀和蓬巴杜夫人都曾在这里接受洗礼，路易十四也是在这里告别去世的母亲，即奥地利的安娜、马萨林之爱的。巧合的是，上述这些人都是热心的猪肉爱好者，法餐的拥护者。

圣厄斯塔什教堂是弗朗索瓦一世于1532年开始建造的，对面原本是鱼龙混杂的中世纪集市区，那里只有一座带顶棚的集市广场。钢铁玻璃建造的中央广场是1853年维克多·巴尔塔（Victor Baltard）为拿破仑三世设计的，它只存在了一百一十六年，左拉让它名垂千古，成千上万的人直到今天仍在哀叹它的寿终正寝——或许会哀叹到永远。

不管你认为猪肉熟食是神圣的还是世俗的，它在巴黎的地位都不容动摇。Chair cuiterie——意为“熟肉”——是15世纪给这个巴黎行业赋予的名称，但其历史至少可追溯到12世纪，圣教君主腓力·奥古斯都刚在巴黎设立集市区的时候。不，亲爱的，并不像某些人宣称的那般，猪肉熟食将成为格里莫大口吞咽的美食，碰巧也成了巴尔扎克的偏爱、女性喜爱的食物。

很久以来，我一直感到疑惑，为什么猪肉熟食行会的礼拜堂在圣厄斯塔什教堂，而不在东南方向几个街区开外，历史悠久得多的屠宰场圣雅各肉店教堂（Saint-Jacques-de-la-Boucherie）。圣雅各肉店在巴黎的布奇里地区，那里从12世纪以来就是城市的屠宰加工区。尽管共享同样的几位守护圣徒，但“生肉”屠夫和熟食“猪肉师傅”一般而言却属于相互对立的集体。圣雅各也即圣詹姆斯，是朝圣者的守护圣徒，估计也不想与屠夫有任何关系——扇贝才是他的专业守护领域。可以想见，作为朝圣教堂，圣雅各肉店教堂在大革命期间一定遭到了破坏。不过其中点缀着雕像的哥特式塔楼依然矗立在里沃利街的一座公园，成了巴黎的地标。

圣雅各塔楼到圣厄斯塔什教堂之间的街巷和广场曾经挤满食物和葡萄酒零售店、酒馆、客栈、卡巴莱歌舞餐厅、咖啡馆和法式小馆，街道上弥漫着血与内脏、烂鱼和各种农产品的气味，老鼠遍地。有些街道现在依然如此。中央市场于1969年被迁到郊区的兰吉（Rungis）地区，现在五十多年过去，当时的记忆已经逐渐消散。有一个名叫奥罗泽（Auroze）的幸存者透露了许多实情，这是一家1872年创建的害虫防治专业公司。它们的窗户令人毛骨悚然，里面还展览着1925年从中央市场诱捕到的昆虫和干燥的老鼠标本。

但那座市场关闭时，匆忙逃窜的可不只是老鼠。圣厄斯塔什教堂厄玛乌的朝圣者（Pilgrims of Emmaus）礼拜堂中，收藏着雕塑家雷蒙德·马松（Raymond Mason）创作的一件通俗艺术作品，让人难以忘怀。作品描绘了菜贩、屠夫、酒席承办商、奶酪和鱼贩离去的场景，还能看到其他十几个与食物相关的行会和组织。在这幅画作中，他们推着波普艺术风格的蔬菜购物车，或举或拉着波普艺术风格的各色食物，表情写满悲伤。大约30万名巴黎人的生活受到影响。但是如果中央市场一直保持到今天会怎样？一定充满混乱：交通堵塞，噪声喧天，就像一个噩梦，一年到头、从早到晚从不停歇。巴尔塔设计的醒目大顶棚为什么没有被改造呢？答案很简单：房地产投机。

清理和改造工作结束于1972年。1976年我第一次到访巴黎时，中央市场已经是一个张着大嘴的七层楼深的坑。电影导演马可·费雷里（Marco Ferreri）完成影片《不要伤害白种女人》（*Don't Touch the White Woman*）——凯瑟琳·德纳芙（Catherine Deneuve）和马塞洛·马斯楚安尼主演——的拍摄后，这个坑里就塞满法国最繁忙的地下通勤列车和地铁站，还建起了一座多层购物中心，因为建得太丑、太糟糕，后来又被拆除。2016年春天，这里变成了特百惠公司的巨大天棚。天哪，我确实热爱鳐鱼配黑黄油和豌豆，但我不喜欢毫无优雅可言的7000吨重的鳐鱼形顶棚。

有时候你会感到好奇，中央市场是不是被中子弹轰炸过，其目的就是消除这个地方真实和有用的功用，留下一座充斥着假货、冒牌货、新旧特许店的垃圾场，疯狂的通勤者、转晕了头的游客和脸上长满疙瘩的郊区人都在这里大口吞咽反式脂肪和其他有害的食物。

如果布里亚－萨瓦兰和格里莫·德·拉·雷尼耶这两位已位列美食探索英灵殿的俗世圣徒——更不用说左拉和巴尔扎克——还在，凭借他们的才华，他们会对这片区域今天的面貌说些什么呢？可惜他们的评审会已经解散。撇开中央市场在几百年前的面貌不谈，就连150年前这片街区有多少出色的餐饮场所，我都无法确定。制作汤的小馆和酒馆遍地都是，还有各种高档餐厅。而现在你必须广泛撒网才能找到出色的选择。但是过去的美食家或许也会对今天漫游者的境况感到惊喜，在这片地区找到物有所值的餐厅，他们或许也会感到欣喜。

举例来说，从圣雅各塔（Saint Jacques Tower）向东走一个街区，豪华的伯努瓦酒馆从1912年就一直在吸引街区的富裕顾客。这里豪华、舒适的装潢，木制家具，毛玻璃以及楼上的私人包厢一直没有改变，价格一直都高得离谱，但服务有时候却非常友善，似乎与这个世纪格格不入。这里的古代新式菜肴有米其林星级认证，伏尔泰可能会抱怨，路易十五、格里莫和布里亚－萨瓦兰（以及雨果、巴尔扎克和福楼拜）却可能兴奋得直咂嘴。这里的法式油煎杂碎砂锅、鸡冠、小公鸡肾脏、鹅肝酱和松露汁可能会让格里莫狂喜地吃到哽咽。

在伯努瓦用餐的都是些什么人？他们有资格评论食物吗？格里莫可能会这样问，而这些问题永远都会存在，因为伟大的烹饪如果想茁壮成长，需要敏锐的味蕾。这里的食客大多都是杜卡斯（Ducasse）餐厅的常客，也就是说，他们会说法语。如果你觉得这里的装潢看起来熟悉得有些奇怪，那或许是因为你已经去过伯努瓦在纽约或东京的分店。

楼上有一幅主厨的肖像油画——杜卡斯虽然在凡尔赛与路易十四亲密交谈过，但他尚未掌握无所不在和时间旅行的本领。或许有一天能有一个全息直播节目，让杜卡斯在其中激活他不断扩大的巴黎产业，包括阿拉尔、在里昂、雷什、儒勒·凡尔纳餐厅、莫里斯酒店和雅典娜广场酒店。如果你问我，阿拉尔和在里昂在他接手后都变得更好了，儒勒·凡尔纳也一样。所以他是救世主还是捕食者？或许都不是，不妨把他当成生意人。他在法国其他地区开办的第一家餐厅建在凡尔赛，之后去了亚洲和美洲，他远远超越了埃斯科菲耶，成了享誉全球的法国美食偶像人物。这或许就是他能够召集联合国教科文组织军团[1]的原因。

---

〔1〕 2010年，联合国教科文组织将法餐列入人类非物质文化遗产名录。

猪肉熟食礼拜堂以西是E. 德希莱林（E. Dehillerin）于1820年创办的绿色商铺，这是本区域最著名的厨房用品供应商场，结构如同迷宫，至今仍在营业。面朝科基利耶尔街[1]的橱窗——曾经出售贝壳——摆满铮亮的铜锅。一些专业人士依然会出于习惯光顾。

半个街区之外是猪肉餐厅奥皮德科钦，它的霓虹灯不停闪烁，从1947年开业以来每周七天24小时均营业，而且外观一直没有变化。可以想象一家复古的街边熟食店，摆满新鲜贝类和牡蛎。和现在巴黎的许多古老餐厅一样，它也是一家连锁店。最好先润润嗓子，趁味蕾还没激活时享用店内特色菜。“圣安东尼的诱惑”是滚面包屑后炸制的猪尾、猪耳、猪鼻和猪蹄，搭配班尼斯酱汁和薯条。仿佛就连圣安东尼也会受不了诱惑，大口吞食这里的猪肉菜肴——这种说法实在是非常不符合宗教习惯，完全像是格里莫的做派。

想继续探寻美食，可以向南穿过中央市场的水泥“花园”，前往蒙特赫里－切兹·丹尼斯塔（La Tour de Montlhéry-Chez Denise），那里一直逗留不走的顾客都不是巴黎人，只有偶尔在外围餐桌边才会出现一些婴儿潮时期出生的顾客，都已经形容干瘦，给人以怀旧感。如果你

[1] 这条街的名字意思是“贝壳灰岩”。

喜欢红格子餐巾，喜欢挤在仿佛看不到尽头的餐桌边一边吃点心一边大声说话，等待巴黎人服务员从中间走过来服务；如果你想要品尝 1755 年 9 月曾在路易十五的舒瓦西城堡中出现的那道分量充足的古代“新式菜”，即扁豆炖羔羊肉，那么你来对地方了。说到这里，国王陛下——还有格里莫和布里亚－萨瓦兰——也会爱上这里的菜单，而绝不会害怕这里离谱的价格。

中央市场区残余的部分中最热闹的在圣厄斯塔什教堂以北的蒙特吉尔街和蒙马特街。在开始探索之前，我建议你先阅读一下巴尔扎克、福楼拜、大仲马和莫泊桑的著作，或者也可以读一下波德莱尔华丽且性感的文字——《拉·芳法罗》或《巴黎的忧郁》——然后再重读一下你早已烂熟于心的左拉《巴黎的肚子》中的开场章节。当然，这本小说和左拉的大部分作品一样，都写得太满，但其中精准描绘的细枝末节却令人叹服。其中的每一页都满是肥腻的培根和洋葱，猪血和鱼，熟过头的奶酪，饥饿的人，营养不良、无人关爱之人的渴望。小说的情节都围绕着圣厄斯塔什教堂缓慢展开，这座教堂的三角形尖端部分正是蒙特吉尔街和蒙马特街的交叉口。这里曾是往昔大美食家的歇脚地。

# 76
# 左拉的肚子

1867 年，尚未成名的左拉还没写出那本粗粝、大胆的小说，他把中央市场称为“巴黎每天都在上演的盛大狂欢”，天亮以前，这里的屠夫就已经准备好足够让整个城市“消化不良的武器”。和现在一样，当时这里拥挤的街道上也流淌着盎然的诗意，上演着各种自然主义的肮脏故事。

到左拉名声最盛的第二帝国和第三共和国初期，巴黎前所未有地汇聚了法兰西的各种丰厚物产。集市里出售的各色蔬菜足有上千种之多，对比起来，今天的种类还不到一百种。那时家畜贩子依然能赶着成群的牛羊进入城市，和《巴黎的肚子》一书中的主角一样，城市外围和郊区的菜农每天都会涌入这座首都，带来刚采摘的绿色蔬菜，蒙特勒伊（Montreuil）的香梨，阿让特伊（Argenteuil）和叙雷讷（Suresnes）的葡萄与葡萄酒，塞纳河、马恩河与瓦兹河的鲜鱼和小龙虾。这些就是所谓的“当地农产品”，不过和现在一样，那时也有火车和渡轮从远方运来的珍贵食品。

像左拉形容的那般，蒙特吉尔街和蒙马特街两边排满了“吸引人的杂货店，餐厅里飘出迷人的香味，展示着各种诱人的野味和禽类，商店里陈列着蜜饯，店门口打开的小桶中浸泡着黄色的泡菜，看上去就像古老的蕾丝花边”。

今天，泡菜桶和蕾丝已经不见踪影，不过你依然能找到左拉列出的清单中的其他物品——外加出色的糕点、巧克力、精酿葡萄酒、鹅肝酱、松露、香草和香料，以及各种烹饪用具。令人吃惊的是，左拉——还有其他也对几百年前的食物、饮品以及宴饮场景有过诱人描绘的作家——经常光顾的一家糕点铺和两家餐厅，现在依然在营业。

把你最爱的法国作家的亡魂都召集起来，回到1832年，当时著名的蒙特吉尔蜗牛（L'Escargot Montorgueil）餐厅才刚刚开始供应当地产的蜗牛，毫无疑问，和现在不同的是，当时可不存在蜗牛短缺的现象。1832年，格里莫·德·拉·雷尼耶还健在，品尝猪肉佳肴的同时，他很有可能也在这家餐厅用过餐，甚至与大仲马拼过桌——可能他们就是在这时候认识的。餐厅里装饰着猩红色的天鹅绒，蜗牛壳装饰的楼梯螺旋伸展至二楼萨拉·伯恩哈特（Sarah Bernhardt）的沙龙。维克多·雨果真的在上面彩绘的天花板下引诱过这位女演员吗？或许并没有这回事，不过她却是这个私生活放纵的老天才征服的最后一个情人。蜗牛和青蛙腿的滋补——更不用说催情——效用当时就已经广为人知：卡勒姆就用它们制作过提神汤。

那些通奸的情侣会不会注意，他们吃的蜗牛和青蛙腿是法国原产呢，还是从波兰、土耳其或印度尼西亚进口？今天法国几乎所有的蜗牛和青蛙腿都不是本国产品。喷气式客机将活的食材运进来后，先要在围栏或池塘中圈养六周，使其成为“法国货”，然后再运往较好的餐厅。巴黎的微波炉餐厅提供的冷冻蜗牛和蛙腿都是直接从冰箱底层的抽屉里取出来的。

蜗牛餐厅招牌上巨大的金色蜗牛标志几年前重新镀过金，现任老板也让餐厅重新打响了名声。他们采取了许多首创措施，包括自己养殖鲑鱼，因为全天候供应蜗牛和精选菜品，他们还成功打入千禧年的新中产阶级市场。现代餐厅服务方式是由 18 世纪出现的早期巴黎餐厅倡导，一百年前在纽约熟食店完善的，但这种全天候供应的模式可谓新创。

从蜗牛餐厅沿着街道向北走几个街区，就是另一家著名餐厅“康卡勒岩石”（Le Rocher de Cancale），其历史可追溯到 1804 年，格里莫曾于 1809 年在这里举办品尝评审会。1846 年，另一家有同样名称的分店获得成功，其经营业绩远远超过了老店，于是就夺走了这个店名。餐厅外立面涂成精致的蓝色和白色，很容易辨识，硬木结构上雕刻有牡蛎依附在岩石上的图案。现在这里是一家出色的中产阶级餐厅，提供新鲜的海鲜和一些随处可见的菜式。外面宝贵的露台餐位总是烟雾弥漫，挤满吞云吐雾的玩儿电子产品的人，他们占领了这片街区。

原本的“岩石”是一个豪华的美食餐厅，由牡蛎最残酷的敌人亚历克西·巴莱纳（Alexis Baleine）创办。数百万贝类生物命丧巴莱纳之手，即使是在不带“r”的5月到8月[1]，他的餐厅也供应牡蛎，这实属罗马帝国创建以来头一遭，就连路易十四也没能超过他。

餐厅二楼中褪色的彩绘壁画是保罗·加瓦尔尼（Paul Gavarni）在1846年创作的，其中有个举着葡萄酒瓶豪饮的人，根据面相来看，应该是格里莫的表亲。坐下来，点一瓶酒，配一块鲳目鱼排，眯起眼睛想象餐厅两百年前的模样。这里的菜单上选择很多，有10种羊羔或羊肉小菜、17种（为了格里莫？）小牛肉、11种牛肉、22种禽类菜、27种菜间小菜和30种甜品。神奇的是，所有这些菜品每天都能供应，就和现在数不清的微波炉餐厅一样。实际上，在巴黎早期所有的餐厅中，每天能供应的菜品都是有限的，但当时的品种之丰富就已经令人惊讶。

尤金·布里夫于1846年出版的插图本《巴黎餐桌》一书内容引人入胜，充满奇思妙想。他在其中写道：“康卡勒岩石餐厅是如此尽善尽美，里面的美食和葡萄酒质量如此出众，哪怕是最富足的人家也无法相提并论。”那为什么还要耗费巨资维持一流的厨房团队呢？为了声誉，这是一个标志，象征着你已经把餐厅打造成顶级水准。但许多巴黎人都

〔1〕法国有谚语称，不带“r”的月份，不能吃牡蛎。因为此时是牡蛎的繁殖期，瘦而且口感不佳。

做不到，哪怕是成功的巴黎富人，他们要么是出于节俭，要么是不想让财富显山露水。18 世纪巴黎充斥着暴乱、反叛和革命，在这种时候，依然维持奢华的旧政权时代生活方式是危险的。这只是餐厅在富人中流行的众多原因之一。

在布里夫的餐厅三级评分系统中，康卡勒岩石和其他一些餐厅以“完美无瑕”的表现荣登顶级餐厅名单。有趣的是，他的这种评分制就像是一百年后出现的米其林三星制的先驱。

“岩石”餐厅的食物和服务完美无瑕，无可逾越，难

阿方斯·法西（Alphonse Farcy）为尤金·布里夫的《巴黎餐桌》创作的宣传海报，1846 年，贝托尔绘

怪巴尔扎克是这里的常客，而且曾邀请维克多·雨果等名人在此共进晚餐。今天，我们再怎么强调食物对巴尔扎克的重要作用都不为过，和雨果一样，他一直都是法国的民族英雄和行为榜样。他过世一百年后，作家让·科克托（Jean Cocteau）表示，巴黎“一直在从她林立的塔楼上观望，用她的下水道吸收巴尔扎克描绘过的各种可怕的营养，她就是从那里吸取了精力，并由此拥有了魅力”。

巴尔扎克长着水桶一般的粗腿，大理石柱一般的脖颈，公牛一般粗浓杂乱的头发，他一生创作了两百多部小说，而在中途短暂的休息时间里，他总是狂饮大吃不休。他完全有资格成为旧政权时代的继承人，一顿饭能吃下一整只涂满酱汁的鹅，外加多盘配调味料的肉菜、蔬菜和甜点，用他最爱的武弗莱（Vouvray）白葡萄酒冲下肚。

不过巴尔扎克的放纵也有另一种样貌。每当赶稿时，他平均每天写作 15 个小时，一周连着一周，每天喝 50 多杯浓咖啡，一大堆梨和好几磅葡萄，还有冷盘和其他可能有毒的小吃——作为一个在中产阶级家庭出生的人，他的这些行为实在是令人震惊。

巴尔扎克的一切都令人震惊，庞大、奇异且气势逼人。所以直到现在，他在巴黎依然受到欢迎。他描绘了大量典型的巴黎人角色，比如守财奴、胆小鬼、败家子、机能失调的资产阶级、格格不入的乡巴佬、被迫进入可怕大城市的农民等——这些神经过敏的人物都那么真实、生动，都饱受着金钱与饮食的困扰。巴尔扎克算不上美食家，甚至不是老饕。我认为他几乎像是一个患强迫症的贪吃者，甚至近于暴食者——除非是在靠咖啡、梨和葡萄酒赶稿期间。除此以外，他都像一个狂热的贪食者，而且食量巨大。

## 77
## 世俗之乐

如果说格里莫将美食的地位提升至艺术领域，布里亚-萨瓦兰将其转变为卓越的消化哲学，那巴尔扎克就是将巴黎人吃的食物写进了大众文学。他塑造的最知名角色中有两个都登上过“岩石”餐厅的舞台：一个是堕落又倔强的亨利·德·玛赛，另一个是外乡人吕西安·德·吕邦泼雷，后者是个和巴尔扎克一样的天真的中产阶级子弟，来巴黎的第一天就因为光顾了非常昂贵的维里餐厅而破产。

维里餐厅在当时是杜卡斯和罗比雄等名流人人都必须体验的地方。与维里相比，“岩石”就粗糙多了，维里的食物和氛围都很棒，而且没有那种高级权威感，它在巴尔扎克的小说中出现过四次。在他其余的三十多本小说中也都出现过其他的餐厅，全部都是巴黎的餐厅，这说明到19世纪三四十年代时——保龄球瓶身材的“平民国王”路易·菲利普统治时期——外出用餐已经成为巴黎人格外热爱的活动项目。

巴尔扎克有没有像布里亚-萨瓦兰一样，从格里莫·德·拉·雷尼耶的作品中借鉴素材呢？巴尔扎克笔下有个反派是吃鹅肝酱噎死的，这正是现实中格里莫祖父的死亡方式——就像是从但丁作品中借鉴而来的一种“反向惩罚”。与此相似，这位小说家吞食少女的欲望似乎也是出自《老饕年鉴》。格里莫将巴黎男女形容为多汁的烤鹅、火腿、熟透的水果、滑腻的汤、鲟鱼、龙虾钳和攀附在岩石上的贪婪牡蛎，巴尔扎克及其笔下的反派角色都已准备好将他们生吞活剥，或是被他们生吞活剥——我们可以把这种情形描述为“狗咬狗”。

总是欠债和狼吞虎咽的巴尔扎克也用了格里莫另一个著名谋生技巧，那就是在小说中为他最爱的餐厅做广告，尤其是康卡勒岩石和索邦广场（Place de la Sorbonne）的弗利科多（Flicoteaux）。还有比这更能争取特殊服务和优惠价格的方式吗？

对于格里莫和巴尔扎克来说，饮食和娱乐行为都能够揭露性格特征、社会地位和性欲，同时也说明了巴黎人的贪得无厌，后者将成为阶级意识强烈的左拉的作品主题。

食欲和性欲总是相互交缠，对美食和美酒的渴望有时会代替声色之乐，有时却会起到激励作用，甚至导致道德的败坏和经济破产。四十年前我就感受到这种芳香颓废的氛围能对人造成的古老震撼，而至今这种芳香依然弥散在巴黎人的鼻孔之中。

忘了什么“世界之都”的称号吧——如果说18世纪的巴黎还算不上世界美食之都，那么19世纪这里一定是世界之胃。“毫无疑问，这里是全宇宙能让你吃得最好的地方。”格里莫这番夸赞说得好像他曾经穿越银河系。卡勒姆则说得更加动情：“在我们美丽的法国，上帝满足了我们所有内心的渴望，所有美食在这里都能找到。”是卡勒姆帮助塑造了今天法国人的命运和使命感，让他们觉得自己天生伟大，是上帝赐予他们优势地位。

读一下有关这座城市公认的饮食黄金年代的资料，比如巴尔扎克的小说中讲述的那些，你会发现，今天消化不良和食物中毒致死的情况比当时少很多，因为今天的食材在种类、品质和新鲜度上都远远超过当时，连优秀餐厅的数量也翻了好几倍。在巴尔扎克的时代，巴黎一共有大约3000家餐厅，现在则超过一万家。虽然其中有五分之四的地方水准都不足以招待两千名食客，但出色的选择总还有几百乃至上千家。还有哪座城市比巴黎更好吗？“巴黎之后，世界上餐厅第二多的城市是旧金山。”大仲马在1869

年曾这样写道。不过他也被中餐馆菜单上的猫和老鼠逗笑了。根据人均计算，现在情况依然如此。我很幸运能出生在这两座城市中的一座，又在另一座度过了成人后的大部分岁月。

除餐厅外，巴黎人现在于家中招待亲朋好友的方式依然和 19 世纪巴尔扎克笔下的一样——他们很少邀请外人到家中做客。如果他们邀请了，那说明这个人对他们来说非常重要，因为尽管法国人都是出了名的吝啬，但草率行事依然被认为是不可原谅的禁忌。巴黎每个美食家都记得布里亚－萨瓦兰的名言："客人来了却不尽心招待饭食的人，不配拥有朋友。"

## 78
## 尼罗河巡游

蒙特吉尔街及其周边还有其他许多美食诱惑。把你的文学家亡魂们召集起来，走半个街区前往斯托勒（Stohrer）吧，这个地方他们认识，这家糕点铺是玛丽·蕾捷斯卡（Marie Leszczyńska）的糕点师在 1730 年开办的。你还记得吧？玛丽是路易十五的王后，波兰国王斯坦尼斯瓦夫之女。就是这对热爱美食的波兰父女将朗姆松糕带到了巴黎，后来巴黎人往里面加了朗姆酒，虽然这家店现在已不复当年的盛况，但制作的朗姆松糕依然中规中矩。他们还制作一种三层高的螺旋形塔式蛋糕，由闪电泡芙——他们最成功的当代糕点——竖直拼成，值得被写进巴尔扎克的小说，或是加入卡勒姆的建筑梦幻图景。

这家店真正的特色产品是一种奶油挞，据称原是路易十五时代人们促膝长谈时吃的一种糕点，斯托勒根据文森特·拉沙佩勒1735年出版的古代新式菜肴烹饪书改造、推出。糕点的名字意思是“爱之泉”（puits d'amour），这个形容非常贴切，因为它的制作方法就是在管状千层酥中填入香草味的奶油，然后在顶上用制作焦糖布丁时使用的焦糖封口。

蒙特吉尔街以北的尼尔街（Rue du Nil）就和尼罗河街（Nile Street）一样让人提不起兴趣——倒不是因为空洞。如果格里莫和布里亚－萨瓦兰活到今天，来到尼尔街旁的这个小街区，你可能会发现他们在探寻美食的过程中饥饿得张大了嘴，就连爱吃的巴尔扎克、大仲马、雨果、福楼拜、左拉和莫泊桑也会流出涎水。这里是一个充满新中产阶级活力的街区，因此精品咖啡店、肉店、环保鱼店、面包房、熟食店、葡萄酒酒吧、普通餐厅和农场直送型精品店的价格都十分高昂。举几个例子，馥颂（Fauchon）、埃迪亚尔（Hédiard）、乐蓬马歇杂货店（Grand Épicerie Au

Bon Marché）和老佛爷百货美食店（Lafayette Gourmet）的价格都与19世纪的康卡勒和舍韦相当。美食很少有平等可言。

尼尔街从低端小街转型为美食圣地，开始于21世纪初期，当时富有进取心的格雷戈里·马尔尚（Grégory Marchand）刚从美国归来，他是法朗奇（Frenchie）餐厅的主厨兼店主，以现代经典菜而闻名。布里亚－萨瓦兰很怀念恐怖年代他流亡美国时的经历，我敢肯定，他一定会喜欢马尔尚制作的鲁本三明治。鉴于法朗奇餐厅现在要提前几个月预订餐位，这位伟大的味觉生理学家可能会手足无措，只能先去马尔尚的葡萄酒酒吧里吃一些咸牛肉和五香烟熏牛肉，或者再尝些小吃，点一瓶酒。

Dessert

甜　点

# 现代就餐方式

## 19 世纪中叶—20 世纪末

蒙马特街区的拉格朗大道酒馆（La Grande Taverne），19 世纪明信片

## 79
## 林荫大道区的主顾

从路易·菲利普统治年代到美好年代，再到第一次世界大战，现代餐饮聚集区慢慢离开了逐渐破落的皇家宫殿区域——那里成了妓女出没的场所——和冷淡的蒙特吉尔街，转移到连接协和广场和玛德琳教堂的宽阔街道和林荫大道两旁，逆时针方向最远延伸至共和广场和巴士底广场——这片区域就是巴黎著名的林荫大道区。在第二帝国统治年代，奥斯曼的重建和消除贫民窟计划扩大了资产阶级的享乐版图，歌剧院、火车站和8世纪至10世纪建设的教堂之间连起了宽阔的林荫大道。到19世纪60年代中期，巴黎拥有了现在的20个行政区，城市面积也达到现在的规模：20世纪70年代兴建的环城公路就建在19世纪最外层城墙之外无人居住的土地上。

在这片绿荫环绕、光线明亮的现代化区域，出现了许多时装精品店、剧院、餐厅和咖啡馆——托尔托尼（Tortoni）咖啡馆、多雷屋（La Maison Dorée）、里奇咖啡

和平咖啡馆，19 世纪明信片

馆（Café Riche）、瓦谢特（Vachette）、阿纳贡盛宴（Le Banquet d'Anacréon）、卡德兰布鲁（Le Cadran Bleu）、英吉利咖啡馆（Café Anglais）、哈迪咖啡馆（Café Hardy）以及和平咖啡馆（Café de la Paix）至今仍在营业，而且时髦和颓废气息也一如从前。

这一片街区最早出现的餐厅位于意大利大道的街角，三家餐厅遥遥相望。很快，文豪和他们小说中的主人公都开始在这里的林荫大道上漫步，将新开放的各家餐饮场所变成戏剧、美食探索和诱惑故事的发生背景。如尤金·布里夫所说，想在里奇咖啡馆用餐你得有勇气，要在哈迪咖啡馆用餐你得有钱。这两方面条件巴尔扎克都具备，不过他让他的吕西安·德·吕邦泼雷在多雷屋用餐。大仲马也将他的办公室搬进了多雷屋所在的建筑，靠近厨房的地方，而马塞尔·普鲁斯特笔下那位看上去不像美食家的男主角斯万也跑进来寻找奥黛特——而不是寻找蘸椴花茶吃的玛德琳蛋糕，这个情节将成为一段激情的序曲。普鲁斯特私下里是个肉食动物，喜欢多雷屋的白酒炖牛肉——不过他更喜欢的是《追忆似水年华》中那位改变了主角生活的厨师弗朗索瓦丝制作的家常菜。福楼拜、莫泊桑和其他数百位名气稍逊的作家也曾经光顾这里。

这些不可思议的餐饮场所参照的都是波维利埃的风格，看不完的菜单就像是一份份八卦小报，刊载的都是烹饪类的桃色新闻——你可以花钱买到无数的肉类。性与食物的结合比任何时候都更加紧密。探险家兼作家曾这样形容康卡勒岩石餐厅："在这里你可以与密友的情妇或者邻居的妻子幽会，因为这是一家能带来好运的餐厅，里面的包厢安静、幽暗，服务生谨言慎行，经营者对道德问题充耳不闻、视而不见。"

在这里，食物的丰富程度是第一位的，品质和鉴赏退居二线，托尔托尼或许是个例外，星级主厨乌尔班·杜布瓦（Urbain Dubois）在这里掌勺过一段时间。在这里的社交场景中，金钱提供了一种娱乐的方式，而通过娱乐，人们能获得权力，收获性爱以及其他的东西。

作为拿破仑一世的副手，让－雅克－里吉斯·德·康巴塞雷斯（Jean-Jacques-Régis de Cambacérès）在职期间编纂了《拿破仑法典》，不过他更为著名的成就是呼应蒙田的一句妙语："国家都是在餐桌上治理的。"这句话对现在的法国依然适用。到了19世纪下半叶，大小资产阶级在家中和餐厅的饭桌旁谈论的已经不只是治国才能，还包括日常事务、交易决策、社交圈子、通奸、卖淫和欢爱。

故事一直持续到现在，古老的营业场所已经改建一新，现在的法国女性都是头号玩家，但情况与19世纪相比并没有根本性的变化。对于法兰西共和国的绝大多数民众来说，食物、美酒和娱乐依然是真正的宗教。

在所有描写林荫大道区餐饮氛围的文学作品中，我最爱的是居斯塔夫·福楼拜的成长小说《情感教育》。福楼拜身材肥胖，意志坚定，他喜欢食物和美酒，也享受追逐裙角的乐趣，他的缪斯路易丝·柯莱特（Louise Colet）是位活跃的女权主义诗人，两人的恋情持续了将近十年之久。柯莱特后来成了爱玛·包法利的原型，不过她也启发福楼拜创作了其他角色，包括《情感教育》中的罗莎奈特。福楼拜是一位富裕的诺曼地主，在巴黎也拥有公寓，因此能在皇家大道上的英吉利咖啡馆等著名餐厅轻松游走，像电影镜头一样观察那里的各种仪式活动。

在英吉利咖啡馆楼上奢华的私人包厢中，小说中日趋堕落的男主角，即乡绅弗雷德里克渴望与他追求良久的交际花罗莎奈特（花名“元帅”）独处。不想却遇见西齐子爵，罗莎奈特邀请子爵加入，弗雷德里克大感失望。和福楼拜一样，女元帅也是英吉利的常客，她立刻就点了牡蛎，然后开始精读菜单，“每看到一个怪诞的菜名都停下来细细研究”。她看到黎塞留风味的兔肉卷、奥尔良风味布丁、香波堡风味的大比目鱼，觉得十分诱惑，但最后还是只点了牛排、小龙虾、松露、一份菠萝沙拉和香草冰。

“暂时就这些吧！”她招呼道，“啊，我忘了！再给我一份香肠——没有大蒜的！”

福楼拜还描绘了她狼吞虎咽的场景。“她啃着一只石榴，手肘架在桌子上。枝形大烛台上的蜡烛在她身前迎风摇颤。白色的火光渗透她那珠母色的皮肤，给她的眼睑添了一抹红晕，显得她的目光炯炯有神。石榴的红色与她嘴唇的紫色交相辉映，她那小巧的鼻孔翕动着，全身都散发出一种倨傲、沉醉和沉湎的东西”，这让弗雷德里克非常激动，心里充满狂野的欲望……

女元帅看到的那些神秘兮兮的菜名其实很普遍。在19世纪中期，这种某某风味的“怪诞的菜名”大量出现，点菜时如果没有大量的解释，不知情的食客根本不明白菜名的意思。尤金·布里夫曾经指出：“在巴黎的餐厅中，如果想做到自在，那你必须理解服务生的语言，他们所使用的厨房法语听起来往往像是在讽刺或侮辱。”布里夫还讲过一个餐厅老板按照女服务生和讽刺小说的样子为他的特色菜取名，“掺进各种俚语”，结果根本无法吸引顾客。

命名法的混乱激励了一批大胆的新闻记者，他们开始从巴黎顶尖的餐厅中收集菜单，将上面的菜名翻译成普通人能看懂的法语。今天也应该有人为高端和分子烹饪餐厅做一做解释。酱汁的名字尤其让人抓狂。后来有一些作者开始破译那些食谱和菜名，供主厨、侍应生、餐厅店主使用，其中会列出每道菜的意思、菜名中对应的内容、使用的烹饪技巧和食材。我找到的最早一批的这种图书，出版于19世纪20年代，不过我最喜欢的是加布里埃尔·德·戈奈（Gabriel de Gonet）和阿方斯·卡尔于1872年出版的《简明版菜肴纲目》（*Répertoire de cuisine simplifiée*）。其中最为出名的是泰奥菲尔·格兰古瓦（Théophile Gringoire）和路易·索尼耶（Louis Saulnier）于1914年出版的《菜肴纲目》（*Le Répertoire de la cuisine*）——目的是破译奥古斯特·埃斯科菲耶充满暗语的不朽著作《烹饪清单》（*L'Aide-Mémoire Culinaire*）和《烹饪指南》（*Le guide culinaire*）——这本书直到现在依然享有盛誉。

在今天的巴黎，这类的指南手册依然像热薄饼一样受欢迎，猜猜为什么？因为现在菜名比以前更加混乱，多余的部分更多。2015 年，一本名为《烹饪参考》（*La Cuisine de Référence*）的新书出版。世界各地的专业人士必须掌握大概 7000 个某某风味的菜名。诗性命名让高端和地方特色菜肴变得含义模糊，偶尔会带给人惊喜，而且经常都有着双关含义。

或许是受了格里莫或布里亚 - 萨瓦兰的启发，福楼拜在 1872 年同左拉及其他“声名狼藉的作者”创建了一个美食家俱乐部，总部就设在林荫大道区的另一个著名餐饮场所，即名字十分贴合的里奇咖啡馆（Café Riche）[1]。这种美食家俱乐部并非福楼拜的首创。和伦敦的男性俱乐部一样，巴黎的餐饮俱乐部和美食家协会也发源于 18 世纪。但在 19 世纪，随着贵族在总人口中所占比例由 0.1% 上升到 0.5%，然后到 1%，再到 2%，这样的俱乐部开始爆发式增长。

早期的一些美食俱乐部一直繁荣到现在，包括于 1914 年创建的百人俱乐部（the Club des Cent）。你可能会觉得，都 21 世纪了，这种组织也太老掉牙了吧？但是请三思，百人俱乐部和其他俱乐部里交游广泛的富人会员就像月亮，是他们在决定媒体的潮汐涨落，在电视、广播、杂志中兴风作浪，决定指南书的作者们该报道哪些餐厅。杜卡斯和罗比雄都是百人俱乐部的成员，保罗 · 博古斯、阿比修斯学院的让 - 皮埃尔 · 维佳托（Jean-Pierre Vigato）和众神之

[1] riche，法语，意为富有的、丰富的。

食餐厅的伯纳德·帕科（Bernard Pacaud）也是，其余成员还包括至少一名王子和一名前首相，此外还有演员、作家、政治家以及法国最富裕的一些人士。和福楼拜的美食家俱乐部一样，这个俱乐部也完全是一个男性俱乐部。

居伊·德·莫泊桑的《俊友》中也有一个让人难忘的食物诱惑场景，也发生在林荫大道区，就在最著名和昂贵的餐厅里奇咖啡馆中——它就相当于今天的米其林星级神殿。和英吉利咖啡馆一样，这家咖啡馆也早就消失无踪，不过到了19世纪，在其旧址的几个街区开外，又开办了一家名为“小里奇”（Le Petit Riche）的咖啡馆，现在依然生意兴隆且理由充分。这家小里奇采用的是19世纪80年代醒目的非主流风格装潢，服务生都穿燕尾服，楼上有私人包厢，菜单上的选择丰富，有蒜味黄油蜗牛、科尔伯特风味的整条炸的牙鳕鱼、裹面包屑炸制的奶酪配小牛排、小牛头肉配酸辣调味酱馅儿饼、朗姆松糕和漂浮之岛蛋糕。小里奇是你翻看《俊友》时的完美用餐选择。

高级菜肴不是莫泊桑的真爱。他当时因为一些怪癖而闻名，其中之一就是他每天都会登上埃菲尔铁塔用餐，他痛恨这座建筑，所以不想看到它出现在地平线上。他当时都点些什么菜，现在已经找不到记录。他喜欢去诺曼底的拉贝莱欧莱斯廷（La Belle Ernestine）品尝乡村菜肴，这是一家小客栈，位于圣朱恩（Saint-Jouin），提供内脏、煎蛋卷、烤鱼或炖鱼。考虑到这一点，莫泊桑可能不会喜欢现在铁塔上的米其林星级餐厅、儒勒·凡尔纳作品中艾伦·杜卡斯的高级菜肴。这家餐厅价格昂贵，高处的视野依然和从前一样壮观。忘了铁塔吧：如果莫泊桑还活着，他也无法逃脱杜卡斯的手掌，因为杜卡斯的产业从小酒馆、高级餐厅到高级巧克力，几乎无所不包。

与此同时，在19世纪守旧的巴黎穷人和工人阶级中，流行的用餐方式却完全不同。和之前的情况一样，在19世纪中期甚至更晚些时候，巴黎的大部分公寓中依然没有厨房。工人阶级都在做汤的厨房、便宜的卡巴莱歌舞餐厅和小客栈里用餐，从伙食承办商、烤肉小店或面包房购买熟食，或者从街头小贩那里购买内脏、肉汤和风味糕点。雅克·阿拉戈（Jacques Arago）曾在他的著作《在巴黎用餐》（*Comme on dîne à Paris*）中探索过“巴黎的这一侧面”，在这个世界，“餐饮界的自然潮流却显得奇怪，奇怪之事变成了不可思议”。

在福楼拜的《情感教育》发生的年代，巴黎爆发了1848年革命，如果你想了解这次革命以及随后1871年巴黎公社起义的原因——当时的人们沦落到要靠吃骡马、猫狗、老鼠以及动物园里的动物维生——或者明明在一个富足的年代，饥饿的穷人为什么会变得充满威胁，可以阅读阿拉戈的那本奇异的美食和旅行文学作品。

# 80
# 家常便饭

“在罗什舒瓦尔街最高处左侧的一条死胡同中，”阿拉戈在《叉取晚餐》（Fishing Dinner）一章中将背景设定在这里，“有一座带庭院和花园的大宅，那里是奥弗涅人聚居的地方……”

环境恶劣的罗什舒瓦尔街区（Rue Rochechouart）在当时是奥弗涅人的聚居区——这些人后来成了巴黎的咖啡馆和小酒馆的主人。现如今这里容易失火的公寓中居住的是来自欧洲之外的移民。在阿拉戈的那本书中，散工、拾荒人、工厂的工人、流浪汉和其他社会底层民众都聚集在这个所谓的“奥弗涅人聚居区”，手里抓着五个生丁，展开猎食探险。“一只巨大的煮锅中装了一半的肉汤，里面有一些牛羊肉的肉渣，或者更有可能是奶牛肉和公羊肉，表面泛着一层油脂，令人生厌。”

在奥弗涅人聚居区，这道菜每天凌晨 5 点就开始供应，菜单持续了三代人都没有更换。换言之，那只“永恒的大锅”全年无休，每天 24 小时沸腾着，已经有几十年历史，店主不断地往里加注肉和汤汁。

让阿拉戈着迷的，是这里分肉的方法，残酷而又独特。他游历全球，甚至深入过石器时代的部落和食人族，但最让他吃惊的地方还是巴黎。食客们在煮锅前付款，手里都拿着一只长柄三齿木叉。他们快速地将叉子刺进肉汤深处，如果叉住了肉就可以吃。如果没叉到，就付款再次尝试，直到他们“叉到鱼”，或是钱用光为止。熟客如果三次都没叉到，可免费尝试第四次、第五次，同样来自底层的店主将“慈善”精神发挥到了极致。

城市另一头的玛黑区当时也是一片贫民窟，在现今的市政厅街上，阿拉戈到访了另一处奇异的饮食店，这里提供的是一种“可吸取式餐食”。餐厅的地面没有铺砌，到处都是烂泥。“你会觉得你是站在雨天的大街上。”阿拉戈说。一张长木桌上挖出一个个圆形孔洞，里面放着用钉子粗糙钉成的锡盆。凳子面朝锡盆摆放——我想这就是现在的新中产娱乐场所和高档“工作室”的先驱？必不可少的“永恒的大锅”在一旁沸腾着。体格健壮的女招待挥舞着一只巨大的吸管，吸取肉汤注入锡盆。不付钱的人就只能看着肉汤被吸走，重新注入大锅。然后他们就会被逐出门外。付款后，你的肉汤中会被投进一大块不新鲜的面包。这时你就可以弯腰喝汤，蘸面包吃了。第二道菜是煮牛肉。女招待会“用嘴唇舔去叉子上的油渍”，分发给食客使用。

牛肉清汤的历史可追溯到太阳王的餐桌和皇家宫殿周边的餐厅，到 19 世纪 40 年代时，它已经成为城市贫民的

1878 年巴黎世界博览会上的杜瓦尔肉汤连锁店，摘自阿道夫·比塔德（Adolphe Bitard）的《巴黎博览会》（*L'Exposition de Paris*），佚名插画师

滋补剂，很快就将出现在维克多·雨果的笔下。

还有另外一些更加开胃的“永恒的大锅”。在第二帝国时代，这样的场景消失了，大仲马很怀念这种长年累月熬制的出色肉汤以及深受国王喜爱的某些就餐方式，他认为它们是法国美食的精粹，没有它们就没有法国美食。取代这种饮食店的是著名的杜瓦尔肉汤店（Bouillons Duval），这是巴黎最早的连锁餐饮店，创建于 1855 年。法国肉汤虽死，法国肉汤万岁！

# 81
# 气泡，气泡

如果能穿越回到 1855 年，所有的餐厅菜单上都能找到朴素的肉汤。巴黎现在还有两家历史悠久的饮食店，至少能让你在某种意义上重返镀金时代，领略当时的煮牛肉的滋味：夏蒂埃肉汤店和拉欣餐厅（Bouillon Racine）。

夏蒂埃紧邻巴黎大道，店内大致保留了 19 世纪 90 年代的风貌，从 20 世纪七八十年代起，我就一直是那里的常客。前文中我们介绍过当时花花公子的生活，品尝过夏蒂埃的开胃酒，现在我们不妨前往拉丁区，体验一下拉欣餐厅的斜纹棉布长沙发。这家店由夏蒂埃家族于 1906 年创建，巴黎的老人都还记得，这里后来成了大学教授的员工食堂——索邦大学就在往东两个街区的地方。90 年代中期，餐厅重新变成私人产业，重建为巴黎的热门餐饮场所。餐厅楼上楼下都采用浅果绿的装潢，极为灿烂，是新艺术风格的地标。落地镜中映照出波纹的木制框架、马赛克或镶木地板、花饰铁制品以及让人满足的椒盐卷饼。

我们先说清楚，去巴黎的肉汤餐厅并不是为了品尝美食大餐。你可以选一些安全选项：南瓜汤，肋眼牛排配薯条，或者还可以点份蛋奶冻，然后尽情想象，在一个世纪以前，小资产阶级都喜欢拥入拉欣和其他几百家类似的餐厅用餐。这些饮食店的装潢都极为灿烂，价格也很合理，提供的都是相当好的食物，十分讨人喜欢。

第一家肉汤餐厅诞生于中央市场肉食批发市场附近的科基利埃路（Rue de la Coquillière），拿破仑三世的伙食承办商、屠夫皮埃尔－路易·杜瓦尔（Pierre-Louis Duval）就在这里为工人阶级和当地白领提供肉汤，狭小的餐桌挤挤挨挨，旁边的长沙发坐得满满当当。这里的牛肉十分新鲜，店面干净而现代，这就是最早的快餐店。男女侍应生动作麻利，都穿着屠夫行会的标志性白围裙。这种行头和燕尾服一道，成了法国美食的标志元素，在巴黎和世界各地的咖啡馆、小酒馆和酒馆都能见到。

不到一代人的时间里，杜瓦尔和儿子在巴黎拥有的肉汤店的数量就从 8 家增加到 33 家。到 20 世纪初，巴黎的肉汤店已经增加到 250 多家，包括其他模仿的连锁店，比如杜瓦尔的主要竞争对手夏蒂埃。

当你在拉欣餐厅品尝由帕尔芒捷先生的土豆提味的牛肉时，你可能会愉快地想到，世界上第一家出售牛肉和薯条的快餐连锁店源自巴黎。在这样一片美食圣地，汉堡店却在不断增加，当地人感到非常愤怒，你觉得他们的愤怒是有道理的，但也可能会觉得好笑。新世界的汉堡包打败了煮牛肉和肉汤，他们是为此感到嫉妒吗？

和放任自由的经济政策一样，当代巴黎人似乎也不喜欢“用钱包投票”的这种说法。一个令人惊讶的事实是，麦当劳的世界第二大市场是在法国。这里有将近 1300 家麦当劳的特许经营店，不可能都是美国游客在光顾。法国人也吃汉堡包和薯条——只是速度很悠闲，让“快餐”的理念减速了，扩展了法国的“食物”概念。根据 2015 年的一项统计，麦当劳餐厅，再加上法国和其他欧洲竞争连锁品

杜瓦尔肉汤店，1893 年，选自《巴黎场景》(*Tableaux de Paris*)，皮埃尔 · 维达尔 (Pierre Vidal) 绘

牌以及便宜的饮食店，每年要售出大约 11 亿个汉堡包，价值超过 20 亿美元。今天法国有四分之三的餐厅都提供汉堡包，而在 80% 的餐厅中，汉堡包是最热门的产品。五星级酒店莫里斯（Hotel Meurice）中的达利（Le Dalí）法式餐厅提高赌注，将出品的华丽馅儿饼价格提高到 45 美元。2016 年秋，被称为“火腿黄油三明治”的法国民间消费者物价指数，被替换成“汉堡包指数”。在法国，比汉堡包和薯条更流行的食物只有一种，那就是比萨饼。

最后再吃一口拉欣餐厅的可心牛肉，然后品尝路易十四年代的马夏罗蛋奶冻，之后再尝试另一道古老的珍品牛排薯条，这是法国另一张国家美食名片。“牛排就像葡萄酒，是法国的另一块建筑基石，”烟民哲学家罗兰·巴特（Roland Barthes）在 20 世纪 50 年代中期曾这样写道，“这是一道法国菜（却被入侵的美国牛排围困）……薯条是法国的标志性食物。”

不幸的是，巴特虽然才华横溢，却没能超脱牛肉沙文主义思想，没有提到法国无与伦比的挪用和修正能力。早在 1735 年，叛逆的老文森特·拉沙佩勒在为英格兰的切斯特菲尔德伯爵服务时，就大胆地提供了主人最爱的菜单，其中包括一份“英式牛排”的菜谱，而这道菜早在罗宾汉时代就已经广为流传。这份菜谱是从英文翻译成法文的，收录在具有革命意义的法国美食烹饪书中。不过牛排真正在法国流传开来是在滑铁卢战役之后，因为英国人（他们于是给英国人取了一个昵称，“烤牛肉哥”）的影响，至少大仲马是如此宣称的。法国人自古以来就一直很喜欢肉食，不过牛排搭配薯条的吃法一直到 20 世纪才由讨厌的英国人和美国大兵推广开来，在快餐发明之前，英美两国人士似乎就对这种组合相当熟悉。当代法国牧场主看到美国牛肉生产中所使用的转基因饲料和大量激素，感到十分恐惧，于是开始锲而不舍地游说政府和欧盟，想让法国牛肉成为一项值得被联合国教科文组织纳入遗产保护的“文化特例”——底线是必须坚持的。

至于薯条，帕尔芒捷和格里莫都提到过黄油炸土豆。但因为法国是最后接受土豆的国家，所以他们就只能承认，16 世纪德国、西班牙和意大利，17—18 世纪的美国就开始用油或黄油炸土豆——这你就错了，法国本土主义者当然认为，炸薯条是起源于法国的美食。

## 82
## 煮、烤、炖和酿

一边消化刚刚吃下的牛肉，一边慢悠悠地往东走两个街区，去巴尔扎尔做个空降客，或者返回玛黑区去博芬格老酒馆，或者去探索蒙帕纳斯或圣日耳曼德佩，或者巴黎的任何其他社区寻找一道古老的新奇菜式——现在你已经做好准备，要体验 19 世纪中期巴黎人的另一个经典创造，巴黎酒馆了。根据许多书中的说法，巴黎酒馆衬得法式小馆也过时了，巴黎酒馆几乎无所不在。

餐厅，肉汤店，酒馆，小酒馆，还有咖啡馆，它们有什么区别？哪一种能兼具两种功能？没有明确的答案。从理论上来说，你可以在具体的某一天、某个时刻光顾一家餐厅，坐在桌前品尝多道菜肴，店里有印制的菜单，餐桌上铺有桌布，提供服务的是训练有素的男女侍者，供应的主要酒精饮品是葡萄酒。肉汤店现在很少见，已经融入餐厅和酒馆。

同样，从理论上来说，巴黎酒馆也连续不断地每日营业，也有菜单和铺着桌布的独立餐桌，以及专业的侍者，店面宽敞。除多种菜品外，这里也提供一些一道菜的特色餐食，比如酸菜什锦熏肉、贝类海鲜拼盘，搭配啤酒和葡萄酒。“酒馆”（Brasserie）听起来就很喧闹，而大多数酒馆也确实如此。因为巴黎的一切都是带有政治色彩的，酒馆往往与资产阶级和右派相联系。“小酒馆”（Bistros）和咖啡馆往往无法区别，尤其是一些假的复古小酒馆，其实就是提供各种朴实食物的咖啡馆。根据定义，小酒馆和咖啡馆往往有一个柜台，采用的是镀锌或锡的台面，上面摆满了食物。小酒馆一般没有菜单、桌布、独立餐桌和专业侍者，重点是葡萄酒而非啤酒，营业时间和建筑面积也区别很大。它们曾一度是工人阶级和中偏左派别人士的聚集地。

为了引发顾客的好奇心，许多餐厅会自称小酒馆，反之亦然，一些酒馆也兼具咖啡馆的功能，而咖啡馆则可能囊括一切。传统的酒馆现在都已经不再自酿啤酒。法国官方将所有持有卖酒许可证，并提供食物和酒类的餐饮场所都归为一个类别。

如何辨识一家"独立咖啡馆"（indie café）？如果他们提供的是手磨咖啡或意大利咖啡，这就标志着他们的租约并未掌握在所谓的"奥弗涅黑手党"手中，这个游说团体或称"互助协会"供养着巴黎 80% 的咖啡馆，团体成员大多数来源于中部高原的奥弗涅地区。过去的 100 多年里，奥弗涅人或煤炭商自称"帮助"咖啡馆、小酒馆、餐厅和其他餐饮经营者开始了生意，或为他们提供财务支持，同时也供应着许多工业化养殖出产的食材、普通葡萄酒及各种平庸的咖啡和茶。

解释了这么多，我现在又渴又饿。所以我又钻进旋转门，找了一张铺着上过浆的白色亚麻桌布的餐桌，点了一盘泡菜、香肠和一瓶阿尔萨斯黑皮诺葡萄酒，准备再吃一顿。如果你猜到我是在博芬格酒馆，那你就猜对了。1864

年，距杜瓦尔创建第一家杜瓦尔肉汤店不到十年，一个名叫弗雷德里克·博芬格的阿尔萨斯人开始在巴士底街提供炖泡菜什锦熏肉、香肠和家常炖菜。巴士底街区靠近城市的阿尔萨斯人聚居区，居住的多是木工。博芬格可能是法国第一家“酒馆”（brasserie）。这个词起源于炖煮（braise）和酿造（brew），与啤酒（beer）、“露天啤酒店”（beer-garden）、“啤酒馆”（brew-house）的词根一样。其他一些竞争对手也宣称过自己的首创地位，蒙马特臭名昭著的“致母亲凯瑟琳”（À La Mère Catherine）就宣称自己是第一家法式小酒馆，毫无疑问，也是所有针对游客的陷阱餐厅之母——别客气！

博芬格无疑是第一家提供桶装啤酒的餐饮店。店内楼下现在的黄铜栏杆、缤纷色彩、新艺术风格的装饰瓷砖都源于1919年。让－雅克·华尔兹（Jean-Jacques Waltz），别名哈恩西（Hansi），阿尔萨斯爱国者及著名插画家，在1930年前后根据《韩塞尔与葛雷特》（*Hansel & Gretel*）的童话故事在楼上创作了壁画。伟大的大厨古尔农斯基也是这里的常客，他与哈恩西和其他许多人在这里用过许多次午餐，不过话说回来，在他长出三下巴，体重达到300磅的过程中，应该在许多地方都用过许多次午餐吧？

讽刺的是，被普遍认为是法国持续经济衰退始作俑者的社会党主席弗朗索瓦·密特朗，在 1981 年推动了作为右派人士聚集地的巴黎酒馆的流行，他在博芬格举办了选举胜利庆功会。尽管博芬格现在是一家连锁品牌，但十多年来掌勺的一直是同一位大厨，这是一个好的信号。

牛排配薯条或许是法国的美食名片，不过如果你在巴黎扔一枚硬币，不砸到一家小酒馆或咖啡馆，那么它一定会落在一家酒馆屋顶上。在圣日耳曼德佩区，1000 年前就有僧侣制作上等葡萄酒和芥末。1880 年，这里开办了另一家著名的阿尔萨斯酒馆，即利普酒馆（Brasserie Lipp）。店内采用新鲜的新艺术风格装饰，在海明威进来吃鲱鱼的 40 多年前，这里就已经是政客、掮客、艺术家和作家的聚集地。这里对游客的招待很敷衍，至今依然如此，远远说不上有什么包容性。楼上依然像是“西伯利亚”，聚集的都是乡下人和其他口音浓重的不受欢迎的顾客。服务也出了名的刻薄——现在依然没变，只是食物还不错。侍者态度自大又傲慢，几乎让人觉得好笑，他们的目的或许是平衡离奇的价格和荒谬的专属权限制？虽然在这里就餐有种种缺点，但也没能让老顾客继续沉迷于利普，他们还会仁慈地对这家店表示宽宥。

巴黎有几十座古老的“啤酒馆”（brew-house），我精选出来的几座散落在各个地方，就像巴黎现代烹饪历史一样，从地理位置来说并没有明显的逻辑性。它们证明了，在这座光明之城中，时间凝固了，城里的情形和150年前差不多。在第二帝国和“美好年代”——“一个没有皇帝的帝国时代”——时期，财富缓慢流动，扩散至更广泛的人群。随之而来的是，各种类型的饮食也传播到所有的社区之中。这些古老的酒馆唯一的共同点就是，在奥斯曼改造巴黎及之后的年代，它们都位于林荫大道周边。

老字号高档餐厅斯特拉酒馆（Brasserie Stella）以美食见长，这家店对面就是16世纪时维克多·雨果居住过的时髦街区。韦普勒餐厅（Wepler）以北的克利希广场（Place de Clichy）一派欢乐气氛。在城市南部无趣的阿莱西亚（Alésia）街区，有泽耶（Zeyer）酒馆。在自视甚高的蒙帕纳斯区，则有多姆（Le Dôme）、塞阿克特（Le Select）、圆亭（La Rotonde）和穹顶（La Coupole）酒馆。它们都创建于19世纪90年代或20世纪初，模式都大同小异，现今依然如此。毕加索、海明威、苏蒂恩、菲茨杰拉德、格什温、德彪西、斯特拉温斯基、萨蒂等都曾在这些店面之间往复，具体选择哪一家都根据阳光、女士的裙子、当时的流行和朋友的喜好而定。

多姆是一家法式小酒馆改成的餐厅，提供的鱼类菜肴十分出色，不过感觉还是像一座高端酒馆。塞阿克特一直是一家咖啡馆兼餐厅，同时也是一个对入场宾客资格要求很严的酒吧。“圆亭”和“穹顶”是十分成熟的酒馆，美食、装潢、氛围和客户群体都是优质水平。“圆亭”比其他几家更有巴黎气质——不管这有何种价值。“穹顶”建于 1927 年，是资历最浅的一家，这让人打不起精神，但它的面积大，宽阔的餐厅环境让人想起马戏团，里面总是挤满外国食客。高耸的圆柱上布满彩绘，大多创作于 20 世纪 20 年代末期，作者是将近二十位饥饿的艺术家，不过他们的名字早已被人遗忘。店内侍者就像是生日派对上的服务人员，仿佛灯光熄灭后，所有人会齐唱《这里是巴黎》（Ça c'est Paris）！好吧，随你怎么说。

城市里还有其他几十家类似的酒馆，全都悠闲而低调，就像高端餐饮场所的反面。前面提过皇家宫殿附近的薇薇安街的大科尔伯特餐厅（Le Grand Colbert）还保留着 1828 年以来的装饰，当时餐厅还是一家酒馆，也保留了大量 1900 年前后流行的细节。1995 年，在我到访前不久，这里进行了一次精细的修复。不过这家店与路易十四的那位严厉大臣让－巴普蒂斯特·科尔伯特（Jean-Baptiste Colbert）或安东尼·卡勒姆都没有关系，他们从这片地区经过时，这家餐厅还不存在，那时这里是上演喜剧歌剧、闹剧的剧院，附近还有妓院。

在巴黎所有历史悠久的酒馆中，巴黎大道北侧的朱利安（Julien）虽然小巧，装潢却是最惊人的。找一张斜纹棉布长沙发或一把扶手椅，准备好被震得晕头转向吧。这座建筑是一处登记在册的新艺术风格的地标，彩绘玻璃天花板上缠结着紫色和绿色的葡萄藤，屋顶上铺的是装饰瓷砖。随处可见的镜子都镶着波纹状的镜框，能看到花卉形状的壁灯，还有钢制衣帽架，地板是由五颜六色的碎砖铺成。如果说这里的食物和博芬格、巴尔扎尔、穹顶的一样糟，那也不奇怪：它们都属于同一个集团公司。刻薄的评论家可能会说这些餐厅是巴黎美食历史中的时间胶囊，说它们是巴黎烹饪界奇异的“主题公园”。这话说出了真相。巴黎在太多方面都代表着法国的主流。

最后我们还要厚着脸皮向里昂火车站的“蓝色列车”(Le Train Bleu) 致敬，这家餐厅其实算不上酒馆，而是一家自助餐厅。它位于车站开阔的二楼，开业于 1901 年，巴黎举办世界博览会、巴黎地铁通车的第二年，是当时巴黎最大的餐厅。忘了新艺术风格吧，这里复活了第二帝国时代的颓废风格，能看到大量镀金的石膏装饰、黄铜货架和水晶壁灯，就像一座兼收并蓄的新巴洛克风格的博物馆。大幅的油画中描绘的是各旅游目的地的风景，让你身在巴黎就能游览法国各地的风光——最好搭配咖啡或茶。食物也是老一套，乏善可陈。

# 83
# 最早的葡萄酒酒吧

你有没有注意过，法式小酒馆——我说的是名副其实的那种粗糙的小酒馆，而非伪装的新式酒馆或别致的小餐厅伪装的酒馆——数量最多，发展最快的地方是在狭窄、阴暗的街区，周边社区中更多的是油乎乎的修车库、家具修理店、水管工的仓库，而非珠宝店或高级女装店？小酒馆蔑视拿破仑三世时期第二帝国流行的对称和净化风格。原因可以用一个双名词词组来概括：工业化兼奥斯曼化。

现在的新中产阶级和时髦阶层消闲的场所，在过去却是无家可归的农民、外地来的工厂工人、清洁工、小贩、骗子、抢劫者和窃贼的游荡地——在第二帝国时代，林荫大道亮光闪闪地插进了中世纪的市中心区域，蓝领阶层生活的街区遭到破坏，但并未被完全摧毁。在鲜血淋漓的伤口和疤痕之间的区域，团团烟雾、蒸汽的悲惨之地，小酒馆诞生了，具体的诞生年代可以追溯到喧嚣的19世纪下半叶的某个时间点。从那以后，小酒馆就一直是贫苦民众的聚集地，直至20世纪90年代，被新中产阶级占领。

和咖啡馆一样，小酒馆也是城市的灵魂，是巴黎的心脏和腰腹，不过根据巴黎的历史来看，它们属于近代产物。格里莫·德·拉·雷尼耶、布里亚－萨瓦兰、阿拉戈和布里夫从来没提到它们，巴尔扎克、福楼拜和大仲马也只字未提。在我读过的19世纪早期到中期的烹饪书、旅游指南、旅人回忆录和小说中，从来没见过“小酒馆”或任何类似的名词。

词源学学者称，第一本使用“小酒馆”一词的印刷物是1888年出版的《大小罗奎特的回忆》(*Souvenirs de la Petite et de la Grande Roquette*)，这是一本非常迷人的书，讲述巴黎主要监狱中的生活历史，作者是莫罗神父（Abbé Moreau)。这本书堪称是专治怀旧病的万灵药，很有启发性。书中有个犯人对狱友说：“*La franginetravaille dans le faubourg et mange chez le bistro.*”意思是：“他的姐姐在郊区工作，在一个葡萄酒商人那里吃饭。”莫罗在尾注中指出：bistro的意思是“葡萄酒商店”。

但在这个时候，大多数法国人和外国人依然不懂监狱里的行话和巴黎俚语。小酒馆就是葡萄酒商店，有些会提供食物，多数位于巴黎大道以外的蓝领聚居区，不过也有一些隐藏在古老的城市中心的犄角旮旯。大罗奎特监狱位于第11区外围的罗奎特街，所以那段对话中所说的“郊区”可能指的是圣安东尼地区。1100年前后，那位王子就是在这里被猪绊倒，1789年革命也从这里爆发，然后蔓延到了巴士底狱。这片地区一开始就充满各种不起眼的小酒馆，尤其是在奥弗涅地区中心的拉普街，那里现在成了一座嬉皮士主题公园。巴黎人认为那里是嬉皮士的起源地。

讽刺的是，虽然当地人竭力辩护，但小酒馆这个词的末尾最初并没有那个不发音的字母 t。他们认为，外国人才说 bistro，巴黎人都说 bistrot。这两个词的词源是 bistroquet 或 bistrotier，都是俚语用词，意思是葡萄酒商或酒吧、卡巴莱餐馆、咖啡馆、酒馆老板。蒙马特山顶上的“致母亲凯瑟琳”酒馆自称，bistro 这个词是自此创造出来的：1814 年，俄罗斯军队被拿破仑一世驱逐，进入巴黎后他们大喊“vistro”或是什么发音相近的词，意思是要求店主加快上菜速度。不过没有学者相信这种宣传。也有一些人认为，这个词起源于方言，但同样未受认可。

奥斯曼改造巴黎之后，小酒馆大量出现，最有说服力的解释是因为贫民窟清拆运动导致的贫困和酗酒现象激增，左拉于 1870 年出版的巨著《小酒馆》探讨的就是这个主题。当时巴黎城内生活着将近 300 万名居民，他们大多数都没有厨房、取暖设备和浴室。当时的卡巴莱歌舞餐馆、酒吧和小食部却多达 11500 间，都很温暖、诱人，提供各种食物和设备。不过其中许多更换了名称，现在我们称为咖啡馆、酒吧、俱乐部和小酒馆。根据法国国家统计局的数据，巴黎城内目前有 230 万名居民，大巴黎地区的人口则是这个数字的5倍，售酒执照却超过10000张。这10000张执照有一半归小酒馆所有，不管实际是什么，它们都自称小酒馆。不过巴黎内城没有可信的统计数据。《小酒馆》的故事就发生在这样的餐饮场所，但小说中并没有出现“小酒馆”这个词。男女主人公喝得烂醉，只为逃避令人难以承受的现实，避开污浊的饮用水——后来就有了你在巴黎城市各处都能看到的绿色的华莱士喷泉[1]。

除贫民窟清拆外，导致危险酗酒和小酒馆数量激增的还有其他一些灾难性的原因，比如葡萄根瘤蚜和葡萄藤瘟疫。这种强悍的美洲蚜虫在19世纪60年代进入法国，摧毁了葡萄园，抬高了葡萄酒价格，使成千上万名酿酒工和商人来到巴黎寻找新工作。什么东西能廉价又方便地取代损失的葡萄酒呢？答案就是私酿酒、走私酒，像禁酒年代在浴缸里用黑麦酿造调和酒一样。后来，葡萄种植者将法国葡萄嫁接到能抵御这种蚜虫虫害的美国根茎上，葡萄酒产量飙升，但卡巴莱餐馆和酒吧改造的小酒馆却留了下来。

---

〔1〕 1870年普法战争之后，英国同名富豪为解决巴黎饮用水问题而出资建造。

# 84
# 活力充沛的小酒馆

小酒馆是一个能让人感受到快乐和满足的场所，所以我想跳过左拉，选一间我最爱的小酒馆，找张桌子坐下来，点一些美食，阅读乔治·西默农撰写的振奋人心的黑色犯罪小说。我选的是玛黑区西默农光顾过的一家小酒馆，在厨房附近的一张餐桌上有一块黄铜牌匾，上面镌刻着这位作家和他笔下警察的名字。这个由家族运营的酒馆名为“白猩猩”(Le Gorille Blanc)，位于一条死胡同中，这片地区曾经是贫民窟，现在却是巴黎最时尚的街区之一。20 世纪五六十年代，西默农笔下的梅格雷在这里用餐时，小酒馆还不叫这个名字。老店主抛下了尘世的烦恼。但店里依然保留着粗糙的石墙和瓷砖地面，裸露的木料，必不可少的木桌，摩擦尾椎的酒馆风格的椅子。店里的一切都依然是——或者说再一次恢复了——手工制作的款式。我来是为了浓郁的栗子汤、豌豆浓浆配芝麻菜和杏仁粉、现烤的鳕鱼、每日更新的烘烤或炖煮特色菜，不过我推测像西默农和梅格雷这类硬汉会喜欢结实的乡村馅儿饼、辛辣的血肠、炖兔肉、香酥的油封鸭和标准的牛排——然后大口品尝店内自酿的色泽深沉的贝尔热拉克（Bergerac）葡萄酒。

博物馆咖啡馆是玛黑区的另一家老式小酒馆，食物、氛围和装饰都值得信赖，地址位于孚日广场以北——吧台区有一个开放式的厨房，店内没有微波炉。

有你没去过的地方吗？像勃艮第山洞（Cave de Bourgogne）那样可爱的？它位于第5区穆费塔街区（Rue Mouffetard）古老的街角，旁边都是名不见经传的食品店。不够高档？那么去从前环境糟糕的圣安东尼城郊街怎么样？这里的查尔德努（Chardenoux）是一家翻新过的老式小酒馆，是嬉皮士、新中产阶级和其他专业人士的聚集地，具有从前的新法式小酒馆的典型风貌，令人增广见闻又愉快。查尔德努自称是餐厅，这或许是因为大厨西里尔·利格纳克（Cyril Lignac）受过米其林星级主厨培训，潇洒而富于雄心。食客们被他迷得神魂颠倒，店里铺设的是瓷砖地板，有镀锌的吧台、毛玻璃和古董餐桌，历史可追溯到1908年。他们似乎也很喜欢利格纳克轻盈的新式小酒馆食物：鹅肝酱配酸酸甜甜的草莓，还有经典的康塔尔猪肉配沙嗲酱，绝对不会让你觉得其中的花生被浪费了。

如果想品尝格里莫或巴尔扎克笔下的肉食，我会去勒马尔凯（Les Marches），这是一家复古小酒馆，位于富裕的第16区，在东京宫（Palais de Tokyo）附近的一条死胡同里。这里光顾的都是志趣相投的顾客，穿着都很入时，吸引他们的除了装潢，还有态度耐心的年轻美丽员工。店里提供丰盛的酒馆菜肴，货车司机喜欢的那种：牛脸肉砂锅配山葵酱，浅粉色的小牛肾脏，搭配奶油色的芥末沙拉酱。不过你遇到的大多食客应该都是豪华轿车和优步专车司机，而非货车司机。

在塞纳河对岸，经过恺撒大帝的古战场，你看到的似乎都是上流社会的风景。这里的几个街区范围内，就有四家古老的小酒馆，沿墙都有长沙发，地面铺设的都是碎瓷砖，很受明星、影视新星、记者和政治家喜欢。这四家分别是：拉波尔奥波（La Poule au Pot，提供红酒煮蛋，小牛里脊肉，亨利四世最爱的瓦罐炖鸡）、小通纳（Le Petit Tonneau，是西默农和梅格雷喜欢光顾的又一家高档餐厅，有红格子桌布和古典的长沙发）、康斯坦特咖啡馆（Café Constant，由米其林星级大厨克里斯蒂安·康斯坦特经营的一家复古餐厅，价格实惠）和“火星喷泉”（La Fontaine de Mars，据称，奥巴马夫妇喜欢这里的一切，我也是，但价格除外）。

这四家店都在圣多米尼克街（Rue Saint-Dominique）及周边，再加上格兰艾尔街（Rue de Grenelle），这两条街是时髦的第 7 区美食最多的地方，有大量的面包房、糕点铺、肉铺和葡萄酒商店——和巴黎其他古老的市场区一样，比如第 17 区（传奇的阿莱索奶酪厂所在地）的圣安东尼街、蒙特吉尔街、彭色列街（Poncelet），第 10 区的殉难者街（des Martyrs），第 5 区的穆费塔街。

我还可以继续列举，但并不是因为据官方统计巴黎地区有大约五千家小酒馆。这种说法很危险，各种喜欢仿冒、复古和新式小酒馆的时尚杂志记者不停地涌现和消失，就像众所周知的那样，巴黎蘑菇只是名字中有巴黎，实际和这座城市并无关联（想想纽扣蘑菇和波多贝罗蘑菇）。许多聪明的店主在店名中都加上了“自助餐厅”（bistrôtisserie）和“美食酒馆”（gastro-bistro）的前后缀，这些餐厅也被统计在小酒馆的名录中。这个“小酒馆运动”是由受过高级培训的大厨伊夫·康德博尔德（Yves Camdebord）于2004年在孔图瓦尔餐厅（Le Comptoir de l'Odéon）开启的。等你读完这一页，其中的许多应该已成历史。这也是我常常选择朴素小酒馆的理由。在我看来，它们的特征是原汁原味，价格亲民，食物优良，氛围令人愉悦，或热闹或浪漫，但不会曲高和寡，令人望而生畏。

## 85
## 令人敬畏的高雅

文学作品、信件和回忆录中都明确表明，当格里莫·德·拉·雷尼耶、布里亚－萨瓦兰、巴尔扎克等人在巴黎最好的餐厅用餐和饮酒时，当时的餐饮场所都十分热闹，算得上肆无忌惮，就连金碧辉煌的波维利埃、维里也一样。这些豪华餐厅聘用的是声名显赫的厨师，招待的是花枝招展的贵族宾客，那么这些场所的用餐氛围是什么时候变得令人生畏的呢？这很难说。不过可以肯定的是，这种范儿一定是在第二帝国时代形成的，当时昏庸的暴君拿破仑三世模仿他叔父拿破仑一世颁发军团荣誉勋章的做法，也开始分封贵族头衔，还宣称“引导人类的就是这种看似美观而无价值的饰物”。

为虚夸的上流社会人士、新贵族、富有的寡头准备膳食的，一定是奥古斯特·埃斯科菲耶。这位年轻、积极的普罗旺斯人于1846年出生在尼斯附近的萨伏依（Savoy），母亲的娘家姓氏西瓦特（Civatte）十分高贵。法国一些理想化的传记作者歪曲解释埃斯科菲耶的出生地实际并不是意大利，而是萨伏依，但忘了著名的意大利爱国者朱塞佩·加里波第（Giuseppe Garibaldi）也出生在萨伏依的尼斯，而且萨伏依诸王统治过的土地后来统一成了意大利，因此法国那些作者的行为，让人觉得很荒谬。不过对于意大利美食界来说，埃斯科菲耶不是意大利人，这实在是他们的幸运。

埃斯科菲耶在很年轻的时候就写了一本书，探讨人造花摆放的艺术，建立了食物诗意命名理论——这本书预示了法国美食的发展方向。

就和童话故事中的情节一样，谦逊的埃斯科菲耶于

19世纪60年代，在巴黎时髦的香榭丽舍街区的小红磨坊（Petit Moulin Rouge）餐厅开始了他的名利之路。后来他变成了一位尊贵的长老，一位一丝不苟的花花公子，一口髭须令人印象深刻。鉴于他的生活都是围绕着征服、金钱、浮华和魅力打转，在香榭丽舍附近的巴黎金三角中心区以巡航速度发展，又因为我们介绍过塔耶旺餐厅，那现在何不到华丽的布里斯托尔或乔治五世酒店预订座位？埃斯科菲耶专属的"宫廷美食"是从蒙特卡洛的格兰德大酒店开始发展的，之后他去了伦敦的萨沃依酒店，后来又去了巴黎著名的丽兹酒店，有些人可能会认为那里臭名昭著，一些学者认为，乔治·奥威尔就曾在那里的地下厨房苦干，其中的景象就像但丁笔下的地狱，也为他的《一九八四》提供了灵感。

巧合的是，我从来就不是丽兹酒店中那家一流餐厅"艾斯帕顿"（Espadon）的粉丝，倒是在布里斯托尔的"美食家"（Epicure）餐厅和乔治五世的"勒辛克"（Le Cinq）餐厅享受过堪称神圣的用餐体验，前者是作为食客，后者是因为有公款付费。两家店我都衷心推荐，部分原因在于，它们提供的优雅美食虽然充满诗意，也受到了雕塑艺术的影响，却完全不同于埃斯科菲耶的风格。

拿一本埃斯科菲耶的传记，或者挑一本他自己写的无聊回忆录，再加一本奥威尔的平装本《巴黎、伦敦落魄记》，迅速翻阅，然后追随着侍者敏捷的手指，欣赏他们呈上来的各种珠宝般精美的食物。说到诗意化和花卉摆盘，你也可以去古老的勒杜瓦扬，现在是亚尼克·阿雷诺和勒杜瓦扬凉亭餐厅（Yannick Alléno-Pavillion Ledoyen），阿雷诺创建这家餐厅的目的就是纪念低调的大厨勒杜瓦扬。餐厅位于从前的一座狩猎小屋中，在香榭丽舍的一座绿荫公园里，完美保存了第二帝国时代的装潢，招待的也都是气质相符的顾客。在阿雷诺接手这家餐厅之前，我曾见到这里的食客悄悄地用鹅肝酱喂袖狗，简直像是罗马皇帝埃拉伽巴路斯的做派。也别忘了诗人和哲学家皮埃尔·加涅尔，他创建的高档餐厅不仅提供食物，还以“感情慰藉”而闻名。那家与他同名的现代化豪华旅馆就在巴尔扎克去世时居住的宏伟宅邸的对面。我曾有幸在不用自己付钱的情况下到访这两处地址，过程中感觉就像是在欣赏无比精致的出色烹饪艺术品。一生中有一次这样的体验，我已经十分满足。

这四家餐厅一共拥有十二颗米其林星星。相应地，价格也非常昂贵，是对埃斯科菲耶的完美致敬。有趣的是，这四家餐厅都在格里莫宅邸步行可达的范围之内，距离低调的亨利·伯格森广场公寓（Place Henri-Bergson）也只有1.6公里左右的路程，莫里斯·塞尔兰德，也即必比登，或称古尔农斯基在那里居住了几十年之久。

就算埃斯科菲耶这个人不存在，法国人也必然发明出一个类似的人物。当时的人们需要烹饪明星，就和现在一样。和卡勒姆相同，埃斯科菲耶也成了第一个确立法国美食荣耀、霸权和权威的先驱，预示了本土主义黄金年代的到来。埃斯科菲耶甚至比卡勒姆走得更远，他是酱汁界的魔术师，是美学和装饰艺术的大师，深谙法式华丽风格。他的支持者还借用了卡勒姆的名号，称他也是“王者中的大厨，大厨中的王者”。卡勒姆是一位自学成才的贫穷建筑师，但并未取得成功，反而奠定了欧洲精英的饮食风格，传承更新了旧政权时代的风尚。埃斯科菲耶则是一位未获成功的雕刻家，他出身于一个外省工人阶级家庭，引领了富人镀金时代的时髦风尚，将卡勒姆复兴的旧政权时代美学和精英风格带入 20 世纪，然后又帮助它一路跌跌撞撞地走进 21 世纪初。由于为祖国做出的贡献，埃斯科菲耶获得了荣誉军团骑士勋章，他是第一个获得此项殊荣的厨师，他也为经久不衰的著作《法国美食百科全书》（*Larousse gastronomique*）的首版撰写了序言，这本官方编纂的著作囊括法国美食的方方面面。舞台已经搭建好，在过去的三十年里，法国涌现了许多幸运的超级大厨。

埃斯科菲耶留下的遗产多种多样，令人印象深刻，其中包括埃斯科菲耶基金会，以及在他的出生地菲勒弗卢贝（Villeneuve-Loubet）创建的烹饪艺术博物馆（Museum of Culinary Art)。埃斯科菲耶根据歌剧名伶奈莉·梅尔巴(Nelly Melba)创作了一道出色的甜品，还撰写了十几本经典的烹饪著作，除此之外，他首创了佐餐的葡萄酒菜单，完善了罐装番茄酱，还复兴了古代和中世纪在食物上洒白兰地并点燃的技术，制作出一种令中产阶级兴奋不已的面包——以及马戏团式的揽客表演，这种揽客表演在巴黎的塔耶旺餐厅和银塔餐厅延续了下来，在渴望娱乐的外省地方，以及全世界的法国马戏团式餐厅中都发展得十分繁荣。

埃斯科菲耶在 1870 年普法战争期间当过前线厨师，有人说是这段经历帮助他重新组织了专业厨房“编队”，借用了军事指挥系统，不过他采用的烹饪管理技巧可能更多地源于泰勒主义[1]的思想，以及在他事业的巅峰时期工厂中常用的计件工作和装配线管理。不管这位伟大的“王者中的大厨”的管理思想源于何处，正是因为他，流水线式的分级烹饪模式成了各地更新换代频繁的高端餐厅中的标准工作模式，并且一直持续到现在。

恕我直言，奥古斯特·埃斯科菲耶就像不容置疑的神，他创造的五种“母酱”实际上让卡勒姆所发明的本就数目众多的酱汁又翻了无数倍。如果你听过通奏低音协奏曲（a

---

〔1〕 弗雷德里克·泰勒在 20 世纪初创建的科学管理理论体系，认为企业管理的根本目的在于提高劳动生产率。

concerto with basso continuo)，那你就能理解埃斯科菲耶创作的食物——基本音符都是相同的，它们遮掩了食物的风味，压制了自然精华，追随着你从一道菜到下一道菜。这可以被认定为法国古代高级菜肴的特点，皇帝、国王、总统、政要和明星都趋之若鹜。埃斯科菲耶喜欢抬出名流显要来抬高自己的身价，并且喜欢阿谀奉承。在那个荒唐的年代，他的这些特质让他成了理想的化身，而他的教诲至今仍然拥有众多拥趸。他所发明的酱汁已经不再像过去那么重要，但他的精神流传了下来。21 世纪的食客会对法国烹饪和饮食方式的这些方面提出质疑吗？

回顾起来，埃斯科菲耶或许是法国烹饪史上最糟糕的代表。他通过改革和系统重建保留了旧政权时代让人难以理解的传统，并且将卡勒姆创造的浮夸的第二帝国时代风格带入 20 世纪，继承了后者所发明的各种酱汁以及愚蠢的装饰。他看似不知疲倦、才华横溢、产量丰富，但是读一读各位传记作家为他撰写的传记，在充满谦恭的字里行间，我们也能清楚看到，埃斯科菲耶是个强硬的暴君，他愤世嫉俗、爱说奉承话，但又十分迷人，让人敌意顿消，是典型的自命不凡的国际巨星，也是法国高级烹饪的传教士。他培训过两千多位大厨，将烹饪的福音传播到世界各地。

如果埃斯科菲耶能活到今天，那他可能会对联合国教科文组织和法国政府产生影响，说服他们采取干预措施，将时钟调回巴黎霸权的时代，他会经营豪华餐厅以及各种小型酒馆，美食、三明治和巧克力商店，将他的名字印在冷冻食物和一流航空公司的菜单上，摘得大量的米其林星星。1931 年，米其林引入三星评分体系，四年之后他就去世了，时间太短，他没能用摘得的星星组成璀璨星河。

但不协调的是，埃斯科菲耶作为格里莫·德·拉·雷尼耶的精神传承人，却骗取了大量的财富和荣誉。他和主要搭档恺撒·里茨（Caesar Ritz）坦承了欺诈的罪行，但这是因为，他们知道每一个人都会帮他们隐瞒。直至现在，敢于正视这位圣徒人生中阴暗面的粉丝依然很少。

## 86
## 王子对国王

又到童话时间了，喝口水，吃点儿东西，想想劳瑞尔与哈迪[1]变成法国人，激烈争吵选边站队的样子吧。古尔农斯基弯腰拽住埃斯科菲耶白色的海象式髭须，打掉他的帽子，然后越过他的肩膀，往丽兹酒店的餐厅投了一只桃子梅尔巴冰激凌，奈莉·梅尔巴正同沙皇和一位元帅在其

---

〔1〕 电影史上最出名的美国喜剧表演二人组合。

中用餐。与此同时，大厨中的王者埃斯科菲耶则一脚踢向古尔农斯基王子结实的胫骨，拿一本厚重的《烹饪指南》猛击他的大肚子。结局早已注定：平局。

看得满足吗？

当然！

可能发生吗？

不可能，绝无可能。古尔农斯基是个文雅的大块头，长着一双蔚蓝的眼睛和鹰钩鼻，他绝不是土霸王。他比埃斯科菲耶年轻 25 岁，身量也至少比短小精悍的后者高半英尺，不可能行凶。而且，这位美食家王子可能也喜欢吃桃子梅尔巴冰激凌，这是大厨中的王者创造的最简单的食品，因此经久不衰。

不过这种混乱对峙的局面确实发生过——载体是报纸和杂志文章、书籍、采访评论和信件。王子私下里对国王的感情没有明确记录，反之亦然，不过可以肯定他们一定是互相厌恶的。有一个负面细节可以说明一切：王子组建的美食家协会并未邀请埃斯科菲耶，其中没有他的席位。相反，王子邀请了埃斯科菲耶的主要对手，天性快活的工程师烹饪书作家亨利·巴宾斯基（Henri Babinski）。此人更为人所知的名字是阿里·巴布（Ali Bab），撰写了上千页的巨著《实用美食》（*Gastronomie pratique*）——巧合的是，这也是茱莉亚·柴尔德在 20 世纪 40 年代末发现的第一本烹饪界的圣经。

古尔农斯基风格的时尚牛肉餐厅（Restaurant Le Boeuf à la Mode），20 世纪初的明信片

相异的个性不会互相吸引。贪心的埃斯科菲耶生来就没有幽默感，他是一个奴隶监工式高级烹饪法的传教士。花花公子记者、小说家兼评论家莫里斯·塞尔兰德创办了法国幽默协会，并开玩笑自称“古尔农斯基”：在拉丁语中，古尔农（cur non）意思是“为何不”，加上斯基（sky）是因为，在布尔什维克革命爆发前，斯拉夫元素很流行。这个笔名引出了一个问题：“为什么选择这个带斯基的名字？”他发表第一篇文章时——关于一场俄罗斯宴会——还是一位初级记者，用的笔名是“古尔农斯基王子”，从此以后就再也没有更换。古尔农斯基没有活到后悔的时候，

他并不是斯大林主义者。这个名字后来成了一个不可撼动的品牌。古尔农斯基也很幸运，因为他还有另外一个绰号，“必比登”，他是因为米其林才想到的这个名字。[1]

埃斯科菲耶并未受过良好教育，徒劳又贪婪，他对傲慢先生安东尼·卡勒姆极其崇拜，并且还大肆模仿后者的做法。但古尔农斯基（必比登）却与卡勒姆完全相反，他受过良好教育，心思敏感，支持“大师”布里亚－萨瓦兰，爱好精致的家常菜。除家常菜以外，他也鉴定了另外三种法国烹饪风格：高级烹饪、地区性烹饪（乡土和农民烹饪）和贫民烹饪。作为一名诗人，古尔农斯基在“狡兔之家”（Au Lapin Agile）酒馆露台的紫丁香花下，在蒙马特卡巴莱餐馆中都写过诗；埃斯科菲耶则会毫无来由地卑躬屈膝，或是在他的厨房中实施军事化管理。王子的职业生涯主要致力于创办布里亚－萨瓦兰构想的协会，即法兰西烹饪协会，旨在从经典意义上的“烹饪宗教崇拜”中“获得理性”。在老饕兼小说家、好友马塞尔·洛夫（Marcel Rouff）的协助下，古尔农斯基于20世纪30年代创建了布里亚－萨瓦兰构想的协会，永远纪念这位神圣的味觉生理学家。无独有偶，布

〔1〕“必比登推荐”是米其林于1955年推出的价格相对大众化的餐厅指南。

里亚－萨瓦兰奶酪也得名于同一年。总的来说，古尔农斯基的成就比布里亚－萨瓦兰的更大，以他的名字命名的菜肴多达十几道。

不过，大多数时候，古尔农斯基都讨厌“毫无特色的国际化烹饪呈现的优越感……以及华而不实的复杂烹饪创造的古板口感，它们想要掩饰味道和气味，还顶着做作、奇异的菜名，化学与戏法不分”。

这可谓对埃斯科菲耶及其改造的古老美食艺术作品的直接抨击。“做作、奇异”，你确实说过，可“化学与戏法不分”是什么意思？刷新一下，去掉“古板”，换成“不和谐”或“古怪”，这种抨击可以用来形容今天许多自封的高级艺术家及分子美食大师的“32克拉创作”。

## 87
## 古尔农斯基的连珠妙语

古尔农斯基是布里亚－萨瓦兰的追随者，他因为超凡的智慧和连珠妙语而闻名。不过他的言论并非全部都是原创。脾气古怪的钢琴家埃里克·萨蒂曾说：“说到艺术，我喜欢简洁，烹饪也一样。”古尔农斯基被引用最多的一句妙语便是：“烹饪和其他所有艺术形式一样，简洁是完美的标志。”下面是他的另一些名言：

1. 烹饪是为了保留食材的原汁原味。

2. 最好的东西往往很难有改善的余地，最差的却很容易继续恶化。

3. 如果肉汤能像葡萄酒那么温热，葡萄酒能像鸡肉那么熟透了，鸡肉能像房子里的女主人那么丰满，那么一切都会刚刚好！

4. 合理化所有无节制的行为，冷漠弃绝所有的运动……

5. 巴黎或许头顶着高级大餐的王冠，但手执权杖的却是外省地方。

想要领会古尔农斯基的简洁思想具有怎样的革命性意义，可以漫步到神气的第8区与蛮横的第17区交界的地区，参观令人惊讶的尼辛德卡蒙多博物馆（Musée Nissim de Camondo），其内部奇迹般地保存完好，有华丽的厨房、食品储藏室和餐厅，全都建于1912年。

这座宅邸富于都市风尚，就像是对小特里亚侬宫的一次现代化复制——事实上，你可以跳过凡尔赛，直接来参观这里。套房里的房间都很精美，里面摆满名副其实的路易王时代的古董，还有描绘了六七个人物的绘画珍品。建筑包括三层楼，都布置得华丽精美、线条优美，还能眺望到巴黎最美的袖珍公园，不过我们没有时间细细观赏。但是一定要看一下楼上舒适的蓝色会客厅（Blue Drawing Room）中悬挂的那幅肖像画，描绘的人物是路易·菲利普，即奥尔良公爵。还有主卧室中的一幅小型油画，描绘的是在一张“飞行的桌子”上举行的晚餐，肖像画家似乎迫不及待地想要品尝画面中的食物。仅供房主家族及重要宾客用餐的餐厅也是根据小特里亚侬宫复制的，还设有一座可爱的路易十六时代的壁泉，为方便洗手（记得法国人多不情愿使用叉子吗？）而建成，还有一幅反映钓鱼场景的挂毯，比现在凡尔赛宫中的所有挂毯都好。

一楼的厨房从上到下，甚至包括天花板，全部铺满瓷砖，火炉有一辆小汽车那么大，炉灶则有一辆运货车那么大，还配有黑色的铸铁用具，许多保持光亮的铜锅。沉默的侍者，原始的电话，男侍的白手套和白外套，召唤仆人的铃铛和灯—— 一切都完好无损，随时准备着被当代寡头唤醒。这里甚至还有一只早期的冰盒（不，还不能说是冰箱），以及一只净水器，用于过滤巴黎污浊的水，达到饮用标准。与丽兹酒店地狱般的厨房相比，这里就像是《神曲》中的天堂。

闭上眼睛，想象这座厨房中的热量、味道、声音、铃声和闪动的光线——波亚克男爵羊肉和羊肚菌，鲁昂大公爵鸭肉可以上桌了。现在来看看埃斯科菲耶风格的特色菜，以及其他十几种不朽的佳肴，看起来都像是巴黎歌剧院一般华丽，油腻的、奶油色的、多肉的、盖满酱汁的、粉状的、香甜的。这时候你就会明白，当古尔农斯基将“简洁”作为最重要的标准时，人们为什么会大为震动。身处这个世界，你会觉得泰坦尼克号没有沉没，世界大战没有发生，欧洲的等级制度没有被颠覆。路易王、玛丽－安托瓦内特、拿破仑一世和拿破仑三世皇帝的世界在这里又复活了。

## 88
## 更多，更多

根据古尔农斯基（必比登）所处的时代标准来看，他着实是个大块头，他身高超过六英尺（约 1.83 米），体重最重时达 277 磅（约 125.65 千克）。之所以能达到这样惊人的体格，是因为他一直像拉伯雷描写的那般暴饮暴食，而且从不运动。他不走路，而是驾车——成百上千公里。他拒绝出汗，而总是挥舞刀叉和勺子。奇怪的是，作为一个美食家，他的公寓中却没有厨房和餐厅，而且像格里莫和布里亚－萨瓦兰，以及今天最著名的美食评论家一样，连煮鸡蛋都不会。他每天外出就餐两次，尝遍巴黎的大街小巷后开始探索外省美食。令人惊喜的是，20 世纪 20 年代，他在巴黎最爱的两家餐厅——银塔餐厅和拉彼鲁兹餐厅——今天仍在营业，正急切地等待着你的光临。

古尔农斯基成了风靡一时的人物，像是吃光了法国的路易十四的另一个化身——而且高兴地邀请其他人都来追随。他出版了将近三十本食物和旅行图书，介绍法国的烹饪文化。不妨和斜视的古尔农斯基一样眯起眼睛，在脑海中想象一辆未来主义色彩的雪铁龙汽车，马塞尔·洛夫将车速提高到每小时 56 公里，在柏油碎石路面飞奔，而车上的乘客古尔农斯基体重超重，车上还载满火腿，车轮是用奶酪做的。

20 世纪最初的几十年，人们开始渴望乡村传统、风俗和货真价实的地方特色食物。根据古尔农斯基发现的一份菜单，巴黎人都开始追求“吃得快、吃得好”，“好像这两个副词能协调一致似的”。他还说：“时间不会对任何它没有参与过的事物怀抱敬意。”当时所有的评论家都抱怨，巴黎的烹饪“质量低劣，是工业化生产的结果，十分混乱”，现代社会是愚蠢的，烹饪水平开始下降，持续三小时的午餐和午休传统结束了。

时至今日，打破时间束缚的慢食传统在大城市以外的地区依然维持良好。那也正是美食家们喜欢去的地方。洛夫因为暴饮暴食英年早逝后，古尔农斯基悲痛万分，于是停止了他们一起写作的多本旅行和烹饪系列图书。不过他于1947年创办的《法国烹饪与葡萄酒》（*Cuisine et Vins de France*）杂志依然在发行，同名烹饪书也成了经典。这位王子并没有怀念现代初期的某些方面——比如蒸汽锅、汽油，或是由于运输工具的改进而变得更加新鲜的鱼和其他食材。他喜爱的是汽车、舒适的酒店和现代化的生活设备。我们现在所称的《米其林红色指南》（*Michelin Red Guide*）最早出现于1900年，宗旨是介绍加油站、修车库、没有臭虫的床铺、不含尸碱和沙门氏菌的餐馆。星级评分体系及其引发狂热推崇是在几十年后才开始出现的。作为法国烹饪界圣人的古尔农斯基于是就成了米其林的撰稿人和顾问。他以本国文化为傲，但并不极端，他也支持“异国”烹饪，尤其是中国烹饪。有个已经被人遗忘的事实是，古尔农斯基是因为在一次中国之行中味蕾受到激励，这才开始进入美食评论界的。

所有美好的事物都有终结的一天。王子在20世纪50年代中期突然离世。我承认我是他的同类，很乐意与他分食同一根法棍面包。

说到这里，有人注意我们桌子上的面包了吗？现代版酥脆、多孔的法棍面包最早出现于20世纪初的巴黎，这个名字来源于1919年或1920年，王子的事业巅峰时期；

一两年后，美国发明了一种类似的“神奇面包”。1976年，我第一次吃到真正的巴黎法棍面包时，那根细长、酥脆的面包已经是蹩脚的工业产品，面团以冷冻的形式输送到各地，到了面包店再现场烤制，确保一小时的新鲜时限。我怎么知道？我热爱法棍面包。只有懂行的人奋力改变，事情才会有好转的可能。

但我不确定是否能与马塞尔·洛夫分食一根面包，现在他在某些法国人心目中已经是一位英雄，因为他创作了那部令人昏昏欲睡的小说《多丁·布芬的生活》（*La Vie et la Passion de Dodin Bouffant, gourmet*）。这部作品以虚构的方式呈现布里亚－萨瓦兰的生活，从而向这位生理学家致敬，其中描写的法国生活笼罩着一种怀旧的暖光。这本书中最值得注意的章节讲述的是多丁·布芬前往“野蛮之地”，即德国的旅行经历。洛夫是一个彻底的烹饪沙文主义者，他大言不惭地宣称，法国人的烹饪品位是“与生俱来的”，其他“民族”却不具备这种能力，尤其是德国人、英国人和美国人。和古尔农斯基这个傻气的笔名一样，洛夫的这番话现在依然让许多人愤懑不平。这番话如果放在一百年前说可能还有些道理，但随着法国烹饪水平的下滑和其余国家的进步，这种差距已经越来越小——现在的法国已经没有时间去拉开与他国的差距。

# 89
# 美食软实力

20 世纪 70 年代以来，新式烹饪的推广者们对古尔农斯基表达过严厉批评，抨击他为老派家常烹饪方法和简洁思想发表的辩护，抨击他拒绝高端和国际新式风格。他们争辩称，他喜欢的食物都有毒，让他发胖，并最终杀死了他。巴尔扎克被咖啡灌倒是因为他喝得太多，但我不确定，是否该为此责怪咖啡。古尔农斯基喜欢战前的美食佳肴，他度过了极其放纵的一生，80 岁时从窗口摔落而死，但是不该责怪战前的家常美食。为什么不能说是无节制的饮食、咖啡和佳肴让古尔农斯基活到了 80 岁呢？

他经历过激动人心的时代，也感受过恐怖时刻，见证过欧洲的动荡岁月，也体验了法国发生的不可逆转的变化，法国失去了海外殖民地，国力降级。20 世纪的历史是这样的一种面貌，所以他把烹饪学当作庇护所、当作和平与丰饶的避风港，也就情有可原了。第一次世界大战刚刚结束，新的战争就又开始酝酿了。但奇怪的是，20 世纪二三十年代的社会却像是被野蛮人环绕的古罗马一般堕落，像是处于古罗马美食家马库斯·加维乌斯·阿比修斯影响最大的时代——如同第二帝国覆灭后紧跟着的是灾难性的普法战争；或者在巴黎公社之后的是美好年代一样。奇怪的是，这样的时代更迭在历史上曾多次发生，比如波旁王朝复辟之后，紧随而来的19世纪三四十年代；1789—1799年革命失败后建立了第一帝国；路易十四漫长的统治年代结束后迎来的是摄政时代。历史就是这样无止境地前进和后退。衰退，堕落，迎来未知的前景和急速的变化，政治失去力量，经济崩溃——这是否已经有一套固定的模式？这些听起来和21世纪最初的二十年是否有相似之处？

我之所以绕回去，用短短的两段文字回溯两次世界大战之间的黑暗岁月，是因为这些年里金融市场动荡不安，随后就是耻辱的纳粹占领时期和战后打破等级的年代，这些预示着法国以及今日烹饪的发展方向。

在墨索里尼控制意大利，法西斯主义在西班牙和德国大力扩张的同时，海明威在利普酒馆发现了橄榄油浸鲱鱼，巴黎人制作了第一个法棍面包，时值喧嚣的20世纪20年代，古尔农斯基和洛夫吃遍了巴黎的大街小巷，然后开始赞美外省的乡间菜肴。1927年，3000名头戴白帽的大厨将古尔农斯基誉为“美食家王子”，三年后这位王子创建了美食家协会。在1933年，即希特勒掌权的那一年，他创建了法兰西葡萄酒协会。米其林的星星开始闪耀。食物、美酒和歌谣点亮了暗淡的大萧条时代，平息了接下来那场没有赢家的战争的鼓点。

法国感受到德国的威胁，开始修建马其诺防线。国内则开始狂热地探索本土烹饪，此时诞生了第一本《法国美食百科全书》，以及萨特的存在主义宣言性作品《恶心》，这两部作品都出现于 1938 年，希特勒通过德奥合并吞并奥地利的同年。这个恐怖的新世界没有离开，马其诺防线没能守住，希特勒在特罗卡德罗滨海大道（Trocadero Esplanade）上一边享用法国蔬菜、品尝法国香槟，一边凝视着埃菲尔铁塔。巴黎人的品位败落了，然后开始退化，通敌卖国，再一次感受到祖先们曾有的饥饿。战后年代经历了一系列可耻的倒退，法国烹饪被笼罩在新崛起的汉堡包的野蛮、超级强权的阴影下。所以法国食物和法语被塑造成软实力防护盾和文化身份的标志，又有什么可奇怪的呢？人们一方面对过去的伟大神话和简单喜悦充满渴望，另一方面对新奇事物和不受束缚的未来翘首以盼，这又有什么可嘲笑的呢？

Digestif

餐后酒

# 新式复古后，后现代的新式作者烹饪

20 世纪 70 年代至今

巴黎见！（摘自布里亚－萨瓦兰的《味觉生理学》，贝托尔绘，日期未知）

## 90
## 过时的现在

说来奇怪，在第二帝国时期，巴黎的城市发展已经达到极限，现在成为环城公路标志的阿道夫·梯也尔棱堡（the bastions of Adolph Thiers）就像是牡蛎壳一样，限制了城市的扩张，但与此同时，法国烹饪也触到边界，直到20世纪60年代末和70年代，新式烹饪方法的出现才将它打破。

古尔农斯基、洛夫、雷蒙德·奥利弗以及20世纪上半叶的其他美食家、贪食者和老饕回溯过去，都充满溢美之词，这种情景就和19世纪初期的人赞颂路易十四时代、摄政时代的人赞颂路易十五统治时期一样。古罗马人对这类人有一个专门的称谓：*laudator temporis acti*，意思就是赞颂过去的人。无论是在过去、现在，还是在将来，嗜古都是巴黎和巴黎人的一个突出特征。虽然在过去的45年中，19世纪的风尚及其烹饪方式遭到猛烈批评，但它们依然保存了下来。实际上，批评反而帮助它们做出应有的改善。

相比限制严格的全盛时代，今天的新式老派美食当然更美味也更健康。

而且，过去为什么就不能继续存在？没有过去就没有现在、没有将来，至少在法国是这样。巴黎不是纽约。我永远也不能理解，为什么会有人想把橘子变成苹果——想要巴黎变成纽约。

我也不确定有多少巴黎的美食爱好者真的痴迷于分子烹饪和朝生暮死的高端作者式烹饪，虽然这两种都已经成为巴黎和世界各地傲慢的米其林餐厅中必不可少的烹饪方式。现在这些餐厅中挤满远道而来的美国、英国、日本、中国和俄罗斯食客——法国人倒是不多。在20世纪，后新式学院派思想让文学变得枯燥乏味，制度化的前卫派思想几乎扼杀了美术这门艺术。与此类似，风靡全球的作者式烹饪虽然充满艺术色彩，极具技术性，拥有超高难度，而且每个从业者都独一无二，但我们完全可以预测它的发展结局。即使是最富才华的家庭厨师，也很难制作出令人欣慰的作品，相反，他们的创造总是令人不安和紧张，不具备再生能力——一百年前的立体派也是一样。信徒们认为这些都是优点，是出色的首创者应该面对的挑战，因为新一代的精英食客拥有艺术鉴别能力。

但他们是精英吗？美食迷和时尚迷在滔滔不绝地谈论皇帝的新式烹饪或最新的时尚潮流时，似乎都混淆了概念。

“欺骗”“假消息骗人”“胡扯”“毫无用处的万灵油”“拿食物开玩笑”“震撼和吓唬中产阶级”，法国主流媒体中的外行有时喜欢用这类刻薄的言辞来形容当下流行的幼稚高端餐饮风潮。但历史就像是一个巨大的阴谋，学习历史的人不要忘记，装腔作势和伪善从来就不是什么新鲜事。美食迷和时尚迷至少从 17 世纪开始就已经是巴黎风景的一部分，只不过那时它们有别的名字。

## 91
## 衰落

世上没有凭空而来的东西。新式烹饪始于 20 世纪 60 年代末，当时大学生和工厂的工人纷纷离开家园，将世界搅得天翻地覆。这种新的烹饪浪潮就像 70 年代中期出现的协和式超音速客机一样一飞冲天，但讽刺的是，当时法国战后三十年的繁荣发展时期刚刚结束。新进口的食物和革命性的烹饪技术也大量涌入：搅拌器、调酒配料、加工机、榨汁机、微波炉、不锈钢锅、冷冻食物和其他新发明的工业化食物存储技术、真空低温烹饪法等等相继出现。数百万名法国妇女得到解放，开始抛下围裙投入职场，第一波全球快餐和方便食品浪潮开始袭击法国海岸。*malbouffe* 这个术语——

意思是讨人厌的不健康的垃圾食品——就是在四十多年前由法国作家乔尔·德罗斯奈（Joël de Rosnay）创造的。

接着诞生了《高勒和米罗》美食指南……

《高勒和米罗》指南提出的十诫，或新式烹饪宣言：

1. 不应过度烹调。

2. 应使用高品质的新鲜食材。

3. 应该减轻菜单上食物的分量。

4. 不要成为教条式的现代主义者。

5. 应该尝试新的技术方法。

6. 应该避免使用卤汁和长期悬挂的肉类，避免食材发酵。

7. 应该淘汰厚重的酱汁。

8. 不要忽视营养学。

9. 不要用食物做伪装。

10. 应该独出心裁。

新式烹饪的电视传道人包括善变的保罗·博古斯，他于1975年荣获荣誉军团骑士勋章；米歇尔·吉拉德（Michel Guérard）、特鲁瓦克罗兄弟（Troisgros）、阿兰·沙佩尔（Alain Chapel）、阿兰·桑德朗（Alain Senderens）、乔尔·罗比雄、盖伊·萨沃伊、马克·韦拉（Marc Veyrat）、皮埃尔·加涅尔、米歇尔·罗斯坦（Michel Rostang）等。这些人都是《高勒和米罗》指南中介绍的代表人物，米其林指南也对他们赞赏有加，认为是他们推动了新式烹饪的发展。

根据历史发展的跷跷板规律，接下来新式烹饪思想会变得异常狂热、爱好唠叨，然后失去趣味性，变成小众潮流，让人无法满足。憔悴的食客们也失去了兴趣。然后相反的浪潮兴起，并与风土的概念联系起来，一切又回归到传统主义的老路。

到了80年代末，我开始在《高勒和米罗》指南书中发表文章时，这份刊物已经变成新巴洛克式风格，变得一反常态地亲切，开始使用月桂叶图案和黑帽来标记传统的地区性风土烹饪。奇怪的是，赢得他们赞誉的餐厅也都是我最喜欢的。这些餐厅作为一个整体，全部都经受住了法国烹饪衰落的浪潮，许多一直繁荣到21世纪。

在法国，发牢骚和自嘲是一笔大生意。多年来，为博同情而卖惨早已成为一项热门的运动——圣丹尼甚至双手抱头从蒙马特一路徒步返回他的郊区避难所。既然事实已经证明，新式烹饪和厨师的私人创作无法拯救法国高端烹饪，也遭到绝大多数法国美食爱好者的排斥，大量的餐厅都开始寻求帮助和补贴，希望取得政治力量的资助和自由企业的青睐。虽然政府由左派人士组建，但也开始保护濒临灭绝的法国烹饪，1989 年社会党文化部部长雅克·朗（Jack Lang）创建了国家烹饪艺术理事会（Conseil National des Arts Culinaires）——这项举措后来遭遇了彻底的失败。但是大厨们却不屈不挠，再度向联合国教科文组织提出申请，希望能将法国烹饪纳入文化遗产加以保护。不过，保护法国饮食方式是否能带来任何好处呢？委员会依然不能确定。

21 世纪的指南书编辑变得难以控制，数字时代的大众总是反应迟钝，因此法国政府批准建立了一个排名系统，名为“榜单”（La Liste，见 www. laliste. com），这是《高勒和米罗》指南前任执行总裁的思维产物。“榜单”排名于 2015 年推出，宗旨是帮助法国优秀的高端餐厅及其厨师走进互联网时代。这个排名系统使用的方法非常复杂，涉及的算法和衡量机制就像美国的选举制度一样神秘难解，因此很值得信赖。“榜单”的赞助商包括法国食品和奢侈品工业的许多公司，也有全球性企业集团，比如雀巢公司。上榜者和未上榜者是否在意这个榜单呢，这是一个很大的问题。

法国烹饪法真的濒临灭绝，到了需要补贴和贴标，要靠算法和联合国教科文组织才能生存的地步吗？我认为没有。餐厅从业者就像农民，很少会因为丰收而举办庆祝会宴请宾客，而是会看到前方可能会发生的干旱和经济衰退。衰落主义思想在法国盛行，而且已经蔓延新世界，美国评论家已经举起棍棒，将法国食物捶打成了烂泥。但说再多的暗喻也只是危言耸听，需要上呼吸机重症看护的是法国高级烹饪方法，而不是法国烹饪。

如果这么做的目标是实现国家垄断，那么事实证明，法国美食帝国取得了极大的成功。它建立了一个全球网络，网罗了才华横溢的殖民地野蛮人的所有技巧、创造才能和精力，就像网罗之前的大师一样，以便为皇帝制作新式煎蛋卷，掏空食客的钱包。同样的情况也发生在新世界的葡萄酒、面包、糕点和奶酪生产商身上。新一代的野蛮人已不再围攻巴黎的烹饪城堡。他们学成之后就会返回家乡，前往世界各地，他们干得很漂亮，有些表现异常优秀，而且他们都不再向法国致敬。

这只是故事的一个部分。认知才是问题的根源，如果真的存在问题，那就意味着，问题可能存在于有限的一部分意识到问题的人的心中。当下的二元论思想不承认传统和经典，只看得见高级烹饪，忘了最好、最暖心、最地道和经久不衰的菜肴，永远都是款式最简单，被热情、智慧和技术精粹了几百年的当地风味。就连那位自恋的太阳王也喜欢肉汤和烤肉，胜过“浸在冷油中的”美丽食物，后者只是为了取悦贵族和暴发户。

“我们天生就是美食家，”《美食总动员》中的大厨柯莱特说，“真正的美食家对黄油面包和烤龙虾的爱是均等的，如果黄油和面包都是优秀品质的。”

直至今天，巴黎的面包、黄油和烤龙虾依然很出色。

2005 年，《美食家》（*Gourmet*）杂志宣称伦敦是世界最佳美食之都——真是个拗口的称号。很快，伟大的仲裁者米其林将东京誉为美食家的圣地，慷慨地赋予这里许多星星，远超巴黎所拥有的数量。当然，所有人都知道纽约是真正的“美食世界”，至少纽约的美食评论家是这么认为的。接下来轮到哪座城市呢？拉斯维加斯，上海，悉尼？如果股票的牛市、寡头政治、巫术经济和不间断的创新是烹饪进步的推动力，就像许多二元论者和时髦的杂志作者坚称的那般，那莫斯科、迪拜和利雅得是否也能上榜？

想要理解新超现实主义、后新式、晚期帝国风格的巴黎高级烹饪面貌，以及其他的世界美食之都，可以像之前的章节一样，先去凡尔赛宫看一看。然后回到你的家庭娱乐中心，观看邪典电影《红心国王》（*King of Hearts*）。影片背景设置在“一战”结束时的桑利斯，距离大厨弗朗索瓦·瓦德勒的逝世之地尚蒂伊城堡不远。这座小镇是空的，只有一座精神病院。影片中的主角是位士兵，由阿兰·贝茨（Alan Bates）扮演，他称精神病院里那群无拘无束的流浪者是“奇人异士”，让人难忘。这些精神病人都穿着哈姆莱特时代的衣服，吃着玛丽－安托瓦内特热爱的奶油蛋卷。欢迎来到米其林、《高勒和米罗》和“榜单”的世界。

这是一个追逐明星、大厨、评论家和阿谀奉承者的世界。他们栖居的世界悬停在旧政权时代的凡尔赛宫和现实世界的电影院之间，是一个奇异的毫无幽默感的地方，但到处都写着“快乐”的字样，充满各种诱人的奢华景象。埃拉伽巴路斯、阿比修斯和路易十四就是现在的时尚迷、葡萄酒迷和其他享乐主义者的先驱，但这些人大都没读过历史，所以并不知晓这一点。

今天主流的法国美食指南——数量众多——面临着大量竞争，比如“猫途鹰”等网站、博客、《美食》（*Le Fooding*）和《杂食动物》（*Omnivore*）等著名新锐指南书，这些21世纪第一个十年的潮流领导者回应新潮流的方式就是，宣扬早已消失的新式烹饪和融合菜肴。还有人记得融合菜吗？

## 92
## 好消息

多年来，我经常前往勃艮第南部单调乡村的养牛区，那里远离巴黎，目前有两座有机蔬菜农场，一座有机面包房，一家有机牛奶奶酪制造商，还有一家生产商虽然没有资格证书，但也在按照自然的方式放养鸡群和传统品种的猪群。这里的咖啡馆餐厅确实都很萧条，而且难以复苏，不过有一家新开张的杂货店，售卖上述农产品。当地的流动农贸市场衰落了几十年之久。我几乎没在这里买到过不好的东西。我从来没见过能与马孔地区（Mâconnais）和查隆耐斯海岸（Côte Chalonnaise）出产的葡萄酒相媲美的产品——而且它们还很便宜，比加利福尼亚的优质产品便宜许多。这样的乡村地区在法国还有许多，这时候你会意识到，古尔农斯基那句名言现在依然属实："巴黎或许头顶着高级大餐的王冠，但手执权杖的却是外省地方。"但是赏金却多数都发给了巴黎。

还有一个问题不容否认：巴黎的新式廉价食物，我称这类食品为"卡拉 OK 式食品"和"可怕的食物"。晚近出现的餐厅绝大多数都是拼凑之作，擅长用微波炉加工合成的招待游客的食物，他们的食材要经过低温冷冻，有的要制成粉末状，装罐或装瓶，事先混合制作好，或者半加工成形，或者立即可食，而根据总的需求，这些餐厅的供货商都是仓储式批发商，布局在环城公路的两旁。

卡拉 OK 式食品危机现已变得十分严重，2014 年，法国政府推出了一个名为"手工制作"的品质标签计划。其标志是一个炖锅，上面盖着一座屋顶和一根烟囱，用于表明店里自制食物。虽然“手工制作”的定义在2015年收紧了，标准也有所提高，但肆无忌惮的餐饮业从业者还是找到了变通方法，因为他们深知被反欺诈小队惩罚的概率几乎为零。这个标志至多只是一个有用的活跃气氛的标签，可以供你开启一次严肃的谈话，向侍者和厨师提出烹饪方面的问题。

该怎么辨识质量低劣的就餐处？我喜欢在巴黎的大街小巷闲逛，观察厨房和附近的垃圾桶，查看是否有冷冻食品包装、空的量产酱汁桶、反式脂肪酸和其他难以消化的烹饪油的包装。下面是我总结的十条避免卡拉OK食品的小窍门：1）如果厨房没有提前开始忙碌，往往就说明“厨师”没有从头开始制作；2）如果听到微波炉的声音，去别处吧；3）菜单上菜品很多，厨房却很小，而且雇员很少，这就是劣质的信号；4）街角餐厅有烤乳猪这道菜，价格却很便宜，这很能说明问题；5）套餐中包括多道菜，价格却低于20美元，注意，质量越好，价格越高；6）如果菜单上有些菜标注有“手工制作”的字样，问一下为什么不是所有的菜都是本店制作；7）如果看板上用很大的字号写明“传统菜肴”或“法式菜肴”，那你吃到的几乎一定是仿冒品；8）如果选用的是粉红色的熟悉装潢，那你可能是在其他假装浪漫的特许经营店中见过；9）如果不提供名副其实的手工烘焙的法式咖啡或进口意大利咖啡，那就要小心，你进了奥弗涅的地盘，里面提供的都是现成的食品；10）如果厨师或侍者无法确定食物中不含谷氨酸盐，尤其是酱汁中，那你就知道这里的酱汁是提前做好的，而且含有大量味精，目的是掩盖食物的平庸。

我的策略很直接：我会避开欺骗游客的陷阱，做好一分钱一分货的准备。

过去的十年里，我读过一些激情洋溢的美国记者的作品，其中的统计数据令人印象深刻，证明了法国美食和葡萄酒已经在衰落末期。正如罗马诗人蒂卢萨（Trilussa）所说："我们两个人在厨房，里面还有一只鸡。你把一整只鸡都拿走了。但根据人均数字，我们应该一人一半。"这是统计数据发出的警告。

说到统计的价值，近来的一些数据十分鼓舞人心。现在生产的劣质酒减少了，优质有机葡萄酒增多了。用未杀菌的牛奶制作的奶酪占了奶酪总产量的 10% 到 15%。之所以少于十五年前，部分原因在于，总产量早已猛涨，而且绝大多数都是经过巴氏杀菌的橡胶状的超市货，和喜欢独出心裁的美食迷们的天堂——英国和美国的产品类似。

在法国，有许多和我常去的村庄相同、没有合格证明的小型优秀奶酪制造厂，它们不存在于统计数据之中。巴氏消毒的卡芒贝尔奶酪是一场国家悲剧吗？这可谓法国奶酪业的一个入门常识，一种被自身的成功摧毁的奶酪，想要满足全世界的要求，想要通过回应食物恐慌的疯狂浪潮从而获得利润。发明巴氏杀菌法的巴斯德是法国人。但法国高品质的奶酪中有四分之三依然是采用未消毒的牛奶制作的。那英国和美国的数据呢？答案是，只有很少一部分。

根据一个来源可靠的统计数据，深受卡拉 OK 式食品厨师喜爱的麦德龙连锁超市，在 25 个国家拥有 2100 万名顾客，在法国有 94 个销售点，在德国有 107 个，在意大利有 48 个，在分子烹饪法的发源地西班牙有 37 个。英国和美国则有自己的网络，有数百家批发餐厅和由来已久的食品大卖场，也有西斯科这类极其方便的送货上门的供货商。从新鲜的高端食材，到冷冻食品以及加工过的食物，他们都能提供——法国采用的那类产品现在已经遭到美国调查记者的谴责。这个故事有待进一步展开。

评论家哀叹小说已死有多长时间了？提示是，大概和人们感叹法国烹饪已死的历史一样长。上一次我核查时，小说依然活得很好，虽然受到数字化以及像巴氏消毒一般的均质化写作硕士班的挑战。法国的食物、葡萄酒、面包、奶酪和农产品虽然偶尔会遭遇重重困难，但也存活下来了。

好笑的是，我在巴黎时经常外出购物和用餐，心里却在期待着发生空降记者预言的那类灾难。但结果却完全相反，我吃到了美味的饭食，喝到了绝赞的美酒，买到了美味的砂锅食品、熟食、气味刺鼻的生牛奶奶酪，以至于我经常感到疑惑，我的感知能力是否已经衰退，或是患了盲目乐观综合征。也许是那些对未来持悲观态度的伞兵隐藏了议程表？我所吃到的那些食物当然不是最佳的，采用的不是最好的烹饪技术，无法与伏尔泰描绘的那些美食相提并论。在巴黎吃到糟糕食物的可能性，和在欧洲其他国家及美国所有大城市一样高。但巴黎烹饪并没有衰落到苦苦挣扎的程度，远远未到这一步。

在巴黎的街道上，我们能看到各种各样差别迥异的食物，各种各样的餐厅、酒馆、小酒馆、咖啡馆、酒席承办商、人行道或市场食品摊、外卖店，甚至还有流动餐车，都在诱惑行人，历史上从未有过这样的景象，两千年的美食文化在发酵、翻腾、流淌，与特里马乔的宴会、尼古拉斯·德·博纳丰在凡尔赛张罗的盛宴叠加在一起，与卡勒姆、埃斯科菲耶、奥利弗及其他上千名高端烹饪和后新式烹饪的支持者共存。除了不可避免的仓储式零售商和超级批发商场之外，还有大量的社区街头集市、特色食品商店、手工冰激凌商店、巧克力和糕点店、肉铺、面包房，甚至市内葡萄酒酿造厂也在招揽生意——其他地方很少能看到这么丰富的选择。就像时尚界出现了街头时装、垃圾时装、高级定制时装和其他所有的时装形式一样，从我了解巴黎这座城市以来，现在的美食和葡萄酒比过去四十年里的任何时候都更丰富和出色。我从不怀念神话般的黄金年代，

巴黎见！

我年轻时喜欢的是我们当下潮流中的金色斑点，我们的时代复杂而富于挑战性，烦人也迷人。

写到这里，我已热泪盈眶，心里充满期待。我家的炉台上正炖着甘美的白汁小牛肉，蒸着野生稻米。空气中弥漫着成熟的生牛奶奶酪的气息，是我从圣安东尼街一家世界最不知名但最出色的奶酪店买回来的。还有我从当地葡萄酒批发商那里买来的莫讷图萨隆（Menetou-Salon）产区生产的有机葡萄酒的香气，这是一款口感清淡的黑皮诺葡萄酒，产自上卢瓦尔河谷地，并不适合那些喜好“大胆口味”的专家。我还从理查德·雷诺阿大道上我最爱的有机食品站买了有机芝麻菜和香甜的樱桃番茄，做了爽口的沙拉，从我家步行去那座市场只需要十分钟。酸酵种面包、杏子和梅子口味的薄馅儿饼是今天下午从圣路易岛一家名不见经传的面包房买的。当然，我也可以在美食精品店里购物，去皮埃尔·艾尔梅的店里斥巨资买一块油酥千层糕。但是，如果你知道有更适合的购物选择，你就不必去那些高档商店了。说到这里，看看时间吧。我必须跑起来了——快到晚餐时间了。我的妻子已经摆好晚餐桌，倒好葡萄酒。我这么说并不是洋洋自得的告别客套话，这是一份公开的邀请，来巴黎与我一起用餐吧，希望见面的那一天早日到来。

# 关键日期

公元前 300—前 52 年：凯尔特的巴黎西部落开始在巴黎地区拓殖

公元前 53—前 52 年：恺撒征服巴黎西人

公元前 1 世纪—公元 5 世纪：高卢罗马年代

481—751 年：梅罗文加王朝

752—987 年：卡洛林王朝

987—1328 年：卡佩王朝

1328—1589 年：瓦卢瓦王朝

1589—1789 年：波旁王朝

1789—1799 年：法国大革命

1793—1794 年：恐怖年代

1799 年：拿破仑担任第一执政

1803—1815 年：拿破仑战争

1804 年：拿破仑加冕为拿破仑一世皇帝

1815 年：滑铁卢战役，拿破仑一世最终战败

1814—1830 年：波旁王朝复辟，路易十八（1814—1824 年在位）和查理十世（1824—1830 年在位）掌权

1830—1848 年：“平民国王”路易·菲利普一世统治

1848 年：二月革命，第二共和国，路易·拿破仑·波拿巴成为总统

1851—1852 年：政变，路易·拿破仑·波拿巴加冕为拿破仑三世皇帝

1852—1870 年：第二帝国

1870—1871 年：普法战争，巴黎包围战，巴黎公社

1870—1940 年：第三共和国

1940—1944 年：纳粹占领巴黎

1946—1959 年：第四共和国

1959 年至今：第五共和国

# 关键人物

**雅克·阿拉戈**（1790—1855）

探险家，持异见者，揭开黑幕的作家，著有《在巴黎用餐》，著名科学家和政治家弗朗索瓦·阿拉戈的弟弟。

**奥地利的安娜**（1601—1666）

法国王后，路易十三的妻子，路易十四的母亲。

**马库斯·加维乌斯·阿比修斯**（公元1世纪）

一位古代的伟大美食家，富商，也做过外交官，是《烹饪的艺术》一书部分章节的作者。

**奥诺雷·德·巴尔扎克**（1799—1850）

美食家，小说家，剧作家，写作了数百本小说，大多数作品收入作品集《人间喜剧》。

**安托万·波维利埃**（1754—1817）

普罗旺斯伯爵，也即后来的路易十九的厨师长，厨师，餐饮业从业者的先驱，于1782年创建了伦敦大饭店，著有影响深远的《厨师的艺术》。

**让·安泰尔姆·布里亚-萨瓦兰**（1755—1826）

律师，地方法官和美食家，著有《味觉生理学》，是法国知识分子欣赏食物和美酒的基石。

**安东尼（玛丽-安东尼）·卡勒姆**（1783/1784—1833）

法国第一位明星大厨和烹饪书作家，被誉为“王者中的大厨、大厨中的王者”。

**查理大帝**（742—814，768—814年在位）

法国国王，神圣罗马帝国皇帝，沙拉和蔬菜的爱好者。

**古尔农斯基**（1872—1956）

餐厅评论家，指南书和烹饪书作家（著有《法国美食》），本名莫里斯·埃德姆·塞尔兰德（或塞尔兰特），也即必比登，简单烹饪、家常烹饪和地区烹饪的支持者。

**乌尔班·杜布瓦**（1818—1901）

法国19世纪最有才华的大厨之一，著有许多烹饪书，现在名气已被卡勒姆和埃斯科菲耶掩盖。

**大仲马**（1802—1870）

美食家，小说家和剧作家；著有《基督山伯爵》、《三个火枪手》和影响深远的《烹饪大辞典》。

**奥古斯特·埃斯科菲耶**（1846—1935）

法国最著名的厨师和烹饪书籍作家，著有《烹饪指南》，安东尼·卡勒姆思想的继承人。

**弗朗索瓦一世**（1494—1547）

法国国王，1515 年至 1547 年在位，将巴黎转变成了新罗马。

**亚历山大·巴尔塔扎尔·劳伦·格里莫·德·拉·雷尼耶**（1758—1837）

律师和剧评人，最为人熟知的身份是法国第一位美食评论作家和理论家，长期编著《老饕年鉴》系列指南书。

**乔治·欧仁·奥斯曼**（1809—1891）

即奥斯曼男爵；第二帝国时期重塑巴黎面貌的执行官。

**亨利四世**（1553—1610）

法国国王，最早被称为纳瓦拉的亨利二世，1589 年到 1610 年在位，路易十三的父亲，承诺要让“人民的每一只锅里都有一只鸡”。

**叛教者尤利安**（Julian the Apostate，331？—363）

罗马帝国的高卢长官，也即“叛教者尤利安”，在卢泰西亚－巴黎西居住，宣布登基为罗马皇帝，他是第一个使用“巴黎”这一现代名称的人。

**尤利乌斯·恺撒**（公元前 100—前 44）

罗马皇帝，公元前 49 年至前 44 年实施独裁统治，高卢征服者（公元前 58—前 52）。

**弗朗索瓦·皮埃尔·德·拉瓦莱内**（1615？—1678）

大厨，著作《法国厨师》（1651 年）和《法国糕点师》

（1653年）具有开创性意义。

**路易十三**（1601—1643）

法国国王，亨利四世和玛丽·德·美第奇之子，1610年至1643年在位。

**路易十四**（1638—1715）

法国国王，即太阳王，路易十三（有争议）和奥地利的安娜之子，1643年至1715年在位。

**路易十五**（1710—1774）

法国国王，1715年至1774年在位，路易十四的曾孙。

**路易十六**（1754—1792）

法国国王，1774年至1792年在位，路易十五的孙子。

**路易十八**（1755—1824）

路易十六的弟弟，又称普罗旺斯伯爵，后成为法国国王，1814年至1824年在位。

**奥尔良的路易·菲利普一世**（1773—1850）

又称平民国王；1830年至1848年在位。

**红衣主教马萨林**（1602—1661）

本名朱里欧·莱蒙多·马萨里诺，1643年到1661年，路易十四之母、奥地利的安娜摄政期间（1643—1651），他统治法国。可能是路易十四的生父。

**卡特琳娜·德·美第奇**（1519—1589）

亨利二世的妻子，本名卡特琳娜·玛丽亚·罗穆拉·迪·洛伦佐·德·美第奇，弗朗索瓦二世、查理九世、亨利三世、玛戈王后（纳瓦拉的亨利二世，也即后来的法国国王亨利四世的妻子）的母亲。

**玛丽·德·美第奇**（1573/1575—1642）

亨利四世的妻子，佛罗伦萨人，本名玛丽亚·德·美第奇，路易十三的母亲，以爱好美食而闻名。

**拿破仑一世皇帝**（拿破仑·波拿巴，1769—1821）

革命领袖；第一执政，1804年至1814年是法兰西第一帝国皇帝。

**拿破仑三世皇帝**（路易·拿破仑·波拿巴，1808—1873）

拿破仑一世的侄子；独裁者，1852年至1870年是法兰西第二帝国皇帝。

**安托万·奥古斯丁·帕尔芒捷**（1737—1813）

农学家，作家，土豆在法国的推广人。许多用土豆泥做的菜都以他的名字命名。

**蓬巴杜夫人**（1721—1764）

让娜－安托瓦妮特·普瓦松，即蓬巴杜夫人，1745年起，成为路易十五最著名的情妇。

**弗朗索瓦·拉伯雷**（1494？—1553）

爱好喝酒、性格聒噪的修士、医生、学者、作家，著有《巨人传》，被认为是法国文艺复兴时期的伟大作家。

**塔耶旺**（1310—1395）

查理五世和查理六世的大厨，本名纪尧姆·蒂雷尔（Guillaume Tirel），法国早期烹饪书《食谱全集》的作者。

**伏尔泰**（1694—1778）

本名弗朗索瓦-马利·阿鲁埃（François-Marie Arouet），启蒙运动时代的散文家、剧作家、哲学家和历史学家。

# 图片版权

书中采用的所有图片都来自作者的私人收藏，或由维基共享资源和国会图书馆提供（路易十四与莫里哀在宫廷用餐一图编号为国会图书馆 2003662191；路易十六用餐时被捕一图编号为国会图书馆 2015646584）。

格里莫·德·拉·雷尼耶的当代符号图像由作者创作。